# 概率论与数理统计

## （第 2 版）

主编　贾念念　隋　然

U0247756

HEUP　哈尔滨工程大学出版社

## 内容简介

本书是以全国高等院校工科数学课程教学指导委员会修订的《概率论与数理统计课程基本要求》为依据,以"厚基础、宽专业、重应用"为指导思想,按照"概率理论扎实,重在统计应用"的原则编写而成的。本书注重概率理论的完整性与数理统计的实用性相结合,强调数理统计在科学研究中的重要性,培养学生的统计应用意识,是一部适应不断变化的教学改革形势,面向研究型大学人才培养需要的教材。

本书共分9章,包括随机事件及其概率、随机变量及其分布、多维随机变量及其分布、随机变量的数字特征、大数定律和中心极限定理、数理统计的基本概念、参数估计、假设检验、方差分析与回归分析。各章末配有相应习题,书后附有各章习题答案。

本书可作为高等院校工科、经管及非数学类理科等专业的教材或参考用书,也可供工程技术人员或科技人员学习参考。

概率论与数理统计/贾念念,隋然主编. —2 版
. —哈尔滨:哈尔滨工程大学出版社,2018.1(2020.1 重印)
ISBN 978 - 7 - 5661 - 1792 - 2

Ⅰ. ①概… Ⅱ. ①贾… ②隋… Ⅲ. ①概率论②数理统计 Ⅳ. ①O21

中国版本图书馆 CIP 数据核字(2018)第 004085 号

选题策划　　石　岭
责任编辑　　张忠远　宗盼盼
封面设计　　博鑫设计

出版发行　哈尔滨工程大学出版社
社　　址　哈尔滨市南岗区南通大街 145 号
邮政编码　150001
发行电话　0451 - 82519328
传　　真　0451 - 82519699
经　　销　新华书店
印　　刷　哈尔滨市石桥印务有限公司
开　　本　787 mm×960 mm　1/16
印　　张　16.25
字　　数　350 千字
版　　次　2018 年 1 月第 2 版
印　　次　2020 年 1 月第 3 次印刷
定　　价　35.00 元
http://www.hrbeupress.com
E-mail:heupress@ hrbeu.edu.cn

# 工科数学系列丛书编审委员会

# 第 2 版前言

概率论与数理统计课程是高等学校工科类及经管类各专业学生必修的一门重要的数学基础课程。这门课程是研究随机现象客观规律的数学学科,通过该课程可以培养和训练学生的随机分析能力以及利用数理统计方法处理复杂工程问题的能力。

本书以高等学校工科数学课程教学指导委员会修订的《概率论与数理统计课程基本要求》和最新的《全国硕士研究生入学考试数学考试大纲》为依据,以"必需、够用"为原则进行编写,适合高等学校工科类及经管类各专业学生使用。

本书在第 1 版的基础上进行编写,对一些文字表达和符号的使用进行了推敲,对个别内容的安排进行了调整,对部分例题与习题进行了更换,以更好地满足教学的需要。本书仍保留了第 1 版的系统和风格,主要特点如下:

(1)更注重对基本概念、基本理论的剖析,保证基本概念的叙述准确、基本定理的阐述严密;

(2)更注重对概率论基本思想和基本方法的阐述与运用,使学生能够更好地掌握概率论的基本理论及其内涵,掌握处理随机现象的方式与方法;

(3)更注重突出概率论与数理统计知识的应用性和实用性,选取既具有实际意义,又具有启发性和应用性的例子作为例题与习题,培养学生分析问题、解决问题的能力。

参加本书修订的成员有李彤(第 1 章、第 2 章)、凌焕章(第 3 章、第 5 章)、隋然(第 4 章、第 6 章)、贾念念(第 7 章、第 8 章、第 9 章)。全书由贾念念、隋然主编,李彤、凌焕章统稿。

在本书的编写过程中,得到了哈尔滨工程大学理学院广大教师的支持和帮助,也得到了学校各级领导的鼓励和指导,在此表示衷心的感谢。

本书成书仓促,错误和疏漏之处在所难免,恳请数学界的同仁和读者予以指正。

编　者
2017 年 10 月

# 第1版前言

概率论与数理统计是高等院校重要的公共数学基础理论课。其作为现代数学的重要分支,广泛应用于自然科学、社会科学和工程技术的各个领域,如经济、管理、金融、保险、生物、医学等方面。本书以"厚基础、宽专业、重应用"为指导思想,力争做到传授数学知识和培养数学素养的同时,加强学生应用能力的开发。编者在编写过程中参考了诸多国内外同类优秀教材,内容涵盖了教育部工科《概率论与数理统计课程基本要求》,也涵盖了《全国硕士研究生入学统一考试数学考试大纲》的所有知识点,具有结构合理、举例多样、注重应用、深入浅出等特点。

本书共10章,分三部分。第一部分为概率论部分(第1章至第5章),讲授随机事件、随机变量及其分布、数字特征和极限定理等内容;第二部分为数理统计部分(第6章至第9章),讲授数理统计的基本概念、参数估计、假设检验、方差分析和回归分析等内容;第三部分为随机过程部分(第10章),介绍随机过程的基础知识。本书各章末配有大量习题,书后附有各章习题答案,可供学生辅助练习,牢固掌握知识。

本书由哈尔滨工程大学理学院公共数学教学中心组织编写,第1章由国萃编写,第2章由李彤编写,第3章由凌焕章编写,第4章由隋然编写,第5章由张戌希编写,第6章由王珏编写,第7章由徐润章编写,第8章由刘献平编写,第9章由孙薇编写,第10章由沈艳编写。全书由贾念念、施久玉任主编,贾念念、隋然统稿。

本书在编写过程中得到了哈尔滨工程大学理学院应用数学系广大教师的关心和支持,也得到了学校各级有关领导的鼓励和指导,哈尔滨工程大学出版社也给予了很大的帮助,另外,本书在编写过程中,参考了国内外一些专家学者的论著,在此一并致以衷心的感谢!

由于编者水平所限,加之时间仓促,书中难免有不妥之处,敬请广大读者提出宝贵意见。

编　者

2012 年 1 月

# 目　　录

# 第1章　随机事件及其概率

在自然界和人类社会中有千姿百态的现象,概括起来无非是两类.一类是确定性现象,比如说必然事件,即在一定条件下必然会发生的事情.例如,在标准大气压下,水加热到100 ℃时必定沸腾,三角形内角和为180°,等等.再比如说不可能事件,即在一定条件下必然不会发生的事情.读者可以从物理、化学等学科中举出许多这样的实例.但是在自然现象和社会现象中,还广泛存在着与确定性现象有着本质区别的另一类现象,即随机现象,对于这类现象来说,试验的结果带有不确定性.例如,船舶在海洋中航行时,由于受到海洋波浪的影响而产生各种各样的摇摆(纵摇、横摇)以及高低起伏,此时船的摇摆和起伏的幅度,是带有不确定性的,也是事前很难预测到的;又如掷一枚硬币,可能出现正面,也可能出现反面,其结果呈现不确定性.

人们常说"偶然的背后一定隐藏着某种必然性".实践证明,在研究了大量的同类随机现象后,总能总结出某种规律.例如,掷一枚硬币,如果硬币是匀称的,当抛掷次数少时,正面和反面的出现没有明显的规律性,但随着抛掷次数的增加我们就会发现,正面和反面出现次数的比值接近1:1;又如在射击中,当射击次数少时,靶上命中点是杂乱无章的,没有什么明显的规律性,可是当射击次数增加时,靶上命中点的分布就呈现出了规律性,射击次数越多,规律性越明显.这说明个别随机现象虽然是无规律的,但大量性质相同的随机现象总存在着某种统计规律性.概率论与数理统计就是一门从数量方面研究随机现象客观规律性的学科.到了20世纪30年代,通过苏联数学家柯尔莫哥洛夫在概率论发展史上的杰出贡献,概率论成为一门严谨的数学分支.近代又出现了理论概率及应用概率的分支,概率论被广泛地应用到了不同范畴和不同学科.今天,概率论已经成为一个非常庞大的数学分支.

概率论的特点就是根据问题先提出数学模型,然后去研究它们的性质、特征和规律性;数理统计则是以概率论的理论为基础,利用对随机现象观察所取得的数据资料来研究数学模型.由于随机现象是普遍存在的,这就使概率论与数理统计的理论和方法具有极为普遍的意义,也决定了概率论与数理统计在数学领域、应用领域中所处的重要地位与作用,以及广阔的发展前景.

随着我国现代化建设的跨越式发展及科学技术愈来愈高的要求,概率论与数理统计的理论和方法的应用范围愈来愈广泛,几乎遍及所有科学技术领域、工农业生产和国民经济的各个部门,如适航性、可靠性工程,气象,水文,地震预报,自动控制,通信工程,管理工程,金融工程等.另一方面,概率论与数理统计的理论和方法正在向各基础学科、工程学科、经济学科渗透,产生了许多边缘性的应用学科,如信息论、计量经济学等.正如一位著名作家所表述的:概率论和统计学转变了我们关于自然、心智和社会的看法,这些转变是意义深远而且范围广阔的,既改变着权力的结构,也改变着知识的结构,这些转变使现代科学成形.

# 1.1　随 机 试 验

我们遇到过各种试验. 在这里,我们把试验作为一个含义广泛的术语,它包括各种各样的科学试验,甚至对某一事物的某一特征的观察也认为是一种试验,并用字母 $E$ 表示. 下面举一些试验的例子:

$E_1$:抛一枚硬币,观察正面 $H$、反面 $T$ 出现的情况.

$E_2$:将一枚硬币抛三次,观察正面出现的次数.

$E_3$:抛一颗骰子,观察出现的点数.

$E_4$:记录车站售票处一天内售出的车票数.

$E_5$:在一批灯泡中任意抽取一只,测试它的寿命 $t$.

$E_6$:记录某地一昼夜的最高温度和最低温度.

上面举出了六个试验的例子,它们有着共同的特点. 例如,试验 $E_1$ 有两种可能结果,出现 $H$ 或者出现 $T$,但在抛掷之前不能确定试验的结果是出现 $H$ 还是出现 $T$,这个试验可以在相同的条件下重复地进行. 又如试验 $E_5$,我们知道灯泡的寿命(单位:h)$t \geqslant 0$,但在测试之前不能确定它的寿命有多长,这一试验也可以在相同的条件下重复地进行. 概括起来,这些试验具有以下特点:

(1) 可以在相同条件下重复进行;

(2) 在进行一次试验之前,不能事先确定试验的哪个结果会出现;

(3) 试验的全部可能结果是已知的.

在概率论中,我们称具有上述三个特点的试验为随机试验(Random experiment),简称为试验,我们是通过研究随机试验来研究随机现象的.

# 1.2　样本空间、随机事件

### 1.2.1　样本空间

对于随机试验,尽管在每次试验之前不能预知试验的结果,但试验一切可能结果组成的集合是已知的,我们把随机试验 $E$ 的所有可能结果组成的集合称为 $E$ 的样本空间(Sampling space),记为 $S$. 样本空间的元素,即 $E$ 的每个结果,称为样本点(Sampling point),记为 $e$. 今后样本空间就简记为 $S = S(e)$.

下面给出 1.1 节中试验 $E_k(k = 1,2,\cdots,6)$ 的样本空间.

$S_1 = \{H, T\}$;

$S_2 = \{0, 1, 2, 3\}$;

$S_3 = \{1, 2, 3, 4, 5, 6\}$;

$S_4 = \{0, 1, 2, \cdots, n\}$, 这里的 $n$ 是售票处一天内准备出售的车票数;

$S_5 = \{t \mid t \geqslant 0\}$;

$S_6 = \{(x, y) \mid T_0 \leqslant x \leqslant y \leqslant T_1\}$, 这里 $x$ 表示最低温度, $y$ 表示最高温度, 并设这一地区的温度不会小于 $T_0$, 也不会大于 $T_1$.

**评注** 样本空间中的样本点可以是有限个, 也可以是无穷多个; 样本空间中的样本点可以是数, 也可以不是数. 样本空间的样本点取决于试验的目的, 也就是说, 试验目的的不同, 决定了样本空间中的样本点的不同. 但是, 无论怎样构造样本空间, 作为样本空间中的样本点, 必须具备两条基本属性:

(1) 互斥性. 无论哪两个样本点都不会在同一次试验中出现.

(2) 完备性. 每次试验一定会出现某一个样本点.

### 1.2.2 随机事件

在进行试验时, 人们常常关心满足某种条件的那些样本点所组成的集合. 例如, 若规定灯泡寿命小于 1 500 h 为不合格品, 则在 1.1 节的 $E_5$ 中, 我们更关心的是灯泡的寿命是否不小于 1 500 h. 满足这个条件的样本点组成样本空间 $S_5$ 的一个子集 $A$, 即

$$A = \{e \mid e \geqslant 1\ 500\}$$

在这里, 我们称 $A$ 为试验 $E_5$ 的一个随机事件.

我们称试验 $E$ 的样本空间 $S$ 的子集为 $E$ 的随机事件 (Random event), 简称为事件. 事件是概率论中最基本的概念. 今后用大写字母 $A, B, \cdots$ 表示事件. 在每次试验中, 事件 $A$ 发生当且仅当 $A$ 中的一个样本点 $e$ 发生. 例如, 某灯泡寿命为 1 600 h, 则事件 $A$ 发生.

特别地, 由一个样本点组成的单点集称为基本事件 (Basic event). 例如, 试验 $E_3$ 中有 6 个基本事件 $\{1\}, \{2\}, \{3\}, \{4\}, \{5\}, \{6\}$.

样本空间 $S$ 包含所有的样本点, 所以在每次试验中它总是发生的, 称为必然事件 (Certain event). 空集 $\varnothing$ 中不包含任何样本点, 它作为样本空间的子集, 在每次试验中都不发生, 称 $\varnothing$ 为不可能事件 (Impossible event).

我们知道, 必然事件 $S$ 与不可能事件 $\varnothing$ 都不是随机事件, 因为作为试验的结果, 它们都是确定的, 并不具有随机性. 但是为了今后讨论问题方便, 我们也将它们当作随机事件来处理.

### 1.2.3 事件间的关系与事件的运算

由于随机事件是样本空间的一个子集, 而且样本空间中可以定义不止一个事件, 那么分析事件之间的关系不但有助于我们深刻地认识事件的本质, 而且还可以简化一些复杂事件的概

率计算. 既然事件是一个集合,那么我们可以借助集合论中集合之间的关系以及集合的运算来研究事件间的关系与运算.

设试验 $E$ 的样本空间为 $S;A,B,A_i(i=1,2,\cdots,n)$ 是 $S$ 的子集.

(1) 若 $A \subset B$,则称事件 $B$ 包含事件 $A$. 这里指的是事件 $A$ 发生,必然导致事件 $B$ 的发生.

若 $A \subset B$ 且 $B \subset A$,即 $A=B$,则称事件 $A$ 与 $B$ 相等.

(2) 事件 $A \cup B = \{e \mid e \in A \text{ 或 } e \in B\}$ 称为事件 $A$ 与 $B$ 的和事件. 当且仅当事件 $A,B$ 中至少有一个发生时,事件 $A \cup B$ 发生. $A \cup B$ 也记作 $A+B$.

对任一事件 $A$,有

$$A \cup S = S, A \cup \varnothing = A$$

类似地,当 $n$ 个事件 $A_1,A_2,\cdots,A_n$ 中至少有一个事件发生时,称和事件 $\bigcup\limits_{i=1}^{n} A_i$ 发生. 称 $\bigcup\limits_{i=1}^{\infty} A_i$ 为可列无穷多个事件 $A_1,A_2,\cdots$ 的和事件,表示"可列无穷多个事件 $A_i$ 中至少有一个发生".

(3) 事件 $A \cap B = \{e \mid e \in A \text{ 且 } e \in B\}$ 称为事件 $A$ 与 $B$ 的积事件. 当且仅当事件 $A$ 与 $B$ 都发生时,事件 $A \cap B$ 发生. $A \cap B$ 也记作 $AB$.

对任一事件 $A$,有

$$A \cap S = A, A \cap \varnothing = \varnothing$$

类似地,当 $n$ 个事件 $A_1,A_2,\cdots,A_n$ 都发生时,称积事件 $\bigcap\limits_{i=1}^{n} A_i$ 发生. 称 $\bigcap\limits_{i=1}^{\infty} A_i$ 为可列无穷多个事件 $A_1,A_2,\cdots$ 的积事件,表示"可列无穷多个事件 $A_i$ 同时发生".

(4) 事件 $A-B = \{e \mid e \in A \text{ 且 } e \notin B\}$ 称为事件 $A$ 与 $B$ 的差事件. 当且仅当事件 $A$ 发生而事件 $B$ 不发生时,事件 $A-B$ 发生.

对任一事件 $A$,有

$$A-A = \varnothing, A-\varnothing = A, A-S = \varnothing$$

(5) 若 $AB = \varnothing$,则称事件 $A$ 与 $B$ 是互不相容的或互斥的(Mutually exclusive event),表示事件 $A$ 与 $B$ 不能同时发生. 实际上,基本事件就是两两互不相容的.

$n$ 个事件 $A_1,A_2,\cdots,A_n$ 两两互不相容,是指其中任意两个事件都是互不相容的,即 $A_i \cap A_j = \varnothing(i \neq j;i,j=1,2,\cdots,n)$.

(6) 若 $A \cup B = S$ 且 $A \cap B = \varnothing$,则称事件 $A$ 与 $B$ 为互补事件,也称 $A$ 与 $B$ 为对立事件(Complementary event),表示不论试验结果如何,事件 $A$ 与 $B$ 中有且仅有一个事件发生,$A$ 的对立事件记为 $\bar{A}$,即 $\bar{A} = B$. 显然 $\bar{A} = S-A$.

**评注** 对立事件必是互不相容(互斥)的,但互不相容的两个事件不一定是对立事件.

用文氏图(Venn diagram)图 1-1 至图 1-6 可直观地表示以上各个事件之间的关系与运算. 其中矩形表示样本空间 $S$,圆形域 $A$ 与圆形域 $B$ 分别表示事件 $A$ 与事件 $B$,阴影部分则分别表示事件 $A$ 与事件 $B$ 经过和、积、差等运算后,所得到的新事件.

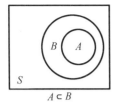

图 1 - 1

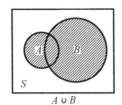

图 1 - 2

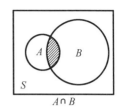

图 1 - 3

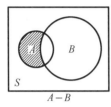

图 1 - 4

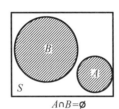

图 1 - 5

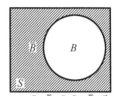

图 1 - 6

在进行事件运算时,经常要用到以下的运算律.

交换律 $\qquad A \cup B = B \cup A, A \cap B = B \cap A$

结合律 $\qquad A \cup (B \cup C) = (A \cup B) \cup C$

$$(A \cap B) \cap C = A \cap (B \cap C)$$

分配律 $\qquad A \cup (B \cap C) = (A \cup B) \cap (A \cup C)$

$$A \cap (B \cup C) = (A \cap B) \cup (A \cap C)$$

值得一提的是,分配律可以推广到有穷或可列无穷的情形(读者自行推导).

德·摩根(De. Morgan)律 $\qquad \overline{A \cup B} = \overline{A} \cap \overline{B}, \overline{A \cap B} = \overline{A} \cup \overline{B}$

对于差事件的运算,有 $\qquad A - B = A\overline{B} = A - AB$

**例 1** 掷一颗骰子,设事件 $A_1$ 为掷出的点数是奇数点,$A_2$ 为掷出的点数是偶数点,$A_3$ 为掷出的点数是小于 4 的偶数点,显然有

$$A_1 = \{1,3,5\}, A_2 = \{2,4,6\}, A_3 = \{2\}$$

则

$$A_1 \cup A_2 = \{1,2,3,4,5,6\}, A_1 A_2 = \varnothing$$

可见 $A_1$ 与 $A_2$ 互为对立事件.

$$A_2 \cup A_3 = \{2,4,6\}$$

$$\overline{A_1 \cup A_3} = \overline{A_1} \cap \overline{A_3} = \{4,6\}$$

$$A_1 - A_3 = A_1, A_2 - A_3 = \{4,6\}$$

**例2**    如图 1 - 7 所示的电路中,以 $A$ 表示"信号灯亮"这一事件,以 $B,C,D$ 分别表示"电路接点 Ⅰ,Ⅱ,Ⅲ 闭合"事件.

易知 $BC \subset A, BD \subset A$ 且 $BC \cup BD = A$,而 $\bar{B}A = \varnothing$,

即事件 $\bar{B}$ 与事件 $A$ 互不相容.

**例3**    化简下列事件.

(1)$AB \cup A\bar{B}$;(2)$A\bar{B} \cup \bar{A}B \cup \bar{A}\bar{B}$.

**解**    (1)$AB \cup A\bar{B} = A(B \cup \bar{B}) = AS = A.$

$(2)A\bar{B} \cup \bar{A}B \cup \bar{A}\bar{B} = (A\bar{B} \cup \bar{A}\bar{B}) \cup (\bar{A}B \cup \bar{A}\bar{B})$

$$= \bar{B}(A \cup \bar{A}) \cup \bar{A}(B \cup \bar{B})$$

$$= \bar{B}S \cup \bar{A}S = \bar{B} \cup \bar{A} = \overline{AB}.$$

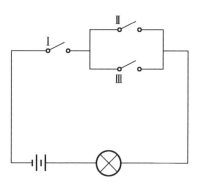

图 1 - 7

# 1.3    频率与概率

对于一个事件(除必然事件和不可能事件)来说,它在一次试验中可能发生,也可能不发生.我们常常希望知道某些事件在一次试验中发生的可能性究竟有多大.我们更希望能够找到一个数,用它来衡量一件事情发生可能性的大小.为此首先引入频率的概念,它描述了事情发生的频繁程度.进而引出表示事件在一次试验中发生可能性的大小的量——概率.

### 1.3.1    频率

**定义1**    在相同条件下进行了 $n$ 次试验.在这 $n$ 次试验中,随机事件 $A$ 发生的次数为 $n_A$,称为事件 $A$ 发生的频数.比值 $\dfrac{n_A}{n}$ 称为事件 $A$ 发生的频率(Frequency),记为 $f_n(A)$.

由定义易见频率有以下性质:

(1)$0 \leqslant f_n(A) \leqslant 1$;

(2)$f_n(S) = 1$;

(3) 对有限个两两互不相容事件 $A_1, A_2, \cdots, A_k$,有

$$f_n(A_1 \cup A_2 \cup \cdots \cup A_k) = f_n(A_1) + f_n(A_2) + \cdots + f_n(A_k)$$

事件 $A$ 发生的频率是它发生的次数与试验次数之比,其大小表示 $A$ 发生的频繁程度.频率愈大,事件 $A$ 发生愈频繁,这意味着 $A$ 在一次试验中发生的可能性愈大.因而,直观的想法是用频率来表示 $A$ 在一次试验中发生的可能性的大小.但是,这样做是否合适?先看下面的例子.

**例 1**　考虑"抛硬币"这个试验,有学者将一枚硬币抛掷 5 次、50 次和 500 次,各做 10 遍,记录的数据如表 1 - 1 所示[其正面为 $H$, $n_H$ 表示 $H$ 发生的频数, $f_n(H)$ 表示 $H$ 发生的频率].

表 1 - 1　　学者记录的数据

| 实验序号 | n = 5 | | n = 50 | | n = 500 | |
| --- | --- | --- | --- | --- | --- | --- |
| | $n_H$ | $f_n(H)$ | $n_H$ | $f_n(H)$ | $n_H$ | $f_n(H)$ |
| 1 | 2 | 0.4 | 22 | 0.44 | 251 | 0.502 |
| 2 | 3 | 0.6 | 25 | 0.50 | 249 | 0.498 |
| 3 | 1 | 0.2 | 21 | 0.42 | 256 | 0.512 |
| 4 | 5 | 1.0 | 25 | 0.50 | 253 | 0.506 |
| 5 | 1 | 0.2 | 24 | 0.48 | 251 | 0.502 |
| 6 | 2 | 0.4 | 21 | 0.42 | 246 | 0.492 |
| 7 | 4 | 0.8 | 18 | 0.36 | 244 | 0.488 |
| 8 | 2 | 0.4 | 24 | 0.48 | 258 | 0.516 |
| 9 | 3 | 0.6 | 27 | 0.54 | 262 | 0.524 |
| 10 | 3 | 0.6 | 31 | 0.62 | 247 | 0.494 |

历史上曾有几位科学家做过这种试验,记录了如表 1 - 2 所示的数据.

表 1 - 2　　科学家记录的数据

| 实验者 | $n$ | $n_H$ | $f_n(H)$ |
| --- | --- | --- | --- |
| De. Morgan | 2 048 | 1 061 | 0.518 1 |
| Buffou | 4 040 | 2 048 | 0.506 9 |
| K. Pearson | 12 000 | 6 019 | 0.501 6 |
| K. Pearson | 24 000 | 12 012 | 0.500 5 |

从上述数据可以看出:

(1) 抛硬币次数 $n$ 较小时,频率 $f_n(H)$ 有随机波动性,即对于同样的 $n$,所得的 $f_n(H)$ 不尽相同,且波动幅度较大;

(2) 随着 $n$ 增大,频率 $f_n(H)$ 呈现出稳定性,即当 $n$ 逐渐增大时, $f_n(H)$ 总是在 0.5 附近摆动,逐渐稳定于 0.5.

**例 2**　考查英语中字母出现的频率. G. Dewey 统计了约 438 023 个单词,得到表 1 - 3 所示的数据.

表 1 - 3  英语中字母出现的频率

| 字母 | 频率 | 字母 | 频率 | 字母 | 频率 |
|------|------|------|------|------|------|
| E | 0.126 8 | L | 0.039 4 | P | 0.018 6 |
| T | 0.097 8 | D | 0.038 9 | B | 0.015 6 |
| A | 0.078 8 | U | 0.028 0 | V | 0.010 2 |
| O | 0.077 6 | C | 0.026 8 | K | 0.006 0 |
| I | 0.070 7 | F | 0.025 6 | X | 0.001 6 |
| N | 0.070 6 | M | 0.024 4 | J | 0.001 0 |
| S | 0.063 4 | W | 0.021 4 | Q | 0.000 9 |
| R | 0.059 4 | Y | 0.020 2 | Z | 0.000 6 |
| H | 0.057 3 | G | 0.018 7 |  |  |

字母使用频率的研究,对键盘设计、信息编码及密码破译等都是很有用的.

从上面两个例子可以看出,当 $n$ 较小时,频率 $f_n(A)$ 在 0 与 1 之间随机波动,其幅度较大,因而,当 $n$ 较小时用频率来表达事件发生的可能性的大小是不太合适的. 而当 $n$ 逐渐增大时,频率 $f_n(A)$ 逐渐稳定于某个常数. 对于每一个事件 $A$ 都有这样一个客观存在的常数与之对应,这种"频率稳定性"即通常所说的统计规律性,它揭示了隐藏在随机现象中的规律性. 我们让试验重复大量次数,用这个频率稳定值来表示事件发生的可能性大小是合适的,称这个"稳定值"为事件发生的概率(Probability).

**定义 2**  设事件 $A$ 在 $n$ 次重复试验中发生的次数为 $k$,当 $n$ 很大时,频率 $\dfrac{k}{n}$ 在某一数值 $p$ 的附近摆动,若随着试验次数 $n$ 的增加,发生较大摆动的可能性越来越小,则称数 $p$ 为事件 $A$ 发生的概率,记为 $P(A) = p$.

习惯上人们将上述定义称为事件 $A$ 发生的概率的统计定义. 到第 5 章我们将证明,当 $n \to \infty$ 时 频率 $f_n(A)$ 在一定意义下逼近于概率 $P(A)$ 这一事实.

有以下几点值得注意:

(1) 上述定义并没有提供确切计算概率的方法,因为在实际中,我们不可能对每一个事件都做大量的试验,然后求得频率,用它来表示事件发生可能性的大小;

(2) 我们不知道 $n$ 取多大才行,如果 $n$ 取很大,不一定能保证每次试验的条件都完全相同;

(3) 我们也没有理由认为,试验次数为 $n + 1$ 时计算的频率比试验次数为 $n$ 时计算的频率更准确、更逼近所求的概率.

为了理论研究的需要,我们从频率的稳定性和频率的性质得到启示,给出如下表示事件发生可能性大小的概率的定义.

## 1.3.2　概率及其性质

1933 年,苏联数学家柯尔莫哥洛夫(Kolmogoroff) 总结已有的大量成果,提出概率论公理化结构,明确定义了基本概念,使得概率论成为严谨的数学分支,推动了概率论的发展.

**定义 3**　设 $E$ 是随机试验,$S$ 是其样本空间. 对于 $E$ 的每一个事件 $A$,有唯一的实数与之对应,记为 $P(A)$,称 $P(A)$ 为事件 $A$ 发生的概率. 如果函数 $P(\cdot)$ 满足以下条件:

(1) 非负性. 对每个事件 $A$,$P(A) \geqslant 0$.

(2) 规范性. 对于必然事件 $S$,$P(S) = 1$.

(3) 可列可加性. 若 $A_1,A_2,\cdots$ 是两两互不相容的事件,即当 $A_i A_j = \varnothing (i \neq j;i,j = 1,2,\cdots)$ 有

$$P(A_1 \cup A_2 \cup \cdots) = P(A_1) + P(A_2) + \cdots$$

称这个定义为概率公理化定义.

由概率的定义可以得到概率的一些重要性质.

(1) $P(\varnothing) = 0$.

**证明**　因为 $\varnothing = \varnothing \cup \varnothing \cup \cdots$,由概率的可加性有

$$P(\varnothing) = P(\varnothing) + P(\varnothing) + \cdots$$

由 $P(\varnothing) \geqslant 0$,证得 $P(\varnothing) = 0$.

(2) 若 $A_1,A_2,\cdots,A_n$ 两两互不相容,则

$$P(A_1 \cup A_2 \cup \cdots \cup A_n) = P(A_1) + P(A_2) + \cdots + P(A_n) \quad (\text{有限可加性})$$

**证明**　令 $A_i = \varnothing (i = n + 1,n + 2,\cdots)$,由可加性及性质(1) 可知

$$P(\bigcup_{i=1}^{n} A_i) = P(\bigcup_{i=1}^{\infty} A_i) = \sum_{i=1}^{\infty} P(A_i) = \sum_{i=1}^{n} P(A_i)$$

(3) 若事件 $A,B$ 满足 $A \subset B$,则有

$$P(B - A) = P(B) - P(A),P(B) \geqslant P(A)$$

**证明**　由 $A \subset B$ 知 $B = A \cup (B - A)$,且 $A(B - A) = \varnothing$,由概率的可加性知

$$P(B) = P(A) + P(B - A)$$

即 $P(B - A) = P(B) - P(A)$.

又由概率的非负性知,$P(B - A) \geqslant 0$,所以 $P(B) \geqslant P(A)$.

(4) 对任意事件 $A$, $P(\bar{A}) = 1 - P(A)$,其中 $\bar{A}$ 为 $A$ 的对立事件.

**证明**　因为 $A \cup \bar{A} = S$ 且 $A\bar{A} = \varnothing$,由性质2可知 $P(A) + P(\bar{A}) = 1$,得 $P(\bar{A}) = 1 - P(A)$

(5) 对任意事件 $A,B$ 有

$$P(A \cup B) = P(A) + P(B) - P(AB)$$

$$P(A \cup B) \leqslant P(A) + P(B)$$

**证明**　由于 $A \cup B = A \cup (B - AB)$,且 $A(B - AB) = \varnothing$,$AB \subset B$,于是有

$$P(A \cup B) = P(A) \cup P(B - AB) = P(A) + P(B) - P(AB)$$

而 $P(AB) \geq 0$，因此 $P(A \cup B) \leq P(A) + P(B)$.

上式称为加法公式. 特别当事件 $A$ 与 $B$ 互不相容时，有

$$P(A \cup B) = P(A) + P(B)$$

性质(5)还可推广到多个事件的情形. 例如，设 $A_1, A_2, A_3$ 为任意三个事件，则有

$$P(A_1 \cup A_2 \cup A_3) = P(A_1) + P(A_2) + P(A_3) - P(A_1 A_2) -$$
$$P(A_2 A_3) - P(A_1 A_3) + P(A_1 A_2 A_3)$$

一般地，对任意 $n$ 个事件 $A_1, A_2, \cdots, A_n$ 可由归纳法推得

$$P(A_1 \cup A_2 \cup \cdots \cup A_n) = \sum_{i=1}^{n} P(A_i) - \sum_{1 \leq i < j \leq n} P(A_i A_j) + \sum_{1 \leq i < j < k \leq n} P(A_i A_j A_k) + \cdots +$$
$$(-1)^{n-1} P(A_1 A_2 \cdots A_n)$$

**例3** 设 $A, B$ 为两事件，$P(B) = 0.3, P(A \cup B) = 0.6$. 求：

(1) $P(\bar{B})$；(2) $P(A\bar{B})$；(3) $P(\bar{A}\bar{B})$.

**解** (1) 由性质(4)知 $P(\bar{B}) = 1 - P(B) = 1 - 0.3 = 0.7$.

(2) $P(A\bar{B}) = P(A - AB) = P(A) - P(AB)$，而

$$P(A \cup B) = P(A) + P(B) - P(AB)$$

所以

$$P(A \cup B) - P(B) = P(A) - P(AB)$$

得到 $P(A\bar{B}) = 0.6 - 0.3 = 0.3$.

(3) $P(\bar{A}\bar{B}) = P(\overline{A \cup B}) = 1 - P(A \cup B) = 1 - 0.6 = 0.4$.

**例4** (1) 设 $A, B$ 为两个任意事件，且 $P(A) = P(B) = \dfrac{1}{2}$，求证：$P(AB) = P(\bar{A}\bar{B})$.

(2) 证明对任意两个事件 $A, B$ 有

$$P(A) + P(B) - 1 \leq P(AB) \leq P(A \cup B)$$

**证明** (1) $P(\bar{A}\bar{B}) = P(\overline{A \cup B}) = 1 - P(A \cup B) = 1 - [P(A) + P(B) - P(AB)]$

$$= 1 - \left[ \frac{1}{2} + \frac{1}{2} - P(AB) \right] = P(AB)$$

(2) 因为 $AB \subset (A \cup B)$，所以 $P(AB) \leq P(A \cup B)$. 又因为

$$1 \geq P(A \cup B) = P(A) + P(B) - P(AB)$$

可得 $P(AB) \geq P(A) + P(B) - 1$. 从而证得

$$P(A) + P(B) - 1 \leq P(AB) \leq P(A \cup B)$$

# 1.4 等可能概型（古典概型）

本节我们将对两类随机现象给出计算概率的数学模型. 第一类随机现象考虑的是试验结果的个数是有限的,也就是说,相应的样本空间的元素为有限个;第二类随机现象考虑的是试验结果的个数是无限的,相应的样本空间的元素为无限多个.

### 1.4.1 等可能概型（古典概型）

若随机试验 $E$ 满足以下条件:

(1) 样本空间 $S$ 只有有限个样本点,即 $S = \{e_1, e_2, \cdots, e_n\}$;

(2) 每个样本点出现的可能性相同,即对基本事件 $\{e_i\}(i = 1, 2, \cdots, n)$ 而言,有

$$P(\{e_1\}) = P(\{e_2\}) = \cdots = P(\{e_n\})$$

则称这类随机现象的数学模型为等可能概型.

它在概率论发展初期曾是主要的研究对象. 许多最初结果也是利用它得出的,所以也称之为古典概型. 古典概型在概率论中占有相当重要的地位. 一方面,由于它简单,具有直观、容易理解的特点;另一方面,古典概型中事件概率的计算在产品质量抽样检查等实际问题中都有重要的应用.

下面讨论等可能概型中事件概率的计算公式.

由于每个基本事件发生的可能性相同,且基本事件是两两互不相容的,于是有

$$1 = P(S) = P(\{e_1, e_2, \cdots, e_n\}) = P(\bigcup_{i=1}^{n} \{e_i\}) = \sum_{i=1}^{n} P(\{e_i\}) = nP(\{e_i\})$$

故

$$P(\{e_i\}) = \frac{1}{n} \quad (i = 1, 2, \cdots, n)$$

若事件 $A$ 包含 $m$ 个基本事件,即 $A = \{e_{i_1}, e_{i_2}, \cdots, e_{i_m}\}$,这里 $i_1, i_2, \cdots, i_m$ 是 $1, 2, \cdots, n$ 中某 $m$ 个不同的数. 则有

$$P(A) = P(\{e_{i_1}, e_{i_2}, \cdots, e_{i_m}\}) = P(\bigcup_{j=1}^{m} \{e_{i_j}\}) = \sum_{j=1}^{m} P(\{e_{i_j}\}) = \frac{m}{n}$$

由此得到,等可能概型中事件 $A$ 发生的概率计算公式为

$$P(A) = \frac{A \text{ 包含的基本事件数}}{S \text{ 中基本事件的总数}}$$

**例1** 将一枚硬币抛两次,观察正面、反面出现的情况.

(1) 设事件 $A_1$ 为"恰有一次出现反面",求 $P(A_1)$;

(2) 设事件 $A_2$ 为"至少有一次出现反面",求 $P(A_2)$.

**解** (1) 设 $H$, $T$ 分别表示硬币出现正面和反面,则此时样本空间

$$S = \{HH, HT, TH, TT\}, A_1 = \{HT, TH\}$$

由对称性知,$S$ 中每个基本事件发生的可能性是相同的,因而可知

$$P(A_1) = \frac{2}{4} = \frac{1}{2}$$

(2)$A_2 = \{HT, TH, TT\}$,则有

$$P(A_2) = \frac{3}{4}$$

或者 $\overline{A_2} = \{HH\}$ 表示"反面一次都未出现"这一事件,故

$$P(A_2) = 1 - P(\overline{A_2}) = 1 - \frac{1}{4} = \frac{3}{4}$$

**例2** 盒中 10 只灯泡有 3 只为次品,从中取两次,每次取 1 只. 考虑两种情形:

(1)第一次取出后不放回盒中,第二次从剩余的灯泡中再取 1 只,这种方式称为无放回抽样;

(2)第一次取出 1 只,检查是否是次品然后放回盒中,随机地再取 1 只,这种方式称为有放回抽样.

试分别就上述两种情形求事件 $A$ "第 1 只为次品,第 2 只为正品"的概率和事件 $B$ "两次均为次品"的概率.

**解** 显然这是一个等可能概型. 我们给产品逐一编号,设编号为 1,2,3 的产品是次品,编号为 $4, 5, 6, \cdots, 10$ 的产品是正品.

(1)无放回抽样的情形.

由于是分两次抽取,因此要考虑顺序. 样本空间 $S$ 含样本点的总数为从 10 只灯泡中取 2 只的排列,故样本点的总数为 $A_{10}^2 = 10 \times 9 = 90$. 对于事件 $A$,第一次为次品,也就是从 3 只中取 1 只,有 $A_3^1 = 3$ 种取法;第二次为正品,则从 7 只中取 1 只,有 $A_7^1 = 7$ 种取法. 由乘法原理知,事件 $A$ 样本点的总数为 $A_3^1 A_7^1$,故有

$$P(A) = \frac{A_3^1 A_7^1}{A_{10}^2} = \frac{7}{30}$$

对事件 $B$,两次均为次品,即从 3 只中取 2 只的排列为 $A_3^2 = 3 \times 2 = 6$ 种. 于是有

$$P(B) = \frac{A_3^2}{A_{10}^2} = \frac{1}{15}$$

(2)有放回抽样的情形.

每次都从 10 只灯泡中取 1 只,因此样本空间 $S$ 含样本点总数为 $10^2$ 种. 对于事件 $A$,第一次为次品,有 $A_3^1 = 3$ 种取法;第二次为正品,有 $A_7^1 = 7$ 种取法. 于是有

$$P(A) = \frac{A_3^1 A_7^1}{10^2} = \frac{21}{100}$$

对于事件 $B$，由于两次都是次品，而每次都为 $A_3^1 = 3$ 种取法. 于是有

$$P(B) = \frac{A_3^1 A_3^1}{10^2} = \frac{9}{100}$$

**例3**　设有 $n$ 个球，每个球都等可能地被放入到 $N(N \geqslant n)$ 个盒子中. 试求每个盒子中至多有 1 个球的概率.

**解**　将 $n$ 个球放入 $N$ 个盒子中去，每一种放法是一个基本事件. 显然，这是等可能概型问题. 因为每 1 个球都可以放入 $N$ 个盒子的任一个盒子中，故共有 $N^n$ 种不同的放法.

**解法一**　每个盒子中至多有 1 个球，共有 $N(N-1)\cdots[N-(n-1)]$ 种不同放法，因此所求概率为

$$P = \frac{N(N-1)\cdots[N-(n-1)]}{N^n} = \frac{N!}{N^n(N-n)!}$$

此问题等价于 $n$ 个盒子中各有 1 个球的概率.

**解法二**　$n$ 个盒子可以有 $\binom{N}{n}$ 种不同的放法. 对于选定的 $n$ 个盒子，各有 1 个球的放法有 $n!$ 种，故共有 $n!\binom{N}{n}$ 种放法，因此所求概率为

$$P = \frac{n!\binom{N}{n}}{N^n} = \frac{N!}{N^n(N-n)!}$$

我们还可以进一步知道，某个盒子中至少有 2 个球的概率为 $1 - \frac{N!}{N^n(N-n)!}$；当 $n = N$ 时，每个盒子有 1 个球的概率为 $\frac{n!}{n^n}$.

值得注意的是，许多不尽相同的实际问题都和本例具有相同的数学模型.

**例4**（掷骰子问题）　掷骰子 6 次，每次出现不同点数的概率为

$$P = \frac{6!}{6^6} = 0.015\,43$$

**例5**（生日问题）　设每个人的生日在一年 365 天中的任一天是等可能事件，都等于 $\frac{1}{365}$，那么随机地取 $n(n \leqslant 365)$ 个人，他们的生日各不同的概率为

$$\frac{365 \times 364 \times \cdots \times (365 - n + 1)}{365^n}$$

$n$ 个人中至少有两人生日相同的概率为

$$1 - \frac{365 \times 364 \times \cdots \times (365 - n + 1)}{365^n}$$

不妨考查有45人的班级，可以算出在这个班级里，至少有两人生日相同的概率接近0.95.这个结果也许会让大多数人惊奇，因为"一个班级中至少有两人生日相同"的概率并不像人们直觉中想象的那样小，而是相当大，这也告诉我们，"直觉"并不是很可靠，说明科学地研究随机现象的统计规律是非常重要的.

**例6** 从$1,2,3,\cdots,100$这100个整数中任取一个数，求被取到的数能被3或4整除的概率.

**解** 设$A = \{$取到的数能被3或4整除$\}$；
$\qquad B = \{$取到的数能被3整除$\}$；
$\qquad C = \{$取到的数能被4整除$\}$.

则$A = B \cup C$，所以有

$$P(A) = P(B) + P(C) - P(BC)$$

而$1,2,3,\cdots,100$这100个整数能被3整除的有33个，能被4整除的有25个，能被12整除的有8个，事件$BC$发生相当于能被$3 \times 4$整除，即能被12整除. 因此

$$P(B) = \frac{33}{100}, P(C) = \frac{25}{100}, P(BC) = \frac{8}{100}$$

$$P(A) = P(B) + P(C) - P(BC) = \frac{33 + 25 - 8}{100} = \frac{1}{2}$$

值得注意的是，计算等可能概型中事件的概率时，首先要弄清随机试验是什么，样本空间是怎样构成的，须判断是否满足有限性和等可能性.

### 1.4.2　几何概型

当随机试验$E$的基本事件数不是有限个而是无穷多个时，古典概型的概率公式就不适用了. 但当试验$E$的样本空间可用某一区域来表示时，利用几何方法可将古典概型的计算加以推广，从而打破样本空间有限的局限性.

若试验$E$满足以下条件：

(1) 样本空间$S$是一个几何区域，这个区域的大小是可以度量（如长度、面积、体积等）的，并把对$S$的度量记作$m(S)$；

(2) 向区域$S$内任意投掷一个点，它落在区域内任一点处都是"等可能的"，或者落在$S$中区域$A$内的可能性与$A$的度量$m(A)$成正比，与$A$的位置和形状无关.

则称这类随机现象的数学模型为几何概型.

下面讨论几何概型中事件概率的计算公式.

不妨设$A$表示事件"掷点落在区域$A$内"，由于任意一点落在样本空间内度量相同的子区域是等可能的，则事件$A$的概率可用下面的公式计算：

$$P(A) = \frac{m(A)}{m(S)}$$

几何概率显然满足以下条件:

(1) 对任何事件 $A$, $P(A) \geqslant 0$;

(2) $P(S) = 1$;

(3) 若事件 $A_1, A_2, \cdots, A_n, \cdots$ 两两互不相容,则

$$P(\bigcup_{n=1}^{+\infty} A_n) = \sum_{n=1}^{+\infty} P(A_n)$$

**例7**(约会问题) 甲、乙二人相约在 0 到 $T$ 这段时间内在预定地点会面,到达时刻是等可能的,先到的人等候另一人,经过时间 $t(t < T)$ 后离去,求甲、乙二人能会面的概率.

**解** 设 $x, y$ 分别表示甲、乙二人到达的时刻,$A = \{$甲、乙二人能会面$\}$,则样本空间

$$S = \{(x,y) \mid 0 \leqslant x \leqslant T, 0 \leqslant y \leqslant T\}$$

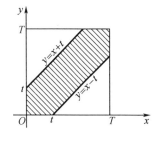

图 1 - 8

此二人到达时间 $(x,y)$ 与图 1 - 8 中正方形内的点是一一对应的. 二人能会面的充分必要条件是

$$|x - y| \leqslant t$$

即

$$A = \{(x,y) \mid |x - y| \leqslant t\}$$

可以看成图 1 - 8 中阴影部分点 $(x,y)$ 的全体. 由几何概率公式知所求的概率为

$$P(A) = \frac{\text{阴影部分面积}}{\text{正方形面积}} = \frac{T^2 - (T - t)^2}{T^2} = 1 - \left(1 - \frac{t}{T}\right)^2$$

在约会问题中,一般总希望见到面的概率大一点,这就要求相互等候的时间长一点. 而轮船停靠、火车进站等问题却相反,希望不会面的概率大一点,即等待时间短一点. 这一点从

$$P(A) = 1 - \left(1 - \frac{t}{T}\right)^2$$

也可以得到验证.

下面是著名的蒲丰(Buffon)投针试验,蒲丰先生巧妙地利用频率和概率的关系,求得了圆周率 $\pi$ 的近似值.

**例8**(蒲丰投针试验) 在平面上画有等距离的平行线,平行线间的距离为 $2a(a > 0)$,向平面任意投掷一枚长为 $2l(l < a)$ 的圆柱形的针,试求此针与任一平行线相交的概率.

**解** 设 $A = \{$针与任一平行线相交$\}$,$M$ 表示针的中点,针投在平面上,以 $x$ 表示点 $M$ 到最近一条平行线的距离,以 $\theta$ 表示针与此直线的交角(图 1 - 9).

易知样本空间为

$$S = \{(x,\theta) \mid 0 \leqslant x \leqslant a, 0 \leqslant \theta \leqslant \pi\}$$

由这两式确定出 $\theta Ox$ 平面上的一个矩形 $S$,如图 1 – 10 所示,针与最近的一条平行线相交的充分必要条件是

$$x \leqslant l\sin\theta$$

即

$$A = \left\{ (x,\theta) \mid x \leqslant l\sin\theta \right\}$$

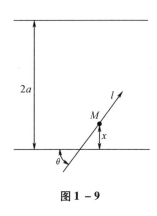

图 1 – 9

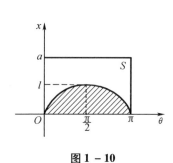

图 1 – 10

区域 $A$ 是图 1 – 10 中的阴影部分. 所求概率为

$$P(A) = \frac{A \text{ 的面积}}{S \text{ 的面积}} = \frac{\int_0^\pi l\sin\theta\mathrm{d}\theta}{\pi a} = \frac{2l}{\pi a}$$

如果 $l$ 和 $a$ 已知,将 $\pi$ 值代入上式就可以算得 $P(A)$.

反之,也可利用上式去计算 $\pi$ 的近似值. 如果投针 $N$ 次,其中针与平行线相交 $n$ 次,以频率值 $\dfrac{n}{N}$ 作为 $P(A)$ 的近似值,代入上式有

$$\pi \approx \frac{2lN}{an}$$

$\pi$ 在这个场合出现并被近似计算出来,实在让人出乎意料,然而它却是千真万确的事实. 由于投针试验的问题是蒲丰先生最早提出的,所以数学史上称它为蒲丰投针试验.

确实历史上有一些学者也曾做过这个试验. 例如,Wolf 在 1850 年投掷 5 000 次,得到 $\pi$ 的近似值 3. 159 6;Smith 在 1855 年投掷 3 204 次,得到 $\pi$ 的近似值 3. 155 4;Lazzerini 在 1901 年投掷 3 408 次,得到 $\pi$ 的近似值 3. 141 592,等等.

# 1.5　条件概率、全概率公式、贝叶斯公式

## 1.5.1　条件概率

在许多问题中,除了要考虑事件 $A$ 发生的概率 $P(A)$ 外,还要考虑在事件 $A$ 已经发生的条件下,事件 $B$ 发生的概率. 先举一个例子.

**例1**　设甲有3个白球、1个黑球,乙有2个白球、1个黑球. 将这7个球放在一个袋子中,从中任取一球. 假设抽得每个球的可能性均相同,求在已知抽得的球是甲的条件下,抽得黑球的概率.

**分析**　假设 $A = \{$抽得的球是甲的$\}$,$B = \{$抽得黑球$\}$,则

$$P(A) = \frac{4}{7}, \quad P(B) = \frac{2}{7}$$

我们已经知道抽得的球是甲的,则在此条件下抽得黑球的概率,即在事件 $A$ 已经发生的条件下,事件 $B$ 发生的概率[记为 $P(B \mid A)$],利用古典概型,有

$$P(B \mid A) = \frac{1}{4}$$

显然

$$P(B) \neq P(B \mid A)$$

这里很容易理解. 因为在求 $P(B \mid A)$ 时我们是限制在事件 $A$ 已经发生的条件下考虑事件 $B$ 发生的概率的.

另外,易知

$$P(AB) = \frac{1}{7}$$

$$P(B \mid A) = \frac{1}{4} = \frac{\frac{1}{7}}{\frac{4}{7}} = \frac{P(AB)}{P(A)}$$

故有 $P(B \mid A) = \dfrac{P(AB)}{P(A)}$.

这个式子很重要,虽然我们以特例形式引入,但它对一般古典概型问题也成立.

对试验 $E$,若基本事件总数为 $n$,事件 $A$ 包含的基本事件数为 $m$,积事件 $AB$ 包含的基本事件数为 $k$,则有

$$P(B \mid A) = \frac{k}{m} = \frac{\frac{k}{n}}{\frac{m}{n}} = \frac{P(AB)}{P(A)}$$

在几何概型中,以 $m(A),m(B),m(AB),m(S)$ 分别表示 $A,B,AB,S$ 的度量,且 $m(B)>0$,则

$$P(B \mid A) = \frac{m(AB)}{m(A)} = \frac{\dfrac{m(AB)}{m(S)}}{\dfrac{m(A)}{m(S)}} = \frac{P(AB)}{P(A)}$$

结果与古典概型相同.

**定义1** 设 $A,B$ 是两个事件,且 $P(A)>0$,称

$$P(B \mid A) = \frac{P(AB)}{P(A)}$$

为在事件 $A$ 发生的条件下,事件 $B$ 发生的条件概率(Conditional probability).

由于条件概率仍是一种概率,因此它仍符合概率定义中的三个条件:

(1) $P(B \mid A) \geqslant 0$;

(2) $P(S \mid A) = 1$;

(3) 设 $B_1,B_2,\cdots$ 为两两互不相容事件,则有

$$P(\bigcup_{i=1}^{+\infty} B_i \mid A) = \sum_{i=1}^{+\infty} P(B_i \mid A)$$

所以,在1.3节中所证明的一些重要结果都适用于条件概率. 例如,对于任意的事件 $A,B_1,B_2$ 有

$$P[(B_1 \cup B_2) \mid A] = P(B_1 \mid A) + P(B_2 \mid A) - P(B_1 B_2 \mid A)$$

**例2** 已知 $P(\bar{A}) = 0.3, P(B) = 0.4, P(A\bar{B}) = 0.5$,求:

(1) $P(A \mid \bar{B})$;(2) $P(B \mid A \cup \bar{B})$.

**解** (1) $P(A \mid \bar{B}) = \dfrac{P(A\bar{B})}{P(\bar{B})} = \dfrac{P(A\bar{B})}{1 - P(B)} = \dfrac{0.5}{1 - 0.4} = \dfrac{5}{6}$

(2) $P(B \mid A \cup \bar{B}) = \dfrac{P[B(A \cup \bar{B})]}{P(A \cup \bar{B})} = \dfrac{P(AB)}{P(A) + P(\bar{B}) - P(A\bar{B})}$

而

$$P(A\bar{B}) = P(A) - P(AB)$$

故

$$P(AB) = P(A) - P(A\bar{B}) = 0.2$$

所以

$$P(B \mid A \cup \bar{B}) = \frac{0.2}{0.7 + 0.6 - 0.5} = 0.25$$

**例3**　某车间分白班、夜班两班生产. 白班日产量为 300 件, 夜班日产量为 200 件, 且废品率均为 5%. 现从这 500 件混合产品中任取一件, 若取到的是废品, 问它是白班生产的概率为多少?

**解**　设 $A$ 为"取到的是废品"这一事件, $B$ 为"白班生产的产品"这一事件, 则 $AB$ 为"白班生产的废品"这一事件, 而

$$P(A) = \frac{25}{500} = 0.05, \ P(AB) = \frac{15}{500} = 0.03$$

则所求概率为

$$P(B \mid A) = \frac{P(AB)}{P(A)} = \frac{0.03}{0.05} = 0.6$$

### 1.5.2　乘法公式

由条件概率的定义, 可得概率的乘法公式.

**定理1**　对于事件 $A, B$, 若 $P(A) > 0$, 则有

$$P(AB) = P(A)P(B \mid A)$$

若 $P(B) > 0$, 则有

$$P(AB) = P(B)P(A \mid B)$$

显然, 对 $A_1, A_2, A_3$ 三个事件积的情况, 设 $P(A_1 A_2) > 0$, 有

$$\begin{aligned} P(A_1 A_2 A_3) &= P[(A_1 A_2)A_3] = P(A_1 A_2)P(A_3 \mid A_1 A_2) \\ &= P(A_1)P(A_2 \mid A_1)P(A_3 \mid A_1 A_2) \end{aligned}$$

一般地, 推广到 $A_1, A_2, \cdots, A_n (n \geqslant 2) n$ 个事件积的情形. 设 $P(A_1 A_2 \cdots A_{n-1}) > 0$, 则有

$$P(A_1 A_2 \cdots A_n) = P(A_1)P(A_2 \mid A_1)P(A_3 \mid A_1 A_2) \cdots P(A_n \mid A_1 A_2 \cdots A_{n-1})$$

**例4**　某人有 5 把钥匙, 其中有两把房门钥匙, 但忘记了开房门的是哪两把, 只好逐次试开, 问此人在 3 次内打开房门的概率是多少?

**解法一**　设 $A_k$ 表示事件"第 $k$ 次打开房门"$(k = 1, 2, 3)$, $A$ 表示事件"3 次内打开房门", 则

$$P(A_1) = \frac{2}{5}, P(\bar{A_1} A_2) = P(\bar{A_1})P(A_2 \mid \bar{A_1}) = \frac{3}{5} \times \frac{2}{4} = \frac{3}{10}$$

$$P(\bar{A_1} \bar{A_2} A_3) = P(\bar{A_1})P(\bar{A_2} \mid \bar{A_1})P(A_3 \mid \bar{A_1} \bar{A_2}) = \frac{3}{5} \times \frac{2}{4} \times \frac{2}{3} = \frac{1}{5}$$

则

$$A = A_1 \cup \bar{A_1} A_2 \cup \bar{A_1} \bar{A_2} A_3$$

而 $A_1, \overline{A_1}A_2, \overline{A_1}\,\overline{A_2}A_3$ 两两互不相容，因此

$$P(A) = P(A_1) + P(\overline{A_1}A_2) + P(\overline{A_1}\,\overline{A_2}A_3) = \frac{2}{5} + \frac{3}{10} + \frac{1}{5} = \frac{9}{10}$$

**解法二** 因为 $\overline{A} = \overline{A_1}\,\overline{A_2}\,\overline{A_3}$，有

$$P(\overline{A}) = P(\overline{A_1}\,\overline{A_2}\,\overline{A_3}) = P(\overline{A_1})P(\overline{A_2}\mid\overline{A_1})P(\overline{A_3}\mid\overline{A_1}\,\overline{A_2}) = \frac{3}{5} \times \frac{2}{4} \times \frac{1}{3} = \frac{1}{10}$$

所以

$$P(A) = 1 - P(\overline{A}) = 1 - \frac{1}{10} = \frac{9}{10}$$

**例5** 设 $P(A) > 0$，试证 $P(B\mid A) \geqslant 1 - \dfrac{P(\overline{B})}{P(A)}$.

**证明** 因为 $P(A \cup B) \leqslant 1$，即 $P(A) + P(B) - P(AB) \leqslant 1$，有

$$P(A) + P(B) - P(A)P(B\mid A) \leqslant 1$$

从而

$$P(A)P(B\mid A) \geqslant P(A) - [1 - P(B)]$$

$$P(A)P(B\mid A) \geqslant P(A) - P(\overline{B})$$

由于 $P(A) > 0$，证得

$$P(B\mid A) \geqslant 1 - \frac{P(\overline{B})}{P(A)}$$

### 1.5.3 全概率公式和贝叶斯公式

在计算较复杂的概率时，经常将复杂事件分解成互不相容的简单的事件之和，分别计算出这些简单事件的概率后，利用概率的可加性得到所求事件的概率. 下面介绍两个用来计算概率的重要公式. 首先介绍样本空间"划分"的概念.

**定义2** 设 $S$ 为试验 $E$ 的样本空间，$B_1, B_2, \cdots, B_n$ 为 $E$ 的一组事件. 若

(1) $B_iB_j = \varnothing$ ($i \neq j; i, j = 1, 2, \cdots, n$)；

(2) $B_1 \cup B_2 \cup \cdots \cup B_n = S$.

则称 $B_1, B_2, \cdots, B_n$ 是样本空间 $S$ 的一个划分(Partition).

显然，对每次试验而言，事件 $B_1, B_2, \cdots, B_n$ 中有且仅有一个发生. 特别地，$A, \overline{A}$ 就是 $S$ 的一个划分. 值得注意的是，样本空间 $S$ 的划分并不是唯一的.

**定理2**(全概率公式) 设试验 $E$ 的样本空间为 $S$，$A$ 为 $E$ 的一个事件，$B_1, B_2, \cdots, B_n$ 为 $S$ 的一个划分，且 $P(B_i) > 0$，$i = 1, 2, \cdots, n$，则

$$P(A) = P(A\mid B_1)P(B_1) + P(A\mid B_2)P(B_2) + \cdots + P(A\mid B_n)P(B_n)$$

称为全概率公式.

全概率公式表明,在许多实际问题中事件 $A$ 的概率不易直接求得,如果容易找到 $S$ 的一个划分 $B_1,B_2,\cdots,B_n$,且 $P(B_i)$ 和 $P(A\mid B_i)$ 为已知或容易求得,那么就可以根据全概率公式求出 $P(A)$.

**证明** 由于

$$A = AS = A(B_1 \cup B_2 \cup \cdots \cup B_n) = AB_1 \cup AB_2 \cup \cdots \cup AB_n$$

又由于 $P(B_i) > 0, i = 1,2,\cdots,n$,且 $(AB_i)(AB_j) = \varnothing (i \neq j)$,则

$$\begin{aligned} P(A) &= P(AB_1) + P(AB_2) + \cdots + P(AB_n) \\ &= P(B_1)P(A\mid B_1) + P(B_2)P(A\mid B_2) + \cdots + P(B_n)P(A\mid B_n) \end{aligned}$$

另一个重要的公式是下述的贝叶斯公式.

**定理 3**(贝叶斯公式) 设试验 $E$ 的样本空间为 $S$,$A$ 为 $E$ 的事件,$B_1,B_2,\cdots,B_n$ 为 $S$ 的一个划分,且 $P(A) > 0,P(B_i) > 0, i = 1,2,\cdots,n$,则有

$$P(B_i\mid A) = \frac{P(B_i)P(A\mid B_i)}{\sum\limits_{j=1}^{n} P(B_j)P(A\mid B_j)}$$

这个公式称为贝叶斯(Bayes)公式. 此定理请读者自证.

**例 6** 由于通信系统受随机干扰,故接收到的信号与发出的信号可能不同. 为了确定发出的信号,通常要计算各种概率以进行分辨.

假设发报台分别以 0.6 和 0.4 的概率发出信号"."和"–",由于信号失真,当发报台发出信号"."时,收报台分别以 0.7,0.1 和 0.2 的概率收成"."."–"和"不清". 同样,当发报台发出信号"–"时,收报台分别以 0.8,0.1 和 0.1 的概率收成"–"."."和"不清". 求:

(1)收报台收到的信号为"."."–"和"不清"的概率;

(2)在收报台收到信号"不清"的条件下,发报台发出的信号为"."."–"的概率.

**解** 用 $A_1$ 和 $A_2$ 分别表示事件发出信号"."和"–",用 $B_1,B_2$ 和 $B_3$ 分别表示事件收到信号".","–"和"不清". 信号的发出和接收过程的概率树如图 1–11 所示.

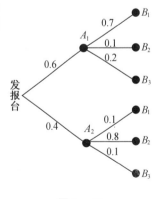

图 1–11

(1)由全概率公式,可得

$$\begin{aligned} P(B_1) &= P(A_1)P(B_1\mid A_1) + P(A_2)P(B_1\mid A_2) \\ &= 0.6 \times 0.7 + 0.4 \times 0.1 = 0.46 \end{aligned}$$

$$\begin{aligned} P(B_2) &= P(A_1)P(B_2\mid A_1) + P(A_2)P(B_2\mid A_2) \\ &= 0.6 \times 0.1 + 0.4 \times 0.8 = 0.38 \end{aligned}$$

$$\begin{aligned} P(B_3) &= P(A_1)P(B_3\mid A_1) + P(A_2)P(B_3\mid A_2) \\ &= 0.6 \times 0.2 + 0.4 \times 0.1 = 0.16 \end{aligned}$$

（2）由贝叶斯公式,有

$$P(A_1 \mid B_3) = \frac{P(A_1)P(B_3 \mid A_1)}{P(A_1)P(B_3 \mid A_1) + P(A_2)P(B_3 \mid A_2)}$$

$$= \frac{0.6 \times 0.2}{0.6 \times 0.2 + 0.4 \times 0.1} = 0.75$$

$$P(A_2 \mid B_3) = \frac{P(A_2)P(B_3 \mid A_2)}{P(A_1)P(B_3 \mid A_1) + P(A_2)P(B_3 \mid A_2)}$$

$$= \frac{0.4 \times 0.1}{0.6 \times 0.2 + 0.4 \times 0.1} = 0.25$$

由此可看出,在收报台接收到信号"不清"的条件下,发报台发出信号是"."的可能性较大.

假定 $B_1, B_2, \cdots$ 是导致试验结果的原因,一般把 $P(B_i)$ 称为"先验概率"(Prior probability),它反映了各种原因发生的可能性大小,它往往是根据以往经验确定的一种"主观概率";把 $P(B_i \mid A)$ 称为"后验概率"(Posterior probability),即在某一事件 $A$ 发生之后再来判断事件 $B_i$ 发生的概率. 因此,这一公式主要应用于探求结果 $A$ 的发生由原因 $B_i$ 所导致的概率. 在许多实际问题中往往要比较 $P(B_i \mid A)$ 与 $P(B_j \mid A)(i \neq j)$ 的大小而做出决策(贝叶斯决策).

# 1.6  事件的独立性

## 1.6.1  两个事件的独立性

从上节中的一些例题可以看到 $P(B \mid A) \neq P(B)$,这说明事件 $A$ 的发生影响了事件 $B$ 发生的概率. 但在某些情况下,事件 $A$ 的发生或不发生并不影响事件 $B$ 发生的概率. 换句话说,事件 $A$ 与事件 $B$ 之间存在某种"独立性".

**定义 1**  对两事件 $A$ 与 $B$,若 $P(AB) = P(A)P(B)$,则称事件 $A$ 与事件 $B$ 相互独立(Independence).

**定理 1**  若事件 $A, B$ 相互独立,且 $P(A) > 0$,则 $P(B \mid A) = P(B)$.

**证明**  由条件概率及独立性定义知

$$P(B \mid A) = \frac{P(AB)}{P(A)} = \frac{P(A)P(B)}{P(A)} = P(B)$$

**定理 2**  若事件 $A, B$ 相互独立,则事件 $\bar{A}$ 与 $B, A$ 与 $\bar{B}, \bar{A}$ 与 $\bar{B}$ 也相互独立.

**证明**  仅以 $\bar{A}$ 与 $B$ 相互独立为例,有

$$P(\bar{A}B) = P(B - AB) = P(B) - P(AB) = P(B) - P(A)P(B)$$

$$= [1 - P(A)]P(B) = P(\bar{A})P(B)$$

由此可推知,若 $P(A) > 0, P(B) > 0$,则 $A, B$ 相互独立与 $A, B$ 互不相容不能同时成立.

在应用中,我们可根据事件的实际意义来判断事件的独立性.

**例1** 甲、乙两人进行射击练习. 根据经验知道,甲命中率为0.9,乙命中率为0.8. 现甲、乙独立地向同一目标射击一次. 求:

(1)甲、乙都命中目标的概率;

(2)甲、乙至少有一个命中目标的概率.

**解** (1)设甲和乙命中目标事件分别为 $A$ 和 $B$,于是

$$P(AB) = P(A)P(B) = 0.9 \times 0.8 = 0.72$$

(2) $$P(A \cup B) = 0.9 + 0.8 - 0.72 = 0.98$$

或

$$P(A \cup B) = 1 - P(\overline{A \cup B}) = 1 - 0.1 \times 0.2 = 0.98$$

### 1.6.2 多个事件的独立性

独立性的概念推广到三个事件时,有下面的定义.

**定义2** 设 $A, B, C$ 是三个事件,如果下面等式成立

$$\begin{cases} P(AB) = P(A)P(B) \\ P(AC) = P(A)P(C) \\ P(BC) = P(B)P(C) \end{cases}$$

则称三事件 $A, B, C$ 两两独立.

当三事件两两独立时,下面等式不一定成立

$$P(ABC) = P(A)P(B)P(C) \quad (可参考习题1中1-40)$$

**定义3** 设 $A, B, C$ 三事件两两独立,且满足 $P(ABC) = P(A)P(B)P(C)$,则称三事件 $A, B, C$ 相互独立.

推广到更一般的情形. 设 $A_1, A_2, \cdots, A_n$ 为 $n$ 个事件,若对于所有可能的 $1 \leq k_1 < k_2 < \cdots < k_l \leq n$,等式

$$P(A_{k_1} A_{k_2} \cdots A_{k_l}) = P(A_{k_1}) P(A_{k_2}) \cdots P(A_{k_l}) \quad (l = 2, 3, \cdots, n)$$

成立,则称 $n$ 个事件 $A_1, A_2, \cdots, A_n$ 相互独立.

由定义很容易得到,若 $A_1, A_2, \cdots, A_n$ 相互独立,则 $\overline{A}_1, \overline{A}_2, \cdots, \overline{A}_n$ 亦相互独立.

判断事件之间的独立性,会大大简化许多概率的计算. 例如

$$\overline{A_1 \cup A_2 \cup \cdots \cup A_n} = \overline{A}_1 \overline{A}_2 \cdots \overline{A}_n$$

因此

$$P(A_1 \cup A_2 \cup \cdots \cup A_n) = 1 - P(\overline{A_1}\,\overline{A_2}\cdots\overline{A_n})$$
$$= 1 - P(\overline{A_1})P(\overline{A_2})\cdots P(\overline{A_n})$$

**例2**　图 1 – 12(a) 和图 1 – 12(b) 是两个均由 4 个元件 $A_1, A_2, A_3, A_4$ 组成的系统. 每个元件正常工作的概率为 0.9. 假设各元件工作是相互独立的, 分别求出这两个系统正常工作的概率.

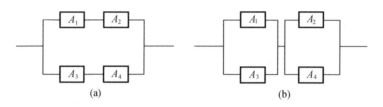

(a)　　　　　　　　(b)

**图 1 – 12**

**解**　设事件 $A, B$ 分别表示系统(a)(b)正常工作. $A_i (i = 1,2,3,4)$ 为第 $i$ 个元件正常. 对系统(a), 有 $A = A_1A_2 \cup A_3A_4$, 则

$$P(A) = P(A_1A_2) + P(A_3A_4) - P(A_1A_2A_3A_4)$$
$$= P(A_1)P(A_2) + P(A_3)P(A_4) - P(A_1)P(A_2)P(A_3)P(A_4)$$
$$= 2 \times 0.9^2 - 0.9^4$$
$$= 0.963\ 9$$

对系统(b), 由于每两个元件并联为一组然后再串联, 故在每一组均正常工作时系统(b)正常, 所以

$$P(B) = P[(A_1 \cup A_3) \cap (A_2 \cup A_4)] = P(A_1 \cup A_3)P(A_2 \cup A_4)$$
$$= [1 - P(\overline{A_1 \cup A_3})][1 - P(\overline{A_2 \cup A_4})]$$
$$= [1 - P(\overline{A_1}\,\overline{A_3})][1 - P(\overline{A_2}\,\overline{A_4})]$$

而两个组工作不正常的概率分别为

$$P(\overline{A_1}\,\overline{A_3}) = P(\overline{A_1})P(\overline{A_3}) = (1 - 0.9)(1 - 0.9)$$
$$P(\overline{A_2}\,\overline{A_4}) = P(\overline{A_2})P(\overline{A_4}) = (1 - 0.9)(1 - 0.9)$$

所以每组正常工作的概率都是

$$1 - (1 - 0.9)(1 - 0.9) = 1 - 0.01 = 0.99$$

从而

$$P(B) = (0.99)^2 = 0.980\ 1$$

显然 $P(B) > P(A)$, 即系统(b)比系统(a)正常工作的概率要高.

系统由一组元件组成. 对于任一元件, 它能正常工作的概率称为该元件的可靠性, 系统正常工作的概率称为该系统的可靠性. 各种工作系统运行的可靠性是系统设计的一个十分重要的指标.

**例3** 设 $0 < P(A)P(B) < 1$, 且 $P(A \mid B) + P(\bar{A} \mid \bar{B}) = 1$. 证明: $A$ 与 $B$ 相互独立.

**证明** 由 $P(A \mid B) + P(\bar{A} \mid \bar{B}) = 1$, 得到

$$P(A \mid B) = 1 - P(\bar{A} \mid \bar{B}) = P(A \mid \bar{B})$$

即 $P(A \mid B) = P(A \mid \bar{B})$, 从而

$$\frac{P(AB)}{P(B)} = \frac{P(A\bar{B})}{P(\bar{B})} = \frac{P(A) - P(AB)}{1 - P(B)}$$

有

$$P(AB)[1 - P(B)] = [P(A) - P(AB)]P(B)$$

即

$$P(AB) - P(AB)P(B) = P(A)P(B) - P(AB)P(B)$$

证得

$$P(AB) = P(A)P(B)$$

所以 $A$ 与 $B$ 相互独立.

# 习 题 1

1-1 什么是随机现象? 试举出三个随机现象的例子.

1-2 什么是随机试验? 请举出三个随机试验的实例, 并写出它的样本空间.

1-3 用事件 $A, B, C$ 的运算关系表示下列事件:

(1) $A$ 发生, $B$ 与 $C$ 不发生;

(2) $A, B, C$ 中至少有一个发生;

(3) $A$ 与 $B$ 都发生, 而 $C$ 不发生;

(4) $A, B, C$ 都发生;

(5) $A, B, C$ 都不发生;

(6) $A, B, C$ 至少有两个发生;

(7) $A, B, C$ 中不多于两个发生.

1-4 指出下列命题中哪些成立, 哪些不成立:

(1) $A \cup B = A\bar{B} \cup B$;　　　　(2) $\bar{A}B = A \cup B$;

(3) $\overline{A \cup B \cup C} = \overline{A}\,\overline{B}\,\overline{C}$;　　　　(4) $(AB)(A\overline{B}) = \varnothing$;

(5) 若 $A \subset B$，则 $A = AB$;　　　　(6) 若 $AB = \varnothing$ 且 $C \subset A$，则 $BC = \varnothing$;

(7) 若 $A \subset B$，则 $\overline{B} \subset \overline{A}$;　　　　(8) 若 $B \subset A$，则 $A \cup B = A$.

**1 – 5**　下列各式说明何种包含关系:

(1) $AB = B$;　　　　(2) $A \cup B = B$;　　　　(3) $A \cup B \cup C = B$.

**1 – 6**　互不相容事件(互斥事件)与对立事件有何区别?指出下列各对事件的关系:

(1) {10 个产品全是合格品} 与 {10 个产品中至少有一个废品};

(2) {10 个产品全是合格品} 与 {10 个产品中有一个废品}.

**1 – 7**　证明下列关于事件的等式:

(1) $A \cup B = A \cup (B\overline{A})$;

(2) $(A - B) \cup (B - A) = \overline{(AB) \cup (\overline{A}\,\overline{B})}$;

(3) $B - A = \overline{(\overline{A}B)} - \overline{(\overline{A}B)}$.

**1 – 8**　设 $A,B$ 为两个事件，且 $P(A) = 0.5, P(B) = 0.6$，问:

(1) 在什么条件下，$P(AB)$ 取到最大值?并求出最大值.

(2) 在什么条件下，$P(AB)$ 取到最小值?并求出最小值.

**1 – 9**　设 $A,B,C$ 为三个事件，且 $P(A) = P(B) = P(C) = \dfrac{1}{4}$，$P(AB) = P(BC) = 0$，$P(AC) = \dfrac{1}{8}$，求 $A,B,C$ 至少有一个发生的概率.

**1 – 10**　设 $A,B$ 为两个事件，且 $P(A) = 0.7, P(A - B) = 0.3$. 求 $P(\overline{AB})$.

**1 – 11**　电话号码由 8 位数字组成. 每位数字可以是 $0,1,2,\cdots,9$ 中的任一数字. 求电话号码是由完全不同的数字组成的概率.

**1 – 12**　10 把钥匙中有 3 把能打开门. 现任取 2 把，求能打开门的概率.

**1 – 13**　5 副不同的手套，任取 4 只，求 4 只都不配对的概率.

**1 – 14**　任意将 10 卷书放在书架上，其中有 2 套书，1 套含 3 卷，另 1 套含 4 卷. 求下列事件的概率:

(1) 3 卷 1 套的放在一起;

(2) 4 卷 1 套的放在一起;

(3) 2 套各自放在一起.

**1 – 15**　将有 3 名优秀生的 15 名课外活动小组成员随机地分成 3 个科目不同的 5 人小组. 每个小组有一名优秀生的概率是多少?3 名优秀生同时分到一个小组的概率是多少?

**1 – 16**　甲盒中有红、黑、白皮笔记本各 3 本. 乙盒中有黄、黑、白皮笔记本各 2 本. 今从两盒中各取一本,求所取 2 本颜色相同的概率.

1 – 17 袋中有 12 个球,其中 2 个球有号码 1 ,4 个球有号码 5,6 个球有号码 10. 从袋中任取 6 个球,求这 6 个球的号码之和至少为 50 的概率.

1 – 18 甲、乙两艘轮船驶向一个不能同时停泊两艘轮船的码头停泊,它们在 24 h 内到达的时刻是等可能的,如果甲船的停泊时间是 1 h,乙船的停泊时间是 2 h,求它们中任何一艘都不需要等候码头空出的概率.

1 – 19 100 件同类型产品中有 85 件一等品,10 件二等品和 5 件次品. 求从中任取一件为非次品的条件下,产品为一等品的概率.

1 – 20 盒中有 5 个水果,其中有 3 个梨、2 个桃. 从中任取两次,每次取出一个不放回. 设 $A$ 表示"第一次取到梨";$B$ 表示"第二次又取到梨". 求条件概率 $P(B\mid A)$.

1 – 21 设某玻璃器皿生产厂制造酒杯,第一次酒杯落下打碎的概率是 $\dfrac{1}{2}$,若第一次未打碎而第二次落下打碎的概率是 $\dfrac{7}{10}$,若前两次均未打碎则第三次落下打碎的概率是 $\dfrac{9}{10}$. 试求酒杯落下三次而未被打碎的概率.

1 – 22 已知 $P(A) = \dfrac{1}{3}$,$P(B\mid A) = \dfrac{1}{4}$,$P(A\mid B) = \dfrac{1}{3}$. 试求 $P(AB)$,$P(\overline{AB})$,$P(\bar{A}\mid\bar{B})$.

1 – 23 某城市男、女性人数之比为 3 : 2,5% 的男性为色盲, 2.5% 的女性为色盲. 现随机地选一人,发现是色盲,问此人是男性的概率为多少?

1 – 24 设甲袋中有 3 个白球、2 个红球,乙袋中有 2 个白球、3 个红球. 先从甲袋中任取一球放入乙袋,再从乙袋中任取一球放入甲袋. 求:

(1) 甲袋中红球增加的概率;

(2) 甲袋中红球不变的概率.

1 – 25 两台车床加工同样的零件. 第一台出现废品的概率是 0.03,第二台出现废品的概率是 0.02,加工出的零件放在一起. 已知第一台加工的零件比第二台加工的零件多一倍. 求:

(1) 任取一件是合格品的概率;

(2) 任取一件是废品的条件下,它是第二台车床加工的概率.

1 – 26 发射台将编码分别为 1,0 的信息传递出去. 接收站收到时,1 被误收成 0 的概率是 0.02,0 被误收成 1 的概率是 0.01. 信息 1 与 0 发出的频率为 2 : 1. 若接收站收到的信息是 1,问发出信息确是 1 的概率.

1 – 27 有两箱同种类型的零件. 第一箱装 50 只,其中 10 只一等品;第二箱装 30 只,其中 18 只一等品. 今从两箱中任选一箱,然后从该箱中任取零件两次,每次取一只,采取不放回抽样. 试求:

(1) 第一次取到的零件是一等品的概率;

（2）第一次取到的零件是一等品的条件下，第二次取到的还是一等品的概率.

1-28 某产品主要由甲、乙、丙三个厂家供货. 三个厂家的产品分别占总数的45%，36%，19%. 且三个厂家产品中不合格品率分别为4.5%，3.5%，4%. 试计算：

（1）从总产品中任取一件是不合格产品的概率；

（2）从总产品中任取一件是不合格产品，那么这件产品由哪个工厂生产的可能性较大？

1-29 设 $P(B) > 0, P(\bar{B}) > 0$. 证明：$A$ 与 $B$ 相互独立的充要条件是

$$P(A \mid B) = P(A \mid \bar{B})$$

1-30 设 $A, B, C$ 相互独立. 证明：$A$ 与 $B \cup C$ 独立，$A$ 与 $B - C$ 也独立.

1-31 一批产品共100件，假定其中有4件次品，抽样检查时，每次从这批产品中随机抽取一件做检查，若是次品，则拒绝接受这批产品；若是正品，则再检查一次；如此继续下去，若检查4件产品都不是次品，则停止检查，接受这批产品. 对于下述两种不同的抽样方式，分别计算这批产品被接受的概率：

（1）不放回抽样；

（2）有放回抽样.

1-32 三个人独立地破译一份密码. 已知三人各自能译出的概率分别是 $\frac{1}{5}, \frac{1}{3}, \frac{1}{4}$，则三人中至少有一人能将此密码译出的概率是多少？

1-33 一电路如图1-13所示. 开关 $A, B, C, D$ 闭合与否相互独立，且这些开关闭合的概率均为 $p$，求 $E, F$ 之间为通路的概率.

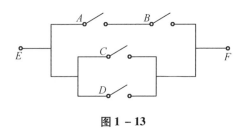

图 1-13

1-34 某高射炮发射一发炮弹击落飞机的概率为0.6. 现用此种炮若干门同时各发射一发炮弹，问至少需要配多少门高射炮才能以不小于99%的概率击落一架敌机？

1-35 有甲、乙两批种子，发芽率分别为0.8和0.7. 在这两批种子中各随机地选取一粒，求：

（1）两粒种子都能发芽的概率；

（2）至少有一粒种子能发芽的概率；

（3）恰好有一粒种子能发芽的概率.

1-36 甲、乙、丙三人向同一目标射击，设各自击中目标的概率分别为 0.4, 0.5, 0.7. 设目标中一弹而被击落的概率是 0.2，中两弹而被击落的概率是 0.6，中三弹必然被击落. 今三人同时向目标射击一次，求目标被击落的概率.

1-37 某工人看管甲、乙、丙三台机床. 在1 h内，这三台机床需要工人照管的概率分别

是 0.9,0.8,0.85. 求在 1 h 内:

(1) 没有一台机床需要照管的概率;

(2) 至少有一台机床不需要照管的概率.

1－38 某宾馆大楼有 6 部电梯. 通过调查知道,它们正常运行的概率均为 0.8. 试计算同一时刻下列各种情况的概率:

(1) 至少有一台电梯在运行;

(2) 恰好有一半电梯在运行:

(3) 所有电梯都在运行.

1－39 若 $P(A) = 1$,试证明:$A$ 与任何事件独立.

1－40 四张卡片分别标以 1,2,3,4. 今任取一张,设事件 $A$ 为取到 1 或 2,事件 $B$ 为取到 1 或 3,事件 $C$ 为取到 1 或 4. 试验证:

$$P(AB) = P(A)P(B),P(BC) = P(B)P(C),P(CA) = P(C)P(A)$$

但

$$P(ABC) \neq P(A)P(B)P(C)$$

1－41 有两批产品,第一批 20 件,有 5 件特级品;第二批 12 件,有 2 件特级品,今按两种方法抽样:

(1) 将两批产品混在一起,从中任取 2 件;

(2) 从第一批中任取 2 件混入第二批中,再从混合后的第二批中抽取 2 件.

试分别求两种抽样情况下所抽两件均是特级品的概率.

1－42 设 $P(A) = a,P(B) = b,P(AB) = c$ 为已知,则 $P(\overline{A \cup B}) = $ _____,
$P(\overline{A}B) = $ _____ ,$P(\overline{A} \cup \overline{B}) = $ _____ ,$P(\overline{A}\overline{B}) = $ _____.

1－43 $P(A\overline{B} \cup \overline{A}B) = $ _____.

1－44 袋中有 10 个球,9 个白球、1 个红球,3 个人依次从袋中各取 1 个球,每人取 1 个球后不再放回袋中,问每个人取得红球的概率各是_____.

1－45 在区间 $(0,1)$ 中随机地取出两个数,则事件 $\left\{两个数之和小于\dfrac{6}{5}\right\}$ 的概率是_____.

1－46 一批产品共有 10 个正品和 2 个次品,任意抽取两次,每次抽一个,抽出后不再放回,则第二次抽出的是次品的概率是_____.

1－47 两个箱子,第一个箱子有 3 个白球、2 个红球,第二个箱子有 4 个白球、4 个红球. 现从第一个箱子中随机地取出 1 个球放到第二个箱子里,再从第二个箱子中取出 1 个球,此球是白球的概率为_____. 已知上述从第二个箱子中取出的球是白球,则从第一个箱子中取出的球是白球的概率为_____.

1 - 48　若 $A,B$ 为任意事件，则下列命题正确的是（　　）.

A. 若 $A,B$ 互不相容，则 $\overline{A},\overline{B}$ 也不相容

B. 若 $A,B$ 相互独立，则 $\overline{A},\overline{B}$ 也相互独立

C. 若 $A,B$ 相容，则 $\overline{A},\overline{B}$ 也相容

D. $\overline{AB} = \overline{A}\,\overline{B}$

1 - 49　设 $A,B,C$ 三个事件相互独立，则 $A \cup B$ 与 $C$（　　）.

A. 相互独立　　　　　B. 不相互独立　　　　　C. 相容　　　　　D. 不相容

1 - 50　某人忘记了电话号码的最后一个数字，因而随意拨号，则拨号不超过三次而接通电话的概率为（　　）.

A. $\dfrac{9}{10}$ 　　　　　B. $\dfrac{3}{10}$ 　　　　　C. $\dfrac{1}{8}$ 　　　　　D. $\dfrac{1}{10}$

1 - 51　随机地向半圆 $0 < y < \sqrt{2ax - x^2}$ （$a$ 为正常数）内掷一点，点落在半圆内任何区域的概率与区域的面积成正比. 则原点和该点的连线与 $x$ 轴正向的夹角小于 $\dfrac{\pi}{4}$ 的概率为（　　）.

A. $\dfrac{1}{2}$ 　　　　　B. $\dfrac{1}{\pi}$ 　　　　　C. $\dfrac{1}{2} + \dfrac{1}{\pi}$ 　　　　　D. $\dfrac{1}{3}$

1 - 52　设 $A,B$ 为两个互不相容事件，且 $P(A) > 0, P(B) > 0$，则下列正确的是（　　）.

A. $P(A \mid B) = P(A)$ 　　　　　　　　B. $P(B \mid A) > 0$

C. $P(AB) = P(A)P(B)$ 　　　　　　　　D. $P(B \mid A) = 0$

1 - 53　设 $A$ 和 $B$ 是任意两个概率不为零的互不相容事件，则下列正确的是（　　）.

A. $\overline{A}$ 与 $\overline{B}$ 互不相容 　　　　　　B. $\overline{A}$ 与 $\overline{B}$ 相容

C. $P(AB) = P(A)P(B)$ 　　　　　　　D. $P(A - B) = P(A)$

1 - 54　设当事件 $A$ 与 $B$ 同时发生时，事件 $C$ 发生，则（　　）成立.

A. $P(C) \leqslant P(A) + P(B) - 1$ 　　　　B. $P(C) \geqslant P(A) + P(B) - 1$

C. $P(C) = P(AB)$ 　　　　　　　　　　D. $P(C) = P(A \cup B)$

# 第2章 随机变量及其分布

## 2.1 随 机 变 量

在随机试验中,人们除了对某些特定事件发生的概率感兴趣外,往往还关心某个与随机试验的结果相联系的变量.而试验中的随机事件可以通过该变量取值来表示.

在有些随机试验中,试验结果本身就由数量来表示.

例如,在抛掷一颗骰子观察其出现的点数的试验中,试验的结果就可分别由数 1,2,3,4,5,6 来表示.

在另一些随机试验中,试验结果看起来与数量无关,但也可以数量化.

例如,在抛掷一枚硬币观察其出现正面或反面的试验中,若规定"出现正面"对应 1,"出现反面"对应 0,则该试验的每一种可能的结果,都有唯一确定的实数与之对应.

上述例子表明,随机试验的结果都可以用一个变量来表示,这个变量随着试验结果的不同而变化,因而它是样本点的变量,这个变量就是我们要引入的随机变量.

在概率论发展中,随机变量的引入是继概率的公理化定义引入之后的第二个里程碑,其意义十分重大.一方面是由于研究实际问题的需要;另一方面是由于它的引进使得可以用数学分析中的许多方法来研究概率论,为概率论的理论研究和实际应用开拓了道路,同时也把对试验结果的概率研究问题转化为研究随机变量的概率分布问题.因此,可以说随机变量的研究是对整个随机试验的整体刻画,是对随机事件研究的进一步深入和推广.

下面给出随机变量的定义.

**定义 1** 设随机试验 $E$ 的样本空间为 $S = \{e\}$,$X = X(e)$ 是定义在样本空间 $S$ 上的单值实值函数,称 $X = X(e)$ 为随机变量(Random variable).

图 2-1 画出了样本点 $e$ 与实数 $X = X(e)$ 对应的示意图.

例如,用 $X$ 记某车间一天缺勤的人数,用 $Y$ 记电视机的寿命,用 $Z$ 记当季水果的销量,用 $N$ 记一条河流每年的最大流量等,这里的 $X,Y,Z,N$ 都是随机变量.

我们通常以 $X(e),Y(e),Z(e),\cdots$ 表示随机变量,为书写简便,将之记为 $X,Y,Z,\cdots$.随机变量的取值随试验的结果而定,因此在试验之前只知道它的取值范围但不能预知它取什么值.此外,试验的每个结果的出现都有一定的概率,因而随

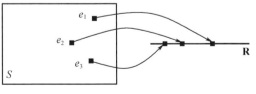

图 2-1

机变量取各个值都有一定的概率. 以前我们熟知的普通函数是定义在实数轴上的,而随机变量是定义在样本空间 $S$ 上的,这里的 $S$ 不一定是数集. 这些都表明了随机变量与普通函数有着本质的差异.

引入随机变量以后,就可以用随机变量 $X$ 来描述随机事件.

**例1** 在"掷硬币"这个试验中,可定义

$$X(e) = \begin{cases} 1, & e \text{ 为"出现正面"} \\ 0, & e \text{ 为"出现反面"} \end{cases}$$

则 $\{e \mid X(e) = 1\}$ 和 $\{e \mid X(e) = 0\}$ 就分别表示了事件{出现正面} 和{出现反面},且有 $P\{e \mid X(e) = 1\} = P\{\text{出现正面}\} = 1/2$ 和 $P\{e \mid X(e) = 0\} = P\{\text{出现反面}\} = 1/2$.

**例2** 在"测量灯泡寿命"这个试验中,若以 $X(e)$ 表示灯泡的使用寿命,则 $\{e \mid X(e) = t\}$ 表示{灯泡寿命为 $t$,单位为 h},而 $\{e \mid X(e) \leq t\}$ 表示{灯泡寿命不超过 $t$,单位为 h}.

为了简便,$\{e \mid X(e) = x\}$,$\{e \mid X(e) \leq x\}$,$P\{e \mid X(e) = x\}$ 和 $P\{e \mid X(e) \leq x\}$ 分别记为 $\{X = x\}$,$\{X \leq x\}$,$P\{X = x\}$ 和 $P\{X \leq x\}$.

# 2.2 离散型随机变量及其分布律

### 2.2.1 离散型随机变量

**定义1** 如果随机变量 $X$ 的取值是有限个或可列无限多个,则称 $X$ 为离散型随机变量(Discrete random variable).

如抽查一批产品得到的次品数 $X$,球队在一场比赛中的得分数 $Y$,某城市 120 急救中心电话台一昼夜收到的呼唤次数 $Z$ 等都是离散型随机变量.

那么,要掌握一个离散型随机变量 $X$ 的统计规律,必须且只需知道 $X$ 的所有可能取值以及每一个可能值的概率.

**定义2** 设离散型随机变量 $X$ 的所有可能的取值为 $x_k(k = 1,2,\cdots)$,并设 $X$ 取各个可能值的概率(即事件 $\{X = x_k\}$ 的概率) 为

$$P\{X = x_k\} = p_k \quad (k = 1,2,\cdots) \tag{2-1}$$

且 $p_k$ 满足:① $p_k \geq 0$;② $\sum_{k=1}^{\infty} p_k = 1$,则称式(2-1)为离散型随机变量 $X$ 的分布律(Distribution law)(也称概率分布 Probability distribution).

$X$ 的分布律也可用如下表格表示:

| $X$ | $x_1$ | $x_2$ | $\cdots$ | $x_n$ | $\cdots$ |
|-----|-------|-------|----------|-------|----------|
| $P$ | $p_1$ | $p_2$ | $\cdots$ | $p_n$ | $\cdots$ |

上表直观地表示了随机变量 $X$ 取各个值的概率的规律. $X$ 取各个值各占一些概率,这些概率合起来是1,可以想象成概率1以一定的规律分布在各个可能值上. 这就是此表称为分布律的缘故.

**例1** 一批产品共有10件,其中有3件次品,现从中任取4件,则"取得的次品数 $X$"是离散型随机变量,试求 $X$ 的分布律.

**解** $X$ 只可能取 $0,1,2,3$ 共4个值,设"$X = k$"表示"取到 $k$ 件次品"($k = 0,1,2,3$),则

$$P\{X = 0\} = \frac{C_7^4}{C_{10}^4} = \frac{1}{6}; \quad P\{X = 1\} = \frac{C_3^1 C_7^3}{C_{10}^4} = \frac{1}{2}$$

$$P\{X = 2\} = \frac{C_3^2 C_7^2}{C_{10}^4} = \frac{3}{10}; \quad P\{X = 3\} = \frac{C_3^3 C_7^1}{C_{10}^4} = \frac{1}{30}$$

$X$ 的分布律为

| $X$ | 0 | 1 | 2 | 3 |
|---|---|---|---|---|
| $P$ | $\dfrac{1}{6}$ | $\dfrac{1}{2}$ | $\dfrac{3}{10}$ | $\dfrac{1}{30}$ |

**例2** 设离散型随机变量 $X$ 的分布律为 $P\{X = k\} = \dfrac{ak}{5}(k = 1,2,3,4,5)$,试确定常数 $a$.

**解** 由分布律的性质可知

$$\sum_{k=1}^{5} \frac{ak}{5} = \frac{a}{5} + \frac{2a}{5} + \frac{3a}{5} + \frac{4a}{5} + \frac{5a}{5} = \frac{15a}{5} = 3a = 1$$

所以
$$a = \frac{1}{3}$$

### 2.2.2 离散型随机变量的常见分布

下面介绍四种重要的离散型随机变量.

1. (0 – 1) 分布

设随机变量 $X$ 只可能取0与1两个值,它的分布律为

$$P\{X = k\} = p^k (1 - p)^{1-k} \quad (k = 0,1; 0 < p < 1) \tag{2 – 2}$$

则称 $X$ 服从参数为 $p$ 的(0 – 1) 分布(或两点分布),简记为随机变量 $X \sim B(1,p)$ 或 $X \sim b(1,p)$.

(0 – 1) 分布的分布律也可写成

| $X$ | 0 | 1 |
|---|---|---|
| $P$ | $1 - p$ | $p$ |

对于一个随机试验,如果它的样本空间只包含两个元素,即 $S = \{e_1, e_2\}$,我们总能在 $S$ 上定义一个服从(0 - 1) 分布的随机变量

$$X = X(e) = \begin{cases} 0, & \text当 e = e_1 \\ 1, & \text当 e = e_2 \end{cases}$$

来描述这个随机试验的结果. 例如,对新生儿的性别进行登记,检查产品的质量是否合格,某车间的电力消耗是否超过负荷以及前面多次讨论过的"抛硬币"试验等都可以用(0 - 1) 分布的随机变量来描述. (0 - 1) 分布是经常遇到的一种分布.

2. 伯努利试验、二项分布

将试验 $E$ 重复进行 $n$ 次,若各次试验的结果互不影响,即每次试验结果出现的概率都不依赖于其他各次试验的结果,则称这 $n$ 次试验是相互独立的.

如果试验 $E$ 只有两个可能的对立结果: $A$ 和 $\bar{A}$,并且

$$P(A) = p, P(\bar{A}) = 1 - p = q \quad (0 < p < 1)$$

将 $E$ 独立地重复进行 $n$ 次,则称这一串重复的独立试验为 $n$ 重伯努利试验(Bernoulli trials),简称伯努利试验或伯努利概型. 伯努利试验是一种很重要的数学模型,它有广泛的应用,是研究得最多的模型之一.

例如, $E$ 是抛一枚硬币观察得到正面或反面的试验. $A$ 表示得正面,这是一个伯努利试验.

如将硬币抛 $n$ 次,就是 $n$ 重伯努利试验. 又如抛一颗骰子,若 $A$ 表示得到"1 点", $\bar{A}$ 表示得到"非1 点". 将骰子抛 $n$ 次,就是 $n$ 重伯努利试验. 再如在袋中装有 $a$ 只白球、$b$ 只黑球,试验 $E$ 是在袋中任取一只球,观察其颜色,以 $A$ 表示"取到白球", $P(A) = a/(a + b)$. 若连续取球 $n$ 次做放回抽样,这就是 $n$ 重伯努利试验. 然而,若做不放回抽样,则每次试验都有 $P(A) = a/(a + b)$,但各次试验不再相互独立,因而不再是 $n$ 重伯努利试验了.

以 $X$ 表示 $n$ 重伯努利试验中事件 $A$ 发生的次数,$X$ 是一个随机变量,我们来求它的分布律. $X$ 所有可能取的值为 $0, 1, 2, 3, \cdots, n$,由于各次试验是相互独立的,因此事件 $A$ 在指定的 $k(0 \leqslant k \leqslant n)$ 次试验中发生,其他 $n - k$ 次试验中不发生的概率为 $p^k (1 - p)^{n-k}$,由于这种指定的方式共有 $C_n^k$ 种,它们是两两互不相容的,故在 $n$ 次试验中 $A$ 发生 $k$ 次的概率为 $C_n^k p^k (1 - p)^{n-k}$,即

$$P\{X = k\} = C_n^k p^k (1 - p)^{n-k} \quad (k = 0, 1, \cdots, n, 0 < p < 1) \tag{2 - 3}$$

显然

$$P\{X = k\} = C_n^k p^k q^{n-k} \geqslant 0 \quad (k = 0, 1, 2, \cdots, n)$$

$$\sum_{k=0}^{n} P\{X = k\} = \sum_{k=0}^{n} C_n^k p^k q^{n-k} = (p + q)^n = 1$$

即 $P\{X = k\}$ 满足分布律的两个条件. 注意到,$C_n^k p^k (1 - p)^{n-k}$ 刚好是二项式 $(p + q)^n$ 的展开式中出现 $p^k$ 的一项,故我们称随机变量 $X$ 服从参数为 $n, p$ 的二项分布(Binomial distribution),记

为 $X \sim B(n,p)$ 或 $X \sim b(n,p)$.

特别地,当 $n = 1$ 时的二项分布为

$$P\{X = k\} = p^k q^{1-k} \quad (k = 0,1)$$

这就是 $(0 - 1)$ 分布.

**例3** 一定条件下,若施行某种手术成功的概率为0.7. 试求在10个施行该种手术的病人中:(1) 恰有8人成功的概率;(2) 有不少于8人成功的概率.

**解** 以 $X$ 表示手术成功的人数,则 $X$ 是一个随机变量,且 $X \sim B(10,0.7)$:

(1) $P\{X = 8\} = C_{10}^8 (0.7)^8 (0.3)^2 \approx 0.233$;

(2) $P\{X \geq 8\} = P\{X = 8\} + P\{X = 9\} + P\{X = 10\}$

$$= C_{10}^8 (0.7)^8 (0.3)^2 + C_{10}^9 (0.7)^9 (0.3) + C_{10}^{10} (0.7)^{10} \approx 0.382.$$

可以发现在伯努利试验中,二项分布 $P\{X = k\}$ 实际也是 $A$ 发生 $k$ 次的概率. 又

$$\frac{p_k}{p_{k-1}} = \frac{C_n^k p^k q^{n-k}}{C_n^{k-1} p^{k-1} q^{n-k+1}} = 1 + \frac{(n+1)p - k}{k(1-p)}$$

(1) 当 $k < (n+1)p$ 时,$\dfrac{p_k}{p_{k-1}} > 1$,$p_k$ 递增;

(2) 当 $k > (n+1)p$ 时,$\dfrac{p_k}{p_{k-1}} < 1$,$p_k$ 递减.

从上式可以得到,概率 $P\{X = k\}$ 先随 $k$ 的增大而增加,直至达到最大值,随后随 $k$ 的增大而减少,且当 $(n+1)p$ 是整数,$k$ 取 $(n+1)p$,$(n+1)p - 1$ 时达最大值;当 $(n+1)p$ 不是整数,$k$ 取 $[(n+1)p]$ 时达最大值. 一般固定 $n,p$,二项分布 $B(n,p)$ 都具有这一性质. 例如,图 $2 - 2$ 画出了随机变量 $X \sim B\left(10,\dfrac{1}{2}\right)$ 的概率分布.

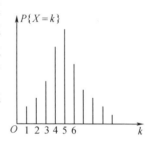

图 $2 - 2$

**例4** 已知100个产品中有5个次品,现从中有放回地取3次,每次任取1个,求在所取的3个产品中恰有2个次品的概率.

**解** 因为这是有放回地取3次,所以这3次试验的条件完全相同且独立,它是伯努利概型. 依题意,每次试验取到次品的概率为0.05,设 $X$ 为所取的3个产品中的次品数,则 $X \sim B(3,0.05)$. 于是,所求概率为

$$P\{X = 2\} = C_3^2 (0.05)^2 (1 - 0.05) = 0.007\ 125$$

**评注** 若将本题中的"有放回"改为"无放回",那么各次试验条件就不同了,所以不再是伯努利概型. 此时,用等可能概型求解可得

$$P\{X = 2\} = \frac{C_{95}^1 C_5^2}{C_{100}^3} \approx 0.005\ 88$$

这种概型称为超几何分布(Hypergeometric distribution).

例如,有一批产品共 $N$ 件,其中 $M$ 件是次品.从中随机地(不放回)抽取 $n$ 件产品进行检验.以 $X$ 表示抽取的 $n$ 件产品中次品的件数,则由古典概型有

$$P\{X = k\} = \frac{C_M^k C_{N-M}^{n-k}}{C_N^n} \quad (k = 0,1,\cdots,r) \tag{2-4}$$

其中 $r = \min\{n,M\}$,即随机变量 $X$ 是服从超几何分布的,记作 $X \sim H(M,N,n)$.

超几何分布与二项分布有着密切的联系.事实上,超几何分布产生于不放回抽样,而二项分布产生于有放回抽样.在实际工作中,抽样一般都采用不放回方式,因此计算时应该用超几何分布,因此它在抽样理论中占有重要地位.但是,当 $N$ 较大时,超几何分布计算较烦琐.若产品总数 $N$ 很大而抽样的次数 $n$ 相对于 $N$ 很小时,超几何分布可以用二项分布来近似,即

$$\lim_{\substack{N \to \infty \\ M/N \to p}} \frac{C_M^k C_{N-M}^{n-k}}{C_N^n} = C_n^k p^k (1 - p)^{n-k} \tag{2-5}$$

**例5** 设某厂生产的一批产品有 15 000 件,其中次品 150 件.现从产品中无放回地随机抽取 100 件,求恰有两件次品的概率.

**解** 设随机变量 $X$ 为取得的次品数,则 $X$ 服从参数为 $N = 15\,000,M = 150,n = 100$ 的超几何分布.由式(2-4),有

$$P\{X = 2\} = C_{150}^2 C_{14\,850}^{98} / C_{15\,000}^{100}$$

显然,上式的计算很烦琐.改由式(2-5)计算,因 $n = 100,p = 0.01$,有

$$P\{X = 2\} \approx C_{100}^2 (0.01)^2 (0.99)^{98}$$

经计算

$$P\{X = 2\} \approx 0.183\,9$$

细心的读者也许发现,上例结果仍然较难计算,此种情况还有很多,如下例所示.

**例6** 某人进行射击,设每次射击的命中率为 0.02,独立射击 200 次,试求至少击中一次的概率.

**解** 将每次射击看成一次试验.设击中的次数为 $X$,则 $X \sim B(200,0.02)$.$X$ 的分布律为

$$P\{X = k\} = C_{200}^k (0.02)^k (0.98)^{200-k} \quad (k = 0,1,2,\cdots,200)$$

于是所求概率为

$$P\{X \geq 1\} = 1 - P\{X = 0\} = 1 - (0.98)^{200}$$

同样,直接计算上式很麻烦,下面我们给出一个当 $n$ 很大、$p$ 很小时的近似计算公式.这就是有名的二项分布的泊松逼近.

**定理1**(泊松(Poisson)定理) 设随机变量 $X_n(n = 1,2,\cdots)$ 服从二项分布,其分布律为 $P\{X = k\} = C_n^k p_n^k (1 - p_n)^{n-k},k = 0,1,\cdots,n.$ 又设 $np_n = \lambda \geq 0$ 为常数,则有

$$\lim_{n \to \infty} C_n^k p_n^k (1 - p_n)^{n-k} = \frac{\lambda^k}{k!} e^{-\lambda} \tag{2-6}$$

**证明**　由 $np_n = \lambda$，知 $p_n = \lambda/n$，从而有

$$C_n^k p_n^k (1 - p_n)^{n-k} = \frac{n!}{k!(n-k)!} \left(\frac{\lambda}{n}\right)^k \left(1 - \frac{\lambda}{n}\right)^{n-k}$$

$$= \frac{\lambda^k}{k!} \frac{n(n-1)\cdots(n-k+1)}{n^k} \cdot \left(1 - \frac{\lambda}{n}\right)^n \Big/ \left(1 - \frac{\lambda}{n}\right)^k$$

而

$$\lim_{n\to\infty} \frac{n(n-1)\cdots(n-k+1)}{n^k} = 1, \quad \lim_{n\to\infty}\left(1 - \frac{\lambda}{n}\right)^k = 1, \quad \lim_{n\to\infty}\left(1 - \frac{\lambda}{n}\right)^n = e^{-\lambda}$$

故

$$\lim_{n\to\infty} C_n^k p_n^k (1 - p_n)^{n-k} = \frac{\lambda^k}{k!} e^{-\lambda}$$

从定理 1 的条件 $np_n = \lambda$ 可以看出，当 $n$ 很大时，$p_n$ 一定很小. 所以，泊松定理实际上给出了当 $n$ 很大，$np_n$ 一定时，二项分布的近似计算公式：

$$C_n^k p_n^k (1 - p_n)^{n-k} \approx \frac{\lambda^k}{k!} e^{-\lambda} \qquad\qquad (2-7)$$

在实际计算中，当 $n \geq 20, p \leq 0.05$ 时，上式就有较好的效果；而当 $n \geq 100, np \leq 10$ 时，效果更好. $\sum\limits_{k=x}^{\infty} P\{X = k\} \approx \sum\limits_{k=x}^{\infty} \frac{\lambda^k e^{-\lambda}}{k!}$ 的值可查附表 3.

因此，例 6 中由 $\lambda = np = 200 \times 0.02 = 4$ 知

$$P\{X \geq 1\} = \sum_{k=1}^{200} P\{X = k\} = \sum_{k=1}^{200} \frac{4^k e^{-4}}{k!} \approx 0.981\,7 (查附表 3)$$

而对于例 5 利用式 (2-7)，因 $\lambda = np = 1$，有

$$C_{100}^2 (0.01)^2 (0.99)^{98} \approx \sum_{k=2}^{+\infty} \frac{1^k e^{-1}}{k!} - \sum_{k=3}^{+\infty} \frac{1^k e^{-1}}{k!} = 0.183\,9 (查附表 3)$$

也可以直接计算 $\frac{1^2 e^{-1}}{2!} \approx 0.183\,9$，故 $P\{X = 2\} \approx 0.183\,9$.

在例 6 中的概率接近 1，我们从两方面来讨论这一结果的实际意义. 其一，虽然每次射击的命中率很小（为 0.02），但如果射击 200 次，则击中目标至少一次是几乎可以肯定的. 这一事实说明，一个事件尽管在一次试验中发生的概率很小，但只要试验次数很多，而且试验是独立进行的，那么这一事件的发生几乎是肯定的. 这也告诉人们绝不能轻视小概率事件. 其二，如果射手在 200 次射击中，击中目标的次数竟不到一次，$P\{X < 1\} \approx 0.018\,3$ 很小，根据实际推断原理，我们将怀疑"每次射击的命中率为 0.02"这一假设，即认为该射手的命中率达不到 0.02.

**例 7**　设有同类仪器 80 台，各仪器的工作相互独立，且发生故障的概率均为 0.01，通常 1 台仪器的故障可由一个人来排除. 现有两种工作方案：一是每人负责 20 台仪器，需 4 位维修工人，求仪器发生故障而不能及时排除的概率；二是 3 人共同负责维修 80 台仪器，求仪器发生故

障而不能及时排除的概率. 试比较哪种工作方案效率更高.

**解** 设 $A_i(i = 1,2,3,4)$ 表示第 $i$ 人维护20台仪器发生故障不能及时维修,则80台仪器出现故障不能及时维修的概率为

$$P(A_1 \cup A_2 \cup A_3 \cup A_4) \geq P(A_i) \quad (i = 1,2,3,4)$$

设第一种方案20台仪器中发生故障的台数为随机变量 $X$ ,则 $X \sim B(20,0.01)$ , $\lambda_1 = 20 \times 0.01 = 0.2$ ,故有

$$P(A_i) = P\{X \geq 2\} \approx \sum_{k=2}^{\infty} \frac{0.2^k \mathrm{e}^{-0.2}}{k!} = 0.017\,5(\text{查附表3})$$

即有

$$P(A_1 \cup A_2 \cup A_3 \cup A_4) \geq 0.017\,5$$

又设第二种方案80台仪器中发生故障的台数为随机变量 $Y$ , 则 $Y \sim B(80,0.01)$ , $\lambda_2 = 80 \times 0.01 = 0.8$ , 有

$$P\{X \geq 4\} \approx \sum_{k=4}^{\infty} \frac{0.8^k \mathrm{e}^{-0.8}}{k!} = 0.009\,1\,(\text{查附表3})$$

可以发现,在后一种情况下,尽管每个人的任务重了,但效率反而提高了.

3. 泊松分布

设随机变量 $X$ 的所有可能取值为 $0,1,2,\cdots$ ,而取各个值的概率为

$$P\{X = k\} = \frac{\lambda^k}{k!}\mathrm{e}^{-\lambda} \quad (k = 0,1,2,\cdots,\lambda > 0) \tag{2-8}$$

则称 $X$ 服从参数为 $\lambda$ 的泊松分布(Poisson distribution),记为 $X \sim \pi(\lambda)$ 或 $X \sim P(\lambda)$ .

易知

$$P\{X = k\} \geq 0 \quad (k = 0,1,2,\cdots)$$

且有

$$\sum_{k=0}^{\infty} P\{X = k\} = \sum_{k=0}^{\infty} \frac{\lambda^k \mathrm{e}^{-\lambda}}{k!} = \mathrm{e}^{-\lambda} \sum_{k=0}^{\infty} \frac{\lambda^k}{k!} = \mathrm{e}^{-\lambda}\mathrm{e}^{\lambda} = 1$$

**评注** (1)泊松定理指明了以 $n,p(np = \lambda)$ 为参数的二项分布,当 $n \to \infty$ 时,趋于以 $\lambda$ 为参数的泊松分布. 这一事实也显示了泊松分布在理论上的重要性.

(2)具有泊松分布的随机变量在实际应用中是很多的,特别集中在社会生活和物理学领域中. 在社会生活中,泊松分布又尤其适用于各种对服务的需求现象和排队现象. 例如,在一个时间间隔内电话交换台收到的电话的呼唤次数;某地区在一天内邮递遗失的信件数;某医院在一天内的急诊病人数等. 在物理学方面,在一个时间间隔内某种放射性物质发出的,经过计数器计数的 $\alpha$ 粒子数都服从泊松分布. 泊松分布是概率论中的一种重要分布.

**例8** 由某商店过去的销售记录知道,某种商品每月的销售数可以用参数 $\lambda = 5$ 的泊松分布来描述,为了以95%以上的把握保证不脱销,问商店在月底至少应进某种商品多少件?

**解** 设该商店每月销售某种商品 $X$ 件,月底的进货为 $a$ 件,则当 $X \leq a$ 时就不会脱销,因

而按题意要求为

$$P\{X \leqslant a\} \geqslant 0.95$$

因为已知 $X$ 服从 $\lambda = 5$ 的泊松分布,上式也就是

$$\sum_{k=0}^{a} \frac{5^k}{k!} e^{-5} \geqslant 0.95$$

即

$$\sum_{k=a+1}^{+\infty} \frac{5^k}{k!} e^{-5} = 1 - \sum_{k=0}^{a} \frac{5^k}{k!} e^{-5} \leqslant 0.05$$

由泊松分布附表 3 查得

$$a + 1 = 10, a = 9$$

于是,这家商店只要在月底进货某种商品 9 件(假定上个月没有存货),就可以 95% 以上的把握保证这种商品在下个月内不会脱销.

### 4. 几何分布

若随机变量 $X$ 的分布律为

$$P\{X = k\} = (1 - p)^{k-1} p \quad (k = 1, 2, \cdots) \tag{2-9}$$

其中 $0 < p < 1$,则称 $X$ 服从几何分布(Geometric distribution),记作 $X \sim G(p)$.

显然

$$p_k = P\{X = k\} = (1 - p)^{k-1} p \geqslant 0 \quad (k = 1, 2, \cdots)$$

且

$$\sum_{k=1}^{\infty} p_k = \sum_{k=1}^{\infty} (1 - p)^{k-1} p = \frac{p}{1 - (1 - p)} = 1$$

在伯努利试验中,设 $P(A) = p$. 记 $X$ 为事件 $A$ 首次发生时的试验次数,则 $X$ 服从几何分布,即 $X \sim G(p)$.

**例 9** 某血库急需 AB 型血,需从献血者中获得. 根据经验,每 100 名献血者中只能有 2 名身体合格的 AB 型血的人,今对献血者进行化验,用 $X$ 表示在第一次找到合格的 AB 型血时,已被化验的献血者人数,求 $X$ 的概率分布.

**解** 设 $A_i$ 表示第 $i$ 名献血者血型合格,$i = 1, 2, \cdots$. 由假设知,每名献血者是合格的 AB 型血的概率是 $p = \dfrac{2}{100} = 0.02$,则

$$\begin{aligned} P\{X = k\} &= P(\bar{A}_1 \cdots \bar{A}_{k-1} A_k) = P(\bar{A}_1) \cdots P(\bar{A}_{k-1}) P(A_k) \\ &= (1 - p)^{k-1} p = 0.98^{k-1} \times 0.02 \quad (k = 1, 2, \cdots) \end{aligned}$$

其中可以认为 $A_1, A_2, \cdots, A_k$ 独立. 由此可知,$X \sim G(0.02)$.

**性质** 设 $X$ 服从几何分布 $G(p)$,$n, m$ 为任意两个自然数,则

$$P\{X > n + m \mid X > n\} = P\{X > m\}$$

此性质称为几何分布的无记忆性. 实际意义是:在例9中若已化验了 $n$ 个人,没有获得合格的 AB 型血,则再化验 $m$ 个找不到合格 AB 型血的概率与已知的信息(即前 $n$ 个人不是合格的 AB 型血)无关,并不因为已查了 $n$ 个人不合格,而第 $n+1$ 人,第 $n+2$ 人,…,第 $n+m$ 人是合格 AB 型血的概率会因此而提高.

# 2.3　随机变量的分布函数

## 2.3.1　分布函数的概念

对于离散型随机变量,根据分布律就可以把随机变量的取值与取值的概率描述得非常清楚了,对于非离散型随机变量 $X$,由于其可能的取值不能一个一个地列举出来,因而就不能像离散型随机变量那样用分布律来描述它.

例如,测试灯泡寿命,设寿命为 $X,X$ 的取值为 $[0,+\infty)$,由于任意两个实数之间都有无穷多实数,要描述 $X$ 的取值的概率,用分布律的形式难以实现.

对这类随机变量,取值为一个数的概率是多少意义并不大,人们关心的是取值在某个区间的概率,如灯泡寿命在 $500 \sim 1\ 000$ h 的概率,即 $P\{500 < X \leqslant 1\ 000\}$ 为多少?如果能知道 $P\{X \leqslant 1\ 000\}$ 与 $P\{X \leqslant 500\}$,上述概率即为

$$P\{500 < X \leqslant 1\ 000\} = P\{X \leqslant 1\ 000\} - P\{X \leqslant 500\}$$

为此定义随机变量的分布函数.

**定义 1**　设 $X$ 是一个随机变量, $x$ 是任意实数,称函数

$$F(x) = P\{X \leqslant x\} \quad (-\infty < x < +\infty)$$

为随机变量 $X$ 的分布函数(Distribution function).

分布函数是一个普通的函数,正是通过它,我们能用数学分析的方法来研究随机变量.

若把 $X$ 看作数轴上的随机点的坐标,则分布函数 $F(x)$ 在 $x$ 处的函数值就表示 $X$ 落在区间 $(-\infty, x]$ 上的概率.

有了分布函数,对于任意的实数 $x_1, x_2(x_1 < x_2)$,随机变量 $X$ 落在区间 $(x_1, x_2]$ 里的概率可用分布函数来计算:

$$P\{x_1 < X \leqslant x_2\} = P\{X \leqslant x_2\} - P\{X \leqslant x_1\} = F(x_2) - F(x_1)$$

从这个意义上来说,分布函数完整地描述了随机变量的统计规律性,或者说,分布函数完整地表示了随机变量的概率分布情况.

## 2.3.2　分布函数的性质

分布函数 $F(x)$ 有如下基本性质.

(1) $F(x)$ 是一个单调不减的函数,即当 $x_1 < x_2$ 时, $F(x_1) \leqslant F(x_2)$. 事实上, $F(x_2) - F(x_1) =$

$P\{x_1 < X \leqslant x_2\} \geqslant 0$, 故 $F(x_1) \leqslant F(x_2)$.

(2) $0 \leqslant F(x) \leqslant 1$, 且

$$F(+\infty) = \lim_{x \to +\infty} F(x) = 1, \quad F(-\infty) = \lim_{x \to -\infty} F(x) = 0$$

因为 $F(x) = P\{X \leqslant x\}$, 即 $F(x)$ 是 $X$ 落在 $(-\infty, x]$ 里的概率, 所以 $0 \leqslant F(x) \leqslant 1$. 对于后两式, 我们给出一个直观的解释(图2-3): $F(x)$ 表示随机点 $X$ 落在 $x$ 左边这一事件的概率, 当 $x \to -\infty$ 时, 这一事件趋于不可能事件, 从而其概率

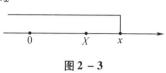

图 2-3

趋向于 0, 即有 $F(-\infty) = 0$; 当 $x \to +\infty$ 时, 这一事件趋于必然事件, 从而其概率趋向于 1, 即有 $F(+\infty) = 1$.

(3) $F(x+0) = \lim_{t \to x^+} F(t) = F(x)$, 即 $F(x)$ 是右连续函数.

证明从略.

反之, 任一满足上述三条性质的函数 $F(x)$ 必是某个随机变量的分布函数.

**例1** 设随机变量 $X$ 服从二项分布 $B\left(2, \frac{1}{2}\right)$, 求 $X$ 的分布函数, 并求 $P\left\{X \leqslant \frac{1}{2}\right\}$, $P\left\{\frac{3}{2} < X \leqslant \frac{5}{2}\right\}$, $P\{0 \leqslant X \leqslant 2\}$.

**解** $X \sim B\left(2, \frac{1}{2}\right)$, 它仅在 $x = 0, 1, 2$ 三点处概率非零, 而 $F(x)$ 的值就是 $X \leqslant x$ 的累计概率值, 由概率的有限可加性, 知它即为小于或等于 $x$ 的那些 $x_k$ 处的概率 $p_k$ 之和, 即有

$$F(x) = \begin{cases} 0, & x < 0 \\ P\{X = 0\}, & 0 \leqslant x < 1 \\ P\{X = 0\} + P\{X = 1\}, & 1 \leqslant x < 2 \\ 1, & 2 \leqslant x \end{cases}$$

$$= \begin{cases} 0, & x < 0 \\ \left(1 - \frac{1}{2}\right)^2 = \frac{1}{4}, & 0 \leqslant x < 1 \\ 1 - \left(\frac{1}{2}\right)^2 = \frac{3}{4}, & 1 \leqslant x < 2 \\ 1, & 2 \leqslant x \end{cases}$$

$F(x)$ 的图形如图2-4所示, 它是一条阶梯形曲线, 在 $x = 0, 1, 2$ 处有跳跃点, 跳跃值分别为 $\frac{1}{4}, \frac{3}{4}, 1$, 其恰是 $X$ 取 0, 1, 2 值时的概率.

又 $$P\left\{X \leqslant \frac{1}{2}\right\} = F\left(\frac{1}{2}\right) = \frac{1}{4}$$

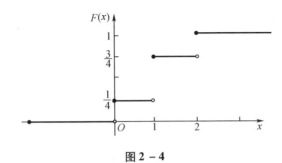

图 2 - 4

$$P\left\{\frac{3}{2} < X \leqslant \frac{5}{2}\right\} = F\left(\frac{5}{2}\right) - F\left(\frac{3}{2}\right) = 1 - \frac{3}{4} = \frac{1}{4}$$

$$P\{0 \leqslant X \leqslant 2\} = F(2) - F(0) + P\{X = 0\} = 1$$

一般地，设离散型随机变量 $X$ 的分布律为

$$P\{X = x_k\} = p_k \quad (k = 1, 2, \cdots)$$

由概率的可列可加性知 $X$ 的分布函数为

$$F(x) = P\{X \leqslant x\} = \sum_{x_k \leqslant x} P\{X = x_k\} = \sum_{x_k \leqslant x} p_k$$

**例 2**　已知离散型随机变量 $X$ 的分布函数为

$$F(x) = \begin{cases} 0, & x < -1 \\ 0.4, & -1 \leqslant x < 1 \\ 0.8, & 1 \leqslant x < 3 \\ 1, & x \geqslant 3 \end{cases}$$

试求概率 $P\{X \leqslant 0.5\}$，$P\{X > 1.5\}$ 以及离散型随机变量 $X$ 的分布律.

**解**　由 $X$ 的分布函数 $F(x)$ 可得

$$P\{X \leqslant 0.5\} = F(0.5) = 0.4$$

$$P\{X > 1.5\} = 1 - P\{X \leqslant 1.5\} = 1 - F(1.5) = 1 - 0.8 = 0.2$$

随机变量 $X$ 的所有可能取值为 $-1, 1, 3$，其概率如下：

$$P\{X = -1\} = P\{X \leqslant -1\} - P\{X < -1\}$$
$$= F(-1) - P\{X < -1\} = 0.4 - 0 = 0.4$$
$$P\{X = 1\} = P\{X \leqslant 1\} - P\{X < 1\} = F(1) - P\{X = -1\}$$
$$= 0.8 - 0.4 = 0.4$$
$$P\{X = 3\} = 1 - P\{X = -1\} - P\{X = 1\}$$
$$= 1 - 0.4 - 0.4 = 0.2$$

所以 $X$ 的分布律为

| $X$ | $-1$ | $1$ | $3$ |
|---|---|---|---|
| $P$ | 0.4 | 0.4 | 0.2 |

## 2.4　连续型随机变量及其概率密度函数

### 2.4.1　连续型随机变量

**例1**　在区间 $[4,10]$ 上任意抛掷一个质点,用 $X$ 表示这个质点与原点的距离,则 $X$ 是一个随机变量.如果这个质点落在 $[4,10]$ 上任意一子区间内的概率与这个区间长度成正比,求 $X$ 的分布函数.

**解**　$X$ 可以取 $[4,10]$ 上的一切实数,即 $P\{4 \leqslant X \leqslant 10\}$ 是一个必然事件,有

$$P\{4 \leqslant X \leqslant 10\} = 1$$

若 $[c,d] \subset [4,10]$,则有

$$P\{c \leqslant X \leqslant d\} = \lambda(d-c) \quad (\lambda \text{ 为比例系数})$$

特别地,取 $c=4, d=10$,则

$$P\{4 \leqslant X \leqslant 10\} = \lambda(10-4) = 6\lambda$$

而已知 $P\{4 \leqslant x \leqslant 10\} = 1$,因此 $\lambda = \dfrac{1}{6}$.

所以随机变量 $X$ 的分布函数为

$$F(x) = P\{X \leqslant x\} = \begin{cases} 0, & x < 4 \\ \dfrac{1}{6}(x-4), & 4 \leqslant x < 10 \\ 1, & x \geqslant 10 \end{cases}$$

$F(x)$ 的图形如图 $2-5$ 所示,它是 $(-\infty, +\infty)$ 上的一个非降有界的连续函数,它在任一点的概率都为零,即 $P\{X=a\}=0$.

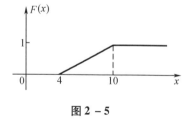

图 $2-5$

事实上,设 $X$ 的分布函数为 $F(x), \Delta x > 0$,则有

$$0 \leqslant P\{X=a\} \leqslant P\{a - \Delta x < X \leqslant a\}$$
$$= F(a) - F(a - \Delta x)$$

令 $\Delta x \to 0$,因为 $F(x)$ 是连续函数,即得 $P\{X=a\}=0$.

因此对于这样的随机变量,讨论它取某一个特定值的概率是没有意义的.

另外,比例系数反映了概率分布在区间 $[4,10]$ 上任意一个子区间 $[c,d]$ 上的密集程度,

记作 $f(x)$，即

$$f(x) = \begin{cases} \dfrac{1}{6}, & 4 < x < 10 \\ 0, & \text{其他} \end{cases}$$

而前面求出的分布函数 $F(x)$ 恰好就是非负函数 $f(x)$ 在 $(-\infty, x]$ 上的广义积分，即

$$F(x) = \int_{-\infty}^{x} f(t)\,\mathrm{d}t$$

具有上例特征的随机变量是不同于离散型随机变量的常见的另一类随机变量，这类随机变量的取值充满一个区间，在这个区间内有无穷不可列个实数，无法一一排列出，因此，这类随机变量的概率分布不能再用分布律来描述了，我们给出如下定义.

**定义 1** 设 $F(x)$ 是随机变量 $X$ 的分布函数，若存在非负函数 $f(x)$，使得对任意实数 $x$，有

$$F(x) = \int_{-\infty}^{x} f(t)\,\mathrm{d}t \tag{2-10}$$

则称 $X$ 为连续型随机变量（Continuous random variable），称 $f(x)$ 为 $X$ 的概率密度函数（Probability density function），简称概率密度或密度函数.

由式（2-10）知，连续型随机变量的分布函数是连续函数，且在式（2-10）中改变概率密度函数 $f(x)$ 在个别点上的函数值，不会改变分布函数 $F(x)$ 的取值，可见概率密度函数不是唯一的.

在实际应用中遇到的基本上是离散型或连续型随机变量，本书只讨论这两种随机变量.

### 2.4.2 概率密度函数的性质

由定义可知，概率密度函数 $f(x)$ 有以下性质：

（1）$f(x) \geqslant 0$；

（2）$\int_{-\infty}^{+\infty} f(x)\,\mathrm{d}x = 1$；

（3）对任意实数 $x_1, x_2 (x_1 \leqslant x_2)$，有

$$P\{x_1 < X \leqslant x_2\} = \int_{x_1}^{x_2} f(x)\,\mathrm{d}x$$

（4）若 $f(x)$ 在点 $x$ 处连续，则 $F'(x) = f(x)$，即

$$f(x) = \lim_{\Delta x \to 0^+} \frac{F(x + \Delta x) - F(x)}{\Delta x} = \lim_{\Delta x \to 0^+} \frac{P\{x < X \leqslant x + \Delta x\}}{\Delta x} \tag{2-11}$$

若一个函数满足性质（1）和性质（2），则它一定可作为某个随机变量的概率密度函数.

由性质（2）知，介于曲线 $y = f(x)$ 与 $Ox$ 轴之间平面图形的面积为1（图2-6），由性质（3）知，$X$ 落在区间 $(x_1, x_2]$ 上的概率等于图2-7中阴影部分的面积.

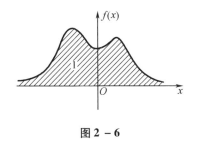

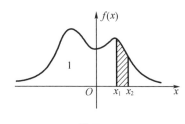

图 2 − 6 图 2 − 7

特别需要指出的是,对于连续型随机变量 $X$ 来说,它取任一指定的实数值的概率为零,即 $P\{X = x_0\} = 0$. 事实上,对任意 $\Delta x \geqslant 0$,有

$$0 \leqslant P\{X = x_0\} \leqslant P\{x_0 - \Delta x < X \leqslant x_0\} = \int_{x_0 - \Delta x}^{x_0} f(x)\,\mathrm{d}x$$

而 $\lim\limits_{\Delta x \to +0} \int_{x_0 - \Delta x}^{x_0} f(x)\,\mathrm{d}x = 0$,所以 $P\{X = x_0\} = 0$.

因此,对连续型随机变量 $X$,有

$$P\{a < X < b\} = P\{a \leqslant X < b\} = P\{a < X \leqslant b\} = P\{a \leqslant X \leqslant b\}$$
$$= \int_a^b f(x)\,\mathrm{d}x = F(b) - F(a)$$

即在计算 $X$ 落在某区间里的概率时,可以不考虑区间是开的、闭的或半开半闭的情况.

在这里 $P\{X = x_0\}$ 并非不可能事件,但有 $P\{X = x_0\} = 0$,这就说明,若 $A$ 是不可能事件,则有 $P(A) = 0$;反之,若 $P(A) = 0$,并不一定意味着 $A$ 是不可能事件.

性质(4)表明,$f(x)$ 不是 $X$ 取值 $x$ 的概率,而是在 $x$ 点概率分布的密集程度. 由式(2 − 11)知,若不计高阶无穷小,有

$$P\{x < X \leqslant x + \Delta x\} \approx f(x)\Delta x$$

因此,$f(x)$ 的大小能反映出 $X$ 在 $x$ 附近取值的概率大小. 对于连续型随机变量,用概率密度函数描述它的分布比分布函数更直观.

**例 2** 设随机变量 $X$ 的概率密度函数为

$$f(x) = \begin{cases} kx, & 0 \leqslant x < 3 \\ 2 - \dfrac{x}{2}, & 3 \leqslant x \leqslant 4 \\ 0, & \text{其他} \end{cases}$$

(1) 确定常数 $k$;(2) 求 $X$ 的分布函数 $F(x)$;(3) 求 $P\left\{1 < X \leqslant \dfrac{7}{2}\right\}$.

**解** (1) 由 $\int_{-\infty}^{+\infty} f(x)\,\mathrm{d}x = 1$,得

$$\int_0^3 kx\mathrm{d}x + \int_3^4 \left(2 - \frac{x}{2}\right)\mathrm{d}x = 1$$

解得 $k = \dfrac{1}{6}$.

（2）$X$ 的分布函数为

$$F(x) = \begin{cases} 0, & x < 0 \\ \displaystyle\int_0^x \frac{x}{6}\mathrm{d}x = \frac{x^2}{12}, & 0 \leqslant x < 3 \\ \displaystyle\int_0^3 \frac{x}{6}\mathrm{d}x + \int_3^x \left(2 - \frac{x}{2}\right)\mathrm{d}x = -3 + 2x - \frac{x^2}{4}, & 3 \leqslant x < 4 \\ 1, & x \geqslant 4 \end{cases}$$

（3）$P\left\{1 < X \leqslant \dfrac{7}{2}\right\} = F\left(\dfrac{7}{2}\right) - F(1) = \dfrac{41}{48}$.

今后当我们提到一个随机变量 $X$ 的"概率分布"时，指的就是它的分布函数；或者当 $X$ 是连续型随机变量时，指的是它的概率密度函数，当 $X$ 是离散型随机变量时，指的是它的分布律.

**例3** 设随机变量 $X$ 的概率密度为 $f(x) = C\mathrm{e}^{-\frac{|x|}{a}}$（$a > 0$ 为常数）.

（1）求 $C$；（2）求 $X$ 的分布函数；（3）求 $P\{|X| < 2\}$.

**解** （1）由 $\displaystyle\int_{-\infty}^{+\infty} f(x)\mathrm{d}x = 1$，得

$$\int_{-\infty}^{+\infty} C\mathrm{e}^{-\frac{|x|}{a}}\mathrm{d}x = 2C\int_0^{+\infty} \mathrm{e}^{-\frac{x}{a}}\mathrm{d}x = -2aC\mathrm{e}^{-\frac{x}{a}}\Big|_0^{+\infty} = 2aC = 1$$

因此

$$C = \frac{1}{2a}$$

（2）设 $X$ 的分布函数为 $F(x)$，则

$$F(x) = P\{X \leqslant x\} = \int_{-\infty}^x f(t)\mathrm{d}t = \int_{-\infty}^x \frac{1}{2a}\mathrm{e}^{-\frac{|t|}{a}}\mathrm{d}t$$

当 $x < 0$ 时

$$F(x) = \int_{-\infty}^x \frac{1}{2a}\mathrm{e}^{\frac{t}{a}}\mathrm{d}t = \frac{1}{2}\mathrm{e}^{\frac{t}{a}}\Big|_{-\infty}^x = \frac{1}{2}\mathrm{e}^{\frac{x}{a}}$$

当 $x \geqslant 0$ 时

$$F(x) = \int_{-\infty}^0 \frac{1}{2a}\mathrm{e}^{\frac{t}{a}}\mathrm{d}t + \int_0^x \frac{1}{2a}\mathrm{e}^{-\frac{t}{a}}\mathrm{d}t = \frac{1}{2}\mathrm{e}^{\frac{t}{a}}\Big|_{-\infty}^0 - \frac{1}{2}\mathrm{e}^{-\frac{t}{a}}\Big|_0^x = 1 - \frac{1}{2}\mathrm{e}^{-\frac{x}{a}}$$

即

$$F(x) = \begin{cases} \dfrac{1}{2}\mathrm{e}^{\frac{x}{a}}, & x < 0 \\ 1 - \dfrac{1}{2}\mathrm{e}^{-\frac{x}{a}}, & x \geqslant 0 \end{cases}$$

(3)
$$P\{|X| < 2\} = P\{-2 < X < 2\} = F(2) - F(-2)$$
$$= 1 - \frac{1}{2}\mathrm{e}^{-\frac{2}{a}} - \frac{1}{2}\mathrm{e}^{-\frac{2}{a}} = 1 - \mathrm{e}^{-\frac{2}{a}}$$

### 2.4.3 连续型随机变量的常见分布

下面介绍三种重要的连续型随机变量.

1. 均匀分布

若连续型随机变量 $X$ 的概率密度函数为

$$f(x) = \begin{cases} \dfrac{1}{b-a}, & a < x < b \\ 0, & \text{其他} \end{cases} \tag{2-12}$$

其中 $a < b$,则称 $X$ 在区间 $(a,b)$ 上服从均匀分布(Uniform distribution),记作 $X \sim U(a,b)$.

显然 $f(x) \geqslant 0, x \in (-\infty, +\infty)$,且 $\int_{-\infty}^{+\infty} f(x)\mathrm{d}x = \int_a^b \dfrac{1}{b-a}\mathrm{d}x = 1$.

在区间 $(a,b)$ 上服从均匀分布的随机变量 $X$ 具有下述意义的等可能性,即它落在区间 $(a,b)$ 中任意等长度的子区间内的可能性是相同的. 或者说它落在 $(a,b)$ 的子区间内的概率只依赖于子区间的长度而与子区间的位置无关. 事实上,对于任一长度为 $l$ 的子区间 $(c,c+l]$,$a \leqslant c < c + l \leqslant b$,有

$$P\{c < X \leqslant c + l\} = \int_c^{c+l} f(x)\mathrm{d}x = \int_c^{c+l} \frac{1}{b-a}\mathrm{d}x = \frac{l}{b-a}$$

均匀分布的分布函数为

$$F(x) = \begin{cases} 0, & x < a \\ \dfrac{x-a}{b-a}, & a \leqslant x < b \\ 1, & x \geqslant b \end{cases}$$

均匀分布的概率密度函数和分布函数的图形如图 2 - 8 所示.

**例 4** 设 $k$ 在 $(0,5)$ 上服从均匀分布,求方程 $4x^2 + 4kx + k + 2 = 0$ 有实根的概率.

**解** 由已知,$k$ 的概率密度函数为

$$f(x) = \begin{cases} \dfrac{1}{5}, & 0 < x < 5 \\ 0, & \text{其他} \end{cases}$$

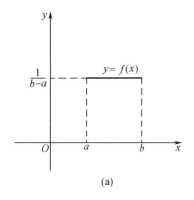
(a)

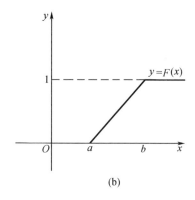
(b)

图 2 - 8

要使方程 $4x^2 + 4kx + k + 2 = 0$ 有实根,则

$$\Delta = (4k)^2 - 4 \times 4 \times (k + 2) = 16(k^2 - k - 2) \geq 0$$

解得 $k \geq 2$ 或 $k \leq -1$(舍).

即有

$$P\{k \geq 2\} = \int_2^5 \frac{1}{5}\mathrm{d}x = 0.6$$

故方程有实根的概率为 0.6.

2. 指数分布

若连续型随机变量 $X$ 的概率密度函数为

$$f(x) = \begin{cases} \lambda\mathrm{e}^{-\lambda x}, & x \geq 0 \\ 0, & x < 0 \end{cases} \tag{2-13}$$

其中 $\lambda > 0$ 为常数,则称随机变量 $X$ 服从参数为 $\lambda$ 的指数分布(Exponential distribution),记作 $X \sim E(\lambda)$.

显然 $f(x) \geq 0, x \in (-\infty, +\infty)$,且 $\int_{-\infty}^{+\infty} f(x)\mathrm{d}x = \int_0^{+\infty} \lambda\mathrm{e}^{-\lambda x}\mathrm{d}x = 1$.

指数分布的分布函数为

$$F(x) = \begin{cases} 1 - \mathrm{e}^{-\lambda x}, & x \geq 0 \\ 0, & x < 0 \end{cases}$$

指数分布的概率密度函数和分布函数的图形如图 2 - 9 所示.

服从指数分布的随机变量 $X$ 具有以下性质(称为指数分布的无记忆性):

设 $X$ 服从指数分布 $E(\lambda)$,则对于任意 $s > 0, t > 0$,有

$$P\{X > s + t \mid X > s\} = P\{X > t\} \tag{2-14}$$

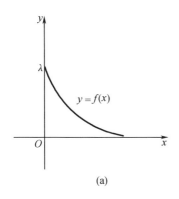

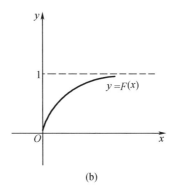

图 2 - 9

事实上,设 $F(x)$ 为 $X$ 的分布函数,对于 $x > 0$,有

$$P\{X > x\} = 1 - P\{X \leqslant x\}$$

所以

$$P\{X > s + t \mid X > s\} = \frac{P\{(X > s + t) \cap (X > s)\}}{P\{X > s\}} = \frac{P\{X > s + t\}}{P\{X > s\}}$$

$$= \frac{\mathrm{e}^{-\lambda(s+t)}}{\mathrm{e}^{-\lambda s}} = \mathrm{e}^{-\lambda t} = P\{X > t\}$$

如果 $X$ 表示某一元件的寿命,那么式(2 - 14)表明,已知元件已使用了 $s\,h$,则它总共能使用至少 $s + h$ 的条件概率,与从开始使用时算起它至少能使用 $t\,h$ 的概率相等. 这就是说,元件对它已使用过 $s\,h$ 没有记忆. 具有这一性质是指数分布有着广泛应用的重要原因. 指数分布在可靠性理论与排队论中有广泛的应用. 关于"寿命"的分布,如无线电元件的寿命,动物的寿命,保险丝、宝石轴承、玻璃制品等的使用寿命,电话的通话时间,随机服务系统的服务时间等都近似地服从指数分布.

**例5** 设打一次电话所用的时间(单位:min)服从参数为 0.1 的指数分布. 如果某人刚好在你前面走进公用电话间,试求你将等待:(1)超过 10 min 的概率;(2)10 ~ 20 min 之间的概率.

**解** 令 $X$ 表示电话间中的人打电话所用的时间,则 $X$ 的概率密度函数为

$$f(x) = \begin{cases} \dfrac{1}{10}\mathrm{e}^{-\frac{x}{10}}, & x \geqslant 0 \\ 0, & x < 0 \end{cases}$$

$$(1)\,P\{X > 10\} = \int_{10}^{+\infty} \frac{1}{10}\mathrm{e}^{-\frac{x}{10}}\mathrm{d}x = -\mathrm{e}^{-\frac{x}{10}}\Big|_{10}^{+\infty} = \mathrm{e}^{-1};$$

$(2)P\{10 \leqslant X \leqslant 20\} = \int_{10}^{20} \frac{1}{10} \mathrm{e}^{-\frac{x}{10}} \mathrm{d}x = - \mathrm{e}^{-\frac{x}{10}} \Big|_{10}^{20} = \mathrm{e}^{-1} - \mathrm{e}^{-2}.$

3. 正态分布

若连续型随机变量 $X$ 的概率密度函数为

$$f(x) = \frac{1}{\sqrt{2\pi}\sigma} \mathrm{e}^{-\frac{(x-\mu)^2}{2\sigma^2}}, \quad x \in (-\infty, +\infty) \tag{2-15}$$

其中, $\mu, \sigma$ 均为常数, 且 $\sigma > 0$, 则称随机变量 $X$ 服从参数为 $\mu, \sigma$ 的正态分布(Normal distribution) 或高斯分布, 记作 $X \sim N(\mu, \sigma^2)$.

显然 $f(x) \geqslant 0, x \in (-\infty, +\infty)$, 下面验证 $\int_{-\infty}^{+\infty} f(x) \mathrm{d}x = 1$.

事实上, 令 $t = \frac{x-\mu}{\sigma}$, 有

$$\int_{-\infty}^{+\infty} \frac{1}{\sqrt{2\pi}\sigma} \mathrm{e}^{-\frac{(x-\mu)^2}{2\sigma^2}} \mathrm{d}x = \int_{-\infty}^{+\infty} \frac{1}{\sqrt{2\pi}} \mathrm{e}^{-\frac{t^2}{2}} \mathrm{d}t$$

所以只要验证 $\int_{-\infty}^{+\infty} \frac{1}{\sqrt{2\pi}} \mathrm{e}^{-\frac{x^2}{2}} \mathrm{d}x = 1$ 即可.

$$\left( \int_{-\infty}^{+\infty} \frac{1}{\sqrt{2\pi}} \mathrm{e}^{-\frac{x^2}{2}} \mathrm{d}x \right)^2 = \int_{-\infty}^{+\infty} \frac{1}{\sqrt{2\pi}} \mathrm{e}^{-\frac{x^2}{2}} \mathrm{d}x \cdot \int_{-\infty}^{+\infty} \frac{1}{\sqrt{2\pi}} \mathrm{e}^{-\frac{y^2}{2}} \mathrm{d}y$$

$$= \frac{1}{2\pi} \int_{-\infty}^{+\infty} \int_{-\infty}^{+\infty} \mathrm{e}^{-\frac{x^2+y^2}{2}} \mathrm{d}x \mathrm{d}y = \frac{1}{2\pi} \int_{0}^{2\pi} \mathrm{d}\theta \int_{0}^{+\infty} \mathrm{e}^{-\frac{r^2}{2}} r \mathrm{d}r$$

$$= \int_{0}^{+\infty} \mathrm{e}^{-\frac{r^2}{2}} r \mathrm{d}r = - \mathrm{e}^{-\frac{r^2}{2}} \Big|_{0}^{+\infty} = 1$$

故

$$\int_{-\infty}^{+\infty} \frac{1}{\sqrt{2\pi}\sigma} \mathrm{e}^{-\frac{(x-\mu)^2}{2\sigma^2}} \mathrm{d}x = 1$$

正态分布的分布函数为

$$F(x) = \int_{-\infty}^{x} \frac{1}{\sqrt{2\pi}\sigma} \mathrm{e}^{-\frac{(t-\mu)^2}{2\sigma^2}} \mathrm{d}t, \quad x \in (-\infty, +\infty)$$

正态分布的概率密度函数和分布函数的图形如图 2-10 所示.

正态分布的概率密度函数具有以下性质:

(1) 正态分布的概率密度函数 $f(x)$ 关于 $x = \mu$ 对称(图 2-10), 这表明对于任意正数 $h$ 有

$$P\{\mu - h < X \leqslant \mu\} = P\{\mu < X \leqslant \mu + h\}$$

(2) 当 $x = \mu$ 时, $f(x)$ 取到最大值 $f(\mu) = \frac{1}{\sqrt{2\pi}\sigma}$, $x$ 离 $\mu$ 越远, $f(x)$ 的值越小. 这表明对于同样长度的区间, 当区间离 $\mu$ 越远, 落在这个区间上的概率越小.

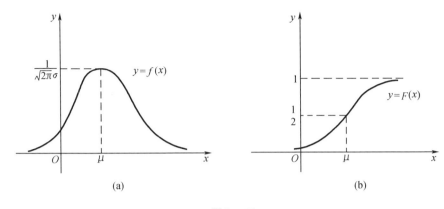

图 2 – 10

（3）在 $x = \mu \pm \sigma$ 处，曲线 $f(x)$ 有拐点．

（4）$f(x)$ 在直角坐标系内的图形呈钟形，并且 $x$ 轴为其渐近线．

（5）正态分布的参数 $\mu$（$\sigma$ 固定）决定其概率密度函数 $f(x)$ 的图形的中心位置，因此也称 $\mu$ 为正态分布的位置参数，如图 2 – 11 所示．

（6）正态分布的参数 $\sigma$（$\mu$ 固定）决定其概率密度函数 $f(x)$ 的图形的形状，因此也称 $\sigma$ 为正态分布的形状参数，如图 2 – 12 所示．可以看出 $\sigma$ 越小，$f(x)$ 的图形在 $x = \mu$ 的两侧越陡峭，表示相应的随机变量取值越集中于 $x = \mu$ 附近；$\sigma$ 越大，$f(x)$ 的图形在 $x = \mu$ 的两侧越平坦，表示相应的随机变量取值越分散．

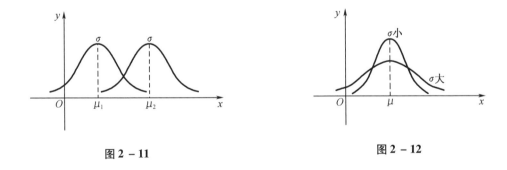

图 2 – 11　　　　　　　　　　　　　图 2 – 12

特别地，当 $\mu = 0$，$\sigma = 1$ 时的正态分布称为标准正态分布，记作 $N(0,1)$．相应的概率密度函数和分布函数分别用 $\varphi(x)$ 和 $\Phi(x)$ 表示，即

$$\varphi(x) = \frac{1}{\sqrt{2\pi}} \mathrm{e}^{-\frac{x^2}{2}}, \ x \in (-\infty, +\infty) \ (\text{图 2 – 13})$$

$$\Phi(x) = \int_{-\infty}^{x} \frac{1}{\sqrt{2\pi}} e^{-\frac{t^2}{2}} dt, \ x \in (-\infty, +\infty)$$

易知

$$\Phi(-x) = 1 - \Phi(x), \Phi(0) = \frac{1}{2}$$

人们编制了 $\Phi(x)$ 的函数表，可供查用（见附表2）.

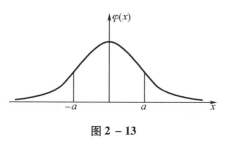

图 2 – 13

正态分布是概率论中最重要的分布，它表现在以下几个方面：

（1）正态分布是最常见的分布. 例如，人的身高、体重，一袋 50 kg 装水泥的质量，测量的误差，某种型号零件的直径等，都近似地服从正态分布.

（2）正态分布有许多优良的性质，许多分布在一定的条件下可用正态分布来近似. 例如，二项分布.

（3）若影响某一数量指标的随机因素很多，而每个因素所起的作用均不太大，则这个指标近似地服从正态分布，这就是本书第 5 章的中心极限定理比较直观的描述，这也说明正态分布在理论研究中的重要性.

（4）许多在数理统计中有着重要应用的分布，例如 $t$ 分布、$\chi^2$ 分布、$F$ 分布等，均可由正态分布衍生出来.

关于一般正态分布与标准正态分布之间的关系，有如下定理.

**定理 1**　若 $X$ 服从正态分布 $N(\mu, \sigma^2)$，则 $Z = \dfrac{X - \mu}{\sigma}$ 服从正态分布 $N(0, 1)$.

**证明**　$Z = \dfrac{X - \mu}{\sigma}$ 的分布函数为

$$P\{Z \leqslant x\} = P\left\{\frac{X - \mu}{\sigma} \leqslant x\right\} = P\{X \leqslant \mu + \sigma x\} = \frac{1}{\sqrt{2\pi}\sigma} \int_{-\infty}^{\mu + \sigma x} e^{-\frac{(t - \mu)^2}{2\sigma^2}} dt$$

令 $\dfrac{t - \mu}{\sigma} = u$，得

$$P\{Z \leqslant x\} = \frac{1}{\sqrt{2\pi}} \int_{-\infty}^{x} e^{-\frac{u^2}{2}} du = \Phi(x)$$

由此可知

$$Z = \frac{X - \mu}{\sigma} \sim N(0, 1)$$

于是，若 $X \sim N(\mu, \sigma^2)$，则分布函数 $F(x)$ 可写成

$$F(x) = P\{X \leqslant x\} = P\left\{\frac{X - \mu}{\sigma} \leqslant \frac{x - \mu}{\sigma}\right\} = \Phi\left(\frac{x - \mu}{\sigma}\right)$$

对于任意区间 $(x_1, x_2]$，有

$$P\{x_1 < X \leqslant x_2\} = P\left\{\frac{x_1 - \mu}{\sigma} < \frac{X - \mu}{\sigma} \leqslant \frac{x_2 - \mu}{\sigma}\right\} = \Phi\left(\frac{x_2 - \mu}{\sigma}\right) - \Phi\left(\frac{x_1 - \mu}{\sigma}\right)$$

若 $X \sim N(\mu, \sigma^2)$，由标准正态分布函数还可得

$$P\{\mu - \sigma < X \leqslant \mu + \sigma\} = \Phi(1) - \Phi(-1) = 0.682\,6$$

$$P\{\mu - 2\sigma < X \leqslant \mu + 2\sigma\} = \Phi(2) - \Phi(-2) = 0.954\,4$$

$$P\{\mu - 3\sigma < X \leqslant \mu + 3\sigma\} = \Phi(3) - \Phi(-3) = 0.997\,4$$

我们看到，尽管正态变量的取值范围是 $(-\infty, +\infty)$，但它的值落在 $(\mu - 3\sigma, \mu + 3\sigma)$ 内几乎是肯定的. 这个性质在标准制度、质量管理等许多方面有着广泛的应用，这就是人们所说的"$3\sigma$"原则.

**例 6** 设随机变量 $X$ 服从正态分布 $N(3, 9)$，求：

(1) $P\{2 < X < 5\}$，$P\{X > 0\}$，$P\{|X - 3| > 6\}$；

(2) 决定常数 $a$，使得 $P\{X > a\} = P\{X \leqslant a\}$.

**解** (1)

$$P\{2 < X < 5\} = P\left\{\frac{2 - 3}{3} < \frac{X - 3}{3} < \frac{5 - 3}{3}\right\}$$

$$= P\left\{-\frac{1}{3} < Z < \frac{2}{3}\right\} = \Phi\left(\frac{2}{3}\right) - \Phi\left(-\frac{1}{3}\right)$$

$$= \Phi\left(\frac{2}{3}\right) - \left[1 - \Phi\left(\frac{1}{3}\right)\right] = 0.377\,9$$

$$P\{X > 0\} = P\left\{\frac{X - 3}{3} > \frac{0 - 3}{3}\right\} = P\{Z > -1\}$$

$$= 1 - \Phi(-1) = \Phi(1) = 0.841\,3$$

$$P\{|X - 3| > 6\} = P\{X > 9\} + P\{X < -3\}$$

$$= P\left\{\frac{X - 3}{3} > \frac{9 - 3}{3}\right\} + P\left\{\frac{X - 3}{3} < \frac{-3 - 3}{3}\right\}$$

$$= P\{Z > 2\} + P\{Z < -2\}$$

$$= 1 - \Phi(2) + \Phi(-2)$$

$$= 2[1 - \Phi(2)] = 0.045\,6$$

(2) 由 $P\{X > a\} = P\{X \leqslant a\}$，得

$$1 - P\{X \leqslant a\} = P\{X \leqslant a\}$$

即

$$P\{X \leqslant a\} = \frac{1}{2}$$

由正态分布性质有 $P\{X \leqslant \mu\} = P\{X \geqslant \mu\} = \frac{1}{2}$，因此 $a = \mu = 3$.

**例7** 公共汽车车门的高度是按男子与车门顶碰头的机会在1%以下来设计的,设男子的身高服从正态分布 $N(175,6^2)$（单位:cm）,问车门高度应如何确定?

**解** 假设车门高度为 $x$ cm,男子身高为随机变量 $X$,由题意有

$$P\{X > x\} \leqslant 1\% , \quad P\{X \leqslant x\} \geqslant 0.99$$

又 $X \sim N(175,6^2)$,由定理1,得 $\Phi\left(\dfrac{x-175}{6}\right) \geqslant 0.99$,查附表2得

$$\frac{x-175}{6} \geqslant 2.33$$

解得 $x \geqslant 188.98$,取 $x = 189$ cm.

为了便于今后在数理统计的应用,我们引入上 $\alpha$ 分位点和双侧 $\alpha$ 分位点.

**定义2** 设 $X$ 服从正态分布 $N(0,1)$,若 $z_\alpha$ 满足条件 $P\{X > z_\alpha\} = \alpha, 0 < \alpha < 1$,则称点 $z_\alpha$ 为标准正态分布的上 $\alpha$ 分位点;若 $z_{\frac{\alpha}{2}}$ 满足条件 $P\{|X| > z_{\frac{\alpha}{2}}\} = \alpha, 0 < \alpha < 1$,则称点 $z_{\frac{\alpha}{2}}$ 为标准正态分布的双侧 $\alpha$ 分位点.

**例8** 求标准正态分布的上 0.005 分位点及双侧 0.005 分位点.

**解** $P\{X > z_{0.005}\} = 0.005, P\{X \leqslant z_{0.005}\} = 0.995.$ 查附表2可得

$$z_{0.005} = 2.575$$

又

$$P\{|X| > z_{\frac{0.005}{2}}\} = 0.005$$

$$P\{X > z_{\frac{0.005}{2}}\} + P\{X < -z_{\frac{0.005}{2}}\} = 0.005$$

$$P\{X < -z_{\frac{0.005}{2}}\} = P\{X > z_{\frac{0.005}{2}}\}$$

则有

$$P\{X > z_{\frac{0.005}{2}}\} = 0.0025, P\{X \leqslant z_{\frac{0.005}{2}}\} = 0.9975$$

查表可得

$$z_{\frac{0.005}{2}} = 2.81$$

# 2.5 随机变量的函数的分布

我们常遇到一些随机变量,它们的分布往往难以直接得到(如测量轴承滚珠体积值 $Y$),但是与它们有函数关系的另一些随机变量,其分布却是容易知道的(如滚珠直径测量值 $X$). 因此,在清楚各随机变量之间的函数关系之后,就可由已知的随机变量的分布求出与其有函数关系的另一个随机变量的分布. 在这一节中,我们将讨论如何由已知的随机变量 $X$ 的概率分布去求得它的函数 $Y = g(X)$（$g(\cdot)$ 是已知的连续函数）的概率分布. 这里 $Y$ 是这样的随机变量,即当 $X$ 取值 $x$ 时,$Y$ 取值 $g(x)$.

**2.5.1 离散型随机变量的函数的概率分布**

**例1** 设随机变量 $X$ 的分布律为

| $X$ | $-1$ | $0$ | $1$ | $2$ | $\dfrac{5}{2}$ |
|---|---|---|---|---|---|
| $P$ | $\dfrac{1}{5}$ | $\dfrac{1}{10}$ | $\dfrac{1}{10}$ | $\dfrac{3}{10}$ | $\dfrac{3}{10}$ |

求 $Y = (X-1)^2$ 的分布律.

**解** $Y$ 所有可能取的值为 $0,1,\dfrac{9}{4},4$, 且有

$$P\{Y=0\} = P\{(X-1)^2=0\} = P\{X=1\} = \frac{1}{10}$$

$$P\{Y=1\} = P\{(X-1)^2=1\} = P\{X=0\} + P\{X=2\} = \frac{4}{10}$$

$$P\left\{Y=\frac{9}{4}\right\} = P\left\{(X-1)^2=\frac{9}{4}\right\} = P\left\{X=\frac{5}{2}\right\} = \frac{3}{10}$$

$$P\{Y=4\} = P\{(X-1)^2=4\} = P\{X=-1\} = \frac{2}{10}$$

即 $Y$ 的分布律为

| $Y$ | $0$ | $1$ | $\dfrac{9}{4}$ | $4$ |
|---|---|---|---|---|
| $P$ | $\dfrac{1}{10}$ | $\dfrac{4}{10}$ | $\dfrac{3}{10}$ | $\dfrac{2}{10}$ |

一般地, 若 $X$ 是一个离散型随机变量, 可能的取值为 $x_1,x_2,\cdots$, $Y=g(X)$ 的可能取值为 $y_1$, $y_2,\cdots$, 则

$$\{Y=y_k\} = \bigcup_{g(x_i)=y_k} \{X=x_i\}$$

等式右端是对所有使 $g(x_i)=y_k$ 的 $x_i$ 求和事件. 所以

$$P\{Y=y_k\} = \sum_{g(x_i)=y_k} P\{X=x_i\}$$

**2.5.2 连续型随机变量的函数的概率分布**

**例2** 设 $X$ 的概率密度函数为

$$f_X(x) = \begin{cases} \dfrac{x}{2}, & 0 < x < 2 \\ 0, & \text{其他} \end{cases}$$

求随机变量 $Y = 3X + 2$ 的概率密度函数.

**解**　先求 $Y = 3X + 2$ 的分布函数 $F_Y(y)$.

$$F_Y(y) = P\{3X + 2 \leq y\} = P\left\{X \leq \frac{y - 2}{3}\right\} = \int_{-\infty}^{\frac{y-2}{3}} f_X(x)\,\mathrm{d}x$$

于是,得 $Y = 3X + 2$ 的概率密度为

$$f_Y(y) = F'_Y(y) = f_X\left(\frac{y - 2}{3}\right) \cdot \left(\frac{y - 2}{3}\right)'$$

$$= \begin{cases} \dfrac{1}{2} \cdot \left(\dfrac{y - 2}{3}\right) \cdot \dfrac{1}{3}, & 0 < \dfrac{y - 2}{3} < 2 \\ 0, & \text{其他} \end{cases}$$

$$= \begin{cases} \dfrac{1}{18}(y - 2), & 2 < y < 8 \\ 0, & \text{其他} \end{cases}$$

**例3**　设 $X$ 的概率密度函数为

$$f_X(x) = \begin{cases} \dfrac{x}{2}, & 0 < x < 2 \\ 0, & \text{其他} \end{cases}$$

求随机变量 $Y = -3X + 2$ 的概率密度函数.

**解**　先求 $Y = -3X + 2$ 的分布函数 $F_Y(y)$.

$$F_Y(y) = P\{-3X + 2 \leq y\} = P\left\{X \geq \frac{2 - y}{3}\right\} = \int_{\frac{2-y}{3}}^{+\infty} f_X(x)\,\mathrm{d}x$$

于是,得 $Y = -3X + 2$ 的概率密度为

$$f_Y(y) = F'_Y(y) = -f_X\left(\frac{2 - y}{3}\right) \cdot \left(\frac{2 - y}{3}\right)'$$

$$= \begin{cases} -\dfrac{1}{2} \cdot \left(\dfrac{2 - y}{3}\right) \cdot \left(-\dfrac{1}{3}\right), & 0 < \dfrac{2 - y}{3} < 2 \\ 0, & \text{其他} \end{cases}$$

$$= \begin{cases} \dfrac{1}{18}(2 - y), & -4 < y < 2 \\ 0, & \text{其他} \end{cases}$$

**例4**　设连续型随机变量 $X$ 具有概率密度函数 $f_X(x)$, $-\infty < x < +\infty$,求 $Y = X^2$ 的概率密度函数.

**解**　先求 $Y$ 的分布函数 $F_Y(y)$,由于 $Y = X^2 \geq 0$,故当 $y \leq 0$ 时事件 "$Y \leq y$" 的概率为 $0$,即 $F_Y(y) = P\{Y \leq y\} = 0$,当 $y > 0$ 时,有

$$F_Y(y) = P\{Y \leq y\} = P\{X^2 \leq y\} = P\{-\sqrt{y} \leq X \leq \sqrt{y}\} = \int_{-\sqrt{y}}^{\sqrt{y}} f_X(x)\,\mathrm{d}x$$

将 $F_Y(y)$ 关于 $y$ 求导,即得 $Y$ 的概率密度函数为

$$f_Y(y) = \begin{cases} \dfrac{1}{2\sqrt{y}}[f_X(\sqrt{y}) + f_X(-\sqrt{y})], & y > 0 \\ 0, & y \leqslant 0 \end{cases}$$

例如,当 $X \sim N(0,1)$,其概率密度函数为

$$\varphi(x) = \frac{1}{\sqrt{2\pi}}e^{-\frac{x^2}{2}}, \ x \in (-\infty, +\infty)$$

则 $Y = X^2$ 的概率密度函数为

$$f_Y(y) = \begin{cases} \dfrac{1}{\sqrt{2\pi}}y^{-\frac{1}{2}}e^{-\frac{y}{2}}, & y > 0 \\ 0, & y \leqslant 0 \end{cases}$$

此时称 $Y$ 服从自由度为 1 的 $\chi^2$ 分布.

上述例子中关键的一步在于将事件"$Y \leqslant y$"由其等价事件"$g(X) \leqslant y$"代替,即将事件"$Y \leqslant y$"转换为有关 $X$ 的范围所表示的等价事件.

**评注** 求连续型随机变量的函数的分布函数或概率密度函数的步骤如下:

(1) 求随机变量 $Y = g(X)$ 的分布函数

$$F_Y(y) = P\{Y \leqslant y\} = P\{g(X) \leqslant y\} = \int_{g(x) \leqslant y} f_X(x)\mathrm{d}x$$

(2) 求 $Y$ 的概率密度函数

$$f_Y(y) = F_Y'(y)$$

下面我们仅对 $Y = g(X)$ 写出一般结论,其中 $g(X)$ 为严格单调函数.

**定理1** 设随机变量 $X$ 具有概率密度函数 $f_X(x)$,$-\infty < x < +\infty$,又设函数 $g(x)$ 处处可导且有 $g'(x) > 0$(或 $g'(x) < 0$),则 $Y = g(X)$ 是连续型随机变量,其概率密度函数为

$$f_Y(y) = \begin{cases} f_X[h(y)]|h'(y)|, & \alpha < y < \beta \\ 0, & \text{其他} \end{cases} \tag{2-16}$$

式中,$\alpha = \min\{g(-\infty), g(\infty)\}$;$\beta = \max\{g(-\infty), g(\infty)\}$;$h(y)$ 是 $g(x)$ 的反函数.

**证明** 只证 $g'(x) > 0$ 的情况. 此时 $g(x)$ 在 $(-\infty, +\infty)$ 内严格单调增加,它的反函数 $h(y)$ 存在,且在 $(\alpha, \beta)$ 区间严格单调增加、可导.

先求 $Y$ 的分布函数 $F_Y(y)$.

因为 $Y = g(X)$ 在 $(\alpha, \beta)$ 取值,故当 $y \leqslant \alpha$ 时 $F_Y(y) = P\{Y \leqslant y\} = 0$.

当 $y \geqslant \beta$ 时

$$F_Y(y) = P\{Y \leqslant y\} = 1$$

当 $\alpha < y < \beta$ 时

$$F_Y(y) = P\{Y \leqslant y\} = P\{g(X) \leqslant y\} = P\{X \leqslant h(y)\} = \int_{-\infty}^{h(y)} f_X(x)\mathrm{d}x$$

于是得 $Y$ 的概率密度函数为

$$f_Y(y) = F_Y'(y) = \begin{cases} f_X[h(y)]h'(y), & \alpha < y < \beta \\ 0, & \text{其他} \end{cases}$$

对于 $g'(x) < 0$ 的情况可以同样地证明，我们有

$$f_Y(y) = \begin{cases} f_X[h(y)][-h'(y)], & \alpha < y < \beta \\ 0, & \text{其他} \end{cases}$$

以上两式可统一地写成

$$f_Y(y) = \begin{cases} f_X[h(y)]|h'(y)|, & \alpha < y < \beta \\ 0, & \text{其他} \end{cases}$$

若 $f_X(x)$ 在有限区间 $[a,b]$ 以外等于零，则只需假设在 $[a,b]$ 上恒有 $g'(x) > 0$（或恒有 $g'(x) < 0$），此时 $\alpha = \min\{g(a),g(b)\}, \beta = \max\{g(a),g(b)\}$. 证毕.

**例5** 设随机变量 $X \sim N(\mu,\sigma^2)$，试证明 $Y = aX + b (a \neq 0)$ 也服从正态分布.

**解** $X$ 的概率密度函数为

$$f_X(x) = \frac{1}{\sqrt{2\pi}\sigma}e^{-\frac{(x-\mu)^2}{2\sigma^2}}, \quad -\infty < x < +\infty$$

由 $y = g(x) = ax + b$，解得 $x = h(y) = \dfrac{y-b}{a}$，且有 $h'(y) = \dfrac{1}{a}$，由式 $(2-16)$ 得 $Y = aX + b$ 的概率密度函数为

$$f_Y(y) = \frac{1}{|a|}f_X\left(\frac{y-b}{a}\right) = \frac{1}{|a|\sqrt{2\pi}\sigma}e^{-\frac{\left(\frac{y-b}{a}-\mu\right)^2}{2\sigma^2}}$$

$$= \frac{1}{\sqrt{2\pi}|a|\sigma}e^{-\frac{[y-(b+a\mu)]^2}{2(a\sigma)^2}} \quad (-\infty < y < +\infty)$$

即有

$$Y = aX + b \sim N(a\mu + b, (|a|\sigma)^2)$$

特别地，在上例中取 $a = \dfrac{1}{\sigma}, b = -\dfrac{\mu}{\sigma}$，得

$$Y = \frac{X-\mu}{\sigma} \sim N(0,1)$$

这就是上一节定理1的结果.

**例6** 设随机变量 $X$ 的概率密度函数为 $f_X(x) = \dfrac{1}{\pi(1+x^2)}, (-\infty < x < +\infty)$，求随机变量 $Y = 1 - \sqrt[3]{X}$ 的概率密度.

**解** 设 $y = 1 - \sqrt[3]{x}$，有 $y' = \dfrac{-1}{3\sqrt[3]{x^2}} < 0$，则 $y = 1 - \sqrt[3]{x}$ 在 $(-\infty, +\infty)$ 上单调递减，且有反函数 $x = h(y) = (1-y)^3$，$Y$ 的概率密度函数为

$$f_Y(y) = f_X[h(y)]|h'(y)| = \frac{1}{\pi[1 + (1 - y)^6]} \cdot 3(1 - y)^2$$

$$= \frac{3(1 - y)^2}{\pi[1 + (1 - y)^6]} \quad (-\infty < y < +\infty)$$

**例7** 设随机变量 $X$ 在 $[0, \pi]$ 中服从均匀分布,求 $Y = \sin X$(图 $2 - 14$)的概率密度函数.

**解** 随机变量 $X$ 的概率密度函数为

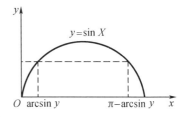

图 $2 - 14$

$$f_X(x) = \begin{cases} \dfrac{1}{\pi}, & 0 \le x \le \pi \\ 0, & \text{其他} \end{cases}$$

由于 $X \in [0, \pi]$,故 $Y = \sin X$ 只能取 $[0, 1]$ 中的值,所以当 $y \le 0$ 时,有

$$F_Y(y) = P\{Y \le y\} = 0$$

当 $0 < y < 1$ 时,有

$$F_Y(y) = P\{\sin X \le y\} = P\{0 \le X \le \arcsin y\} + P\{\pi - \arcsin y \le X \le \pi\}$$

$$= \int_0^{\arcsin y} f_X(x)\,\mathrm{d}x + \int_{\pi - \arcsin y}^{\pi} f_X(x)\,\mathrm{d}x$$

$$= \frac{1}{\pi}[\arcsin y + \pi - (\pi - \arcsin y)]$$

$$= \frac{2}{\pi}\arcsin y$$

当 $y \ge 1$ 时,$F_Y(y) = P\{Y \le y\} = 1$,因此

$$F_Y(y) = \begin{cases} 0, & y < 0 \\ \dfrac{2}{\pi}\arcsin y, & 0 \le y < 1 \\ 1, & y \ge 1 \end{cases}$$

所以 $Y$ 的概率密度函数为

$$f_Y(y) = F_Y'(y) = \begin{cases} \dfrac{2}{\pi\sqrt{1 - y^2}}, & 0 \le y < 1 \\ 0, & \text{其他} \end{cases}$$

上面例7中的函数 $Y = \sin X$ 在 $[0, \pi]$ 上不是单调的,而是"分段单调的".我们可以把定理1推广到分段单调函数上.

**定理2** 设连续型随机变量 $X$ 具有概率密度函数 $f_X(x)(-\infty < x < +\infty)$,又设函数 $Y = g(X)$ 是分段单调函数,即在不相重叠的区间 $I_1, I_2, \cdots$ 上逐段严格单调,其反函数 $h_1(y), h_2(y), \cdots$ 以及其导函数 $h_1'(y), h_2'(y), \cdots$ 均为连续函数,则 $Y = g(X)$ 的概率密度函

数为

$$f_Y(y) = \begin{cases} \sum_i f_X(h_i(y)) \mid h_i'(y) \mid, & \alpha < y < \beta \\ 0, & 其他 \end{cases}$$

式中，$\alpha = \min\{g(-\infty), g(\infty)\}; \beta = \max\{g(-\infty), g(\infty)\}.$

利用定理 2 重新计算例 7.

**例 8**　设随机变量 $X$ 在 $[0, \pi]$ 中服从均匀分布，求 $Y = \sin X$ 的概率密度函数.

**另解**　随机变量 $X$ 的概率密度函数为

$$f_X(x) = \begin{cases} \dfrac{1}{\pi}, & 0 \leq x \leq \pi \\ 0, & 其他 \end{cases}$$

$y = \sin x$ 在 $[0, \pi]$ 内为非单调函数，但在 $\left[0, \dfrac{\pi}{2}\right)$ 与 $\left(\dfrac{\pi}{2}, \pi\right)$ 内单调，其反函数分别为

$$x_1 = \arcsin y, x_1 \in \left[0, \frac{\pi}{2}\right), x_2 = \pi - \arcsin y, x_2 \in \left(\frac{\pi}{2}, \pi\right]$$

由定理 2，得 $Y$ 的概率密度函数为

$$f_Y(y) = \begin{cases} f_X(\arcsin y) \mid (\arcsin y)' \mid + f_X(\pi - \arcsin y) \mid (\pi - \arcsin y)' \mid, & y \in [0, 1) \\ 0, & 其他 \end{cases}$$

$$= \begin{cases} \dfrac{2}{\pi \sqrt{1 - y^2}}, & y \in [0, 1) \\ 0, & 其他 \end{cases}$$

对于例 7 的两种做法，请读者自己比较体会.

# 习　题　2

2-1　设随机变量 $X$ 的分布律 $P\{X = k\} = a \cdot \dfrac{\lambda^k}{k!}(k = 0, 1, 2, \cdots), \lambda > 0$ 是常数，则 $a$ 为多少？

2-2　将一颗骰子抛掷两次，以 $X$ 表示两次中得到的小的点数，试求 $X$ 的分布律.

2-3　10 名篮球队员分别穿 4 至 13 号球衣，现随机抽 5 人上场，求：

（1）抽出的队员中所穿的球衣号码的最小值 $X$ 的分布律；

（2）最小值至少为 8 的概率.

2-4　罐中有 5 颗围棋子，其中 2 颗白子、3 颗黑子，如果按有放回和无放回两种方法，每次取一子，共取 3 次，求 3 次中取到白子的次数 $X$ 的概率分布分别是什么？

2－5　已知离散型随机变量 $X$ 的可能取值为 $-2,0,2,\sqrt{5}$，相应的概率依次为 $\dfrac{1}{a},\dfrac{3}{2a},\dfrac{5}{4a},$ $\dfrac{7}{8a}$，试求概率 $P\{|X|\leqslant 2 \mid X\geqslant 0\}$.

2－6　一名儿童玩迷宫游戏，周围有 3 扇门，只有 1 扇是通向出口的，儿童走向各扇门是随机的，儿童想要走出迷宫.

（1）若儿童是没有记忆的，以 $X$ 表示儿童为了走出迷宫试走的次数，则 $X$ 的分布律是什么?

（2）若儿童是有记忆的，他走向任何 1 扇门的尝试不多于 1 次，以 $Y$ 表示儿童为了走出迷宫试走的次数，则 $Y$ 的分布律是什么?

（3）求试走次数 $X$ 小于 $Y$ 的概率和 $Y$ 小于 $X$ 的概率.

2－7　某特效药的临床有效率为 0.95，今有 10 人服用，问至少有 8 人治愈的概率是多少?

2－8　一射击运动员对同一目标独立地进行了 4 次射击，以 $Y$ 表示命中目标的次数，若 $P\{Y\geqslant 1\}=\dfrac{80}{81}$，求 $P\{Y=1\}$.

2－9　甲、乙两棋手约定进行 10 局比赛，以赢的局数多者为胜，设在每局中甲赢的概率为 0.6，乙赢的概率为 0.4，如果各局比赛是独立进行的，试问乙不输的概率为多少?

2－10　已知某种疾病的发病率为 0.001，某单位共有 5 000 人，问该单位患有这种疾病的人数超过 5 人的概率为多大?

2－11　一批产品中有 15% 的次品，现进行独立重复抽样检验，共抽取 20 个样品，则抽出的 20 个样品中最大可能的次品数是多少?并求其概率.

2－12　某射手的命中率为 0.75，现对某一目标连续射击，直到第一次击中目标为止，求他射击次数不超过 5 次就能把目标击中的概率.

2－13　一铸件的砂眼（缺陷）数服从参数为 $\lambda=0.5$ 的泊松分布，试求此铸件上至多有 1 个砂眼（合格品）的概率和至少有 2 个砂眼（不合格品）的概率.

2－14　假设某段时间里来百货公司的顾客数服从参数为 $\lambda$ 的泊松分布，而在百货公司里每个顾客购买彩电的概率为 $p$，则在这段时间里，恰有 $k$ 个顾客购买彩电的概率为多少?

2－15　假设一大型设备在任何长为 $t$ 的时间内发生故障的次数 $N(t)$ 服从参数为 $\lambda t$ 的泊松分布：

（1）求相继两次故障之间的时间间隔 $T$ 的概率分布；

（2）求在设备已经无故障运行 8 h 的情况下，再无故障运行 8 h 的概率 $Q$.

2－16　有 5 000 名同年龄段且同社会阶层的人参加了某保险公司的一项人寿保险. 每个投保人在年初需交纳 240 元保费，而在这一年中若投保人死亡，则受益人可从保险公司获得 100 000 元的赔偿. 据生命表知这类人的年死亡率为 0.001. 试求：

（1）保险公司在这项业务上亏本的概率；

（2）保险公司在这项业务上至少获利 300 000 元的概率.

2－17  设 $X$ 服从 $(0-1)$ 分布，其分布律为 $P\{X=k\}=p^k(1-p)^{1-k},k=0,1$，求 $X$ 的分布函数，并做出其图形.

2－18  设随机变量 $X$ 的分布函数为

$$F(x)=\begin{cases}0, & x<-2\\0.5, & -2\leqslant x<1\\0.6, & 1\leqslant x<5\\1, & x\geqslant 5\end{cases}$$

求 $X$ 的概率分布.

2－19  设连续型随机变量 $X$ 的分布函数为

$$F(x)=\begin{cases}Ae^x, & x<0\\B, & 0\leqslant x<1\\1-Ae^{-(x-1)}, & x\geqslant 1\end{cases}$$

（1）求 $A,B$ 的值；

（2）求 $X$ 的概率密度函数；

（3）求 $P\left\{X>\dfrac{1}{3}\right\}$.

2－20  设随机变量 $X$ 的概率密度函数为

$$f(x)=\begin{cases}\dfrac{A}{\sqrt{1-x^2}}, & |x|<1\\0, & |x|\geqslant 1\end{cases}$$

（1）求系数 $A$；

（2）求 $X$ 落在 $\left(-\dfrac{1}{2},\dfrac{1}{2}\right)$ 内的概率；

（3）求 $X$ 的分布函数.

2－21  某种型号电子元件的寿命 $X$（单位：h）具有以下的概率密度函数：

$$f(x)=\begin{cases}\dfrac{1\ 000}{x^2}, & x>1\ 000\\0, & 其他\end{cases}$$

现有一大批此种元件（设各元件工作相互独立），求：

（1）任取 1 只，其寿命大于 1 500 h 的概率；

（2）任取 4 只，4 只寿命都大于 1 500 h 的概率；

（3）任取 4 只，4 只中至少有 1 只寿命大于 1 500 h 的概率；

（4）若已知一只元件的寿命大于 1 500 h,则该元件的寿命大于 2 000 h 的概率.

2 – 22    设顾客在某银行的窗口等待服务的时间 $X$（单位:min）服从指数分布,其概率密度函数为

$$f(x) = \begin{cases} \dfrac{1}{5}\mathrm{e}^{-\frac{x}{5}}, & x \geqslant 0 \\ 0, & x < 0 \end{cases}$$

某顾客在窗口等待服务,若超过 10 min,他就离开,他一个月要到银行 5 次,以 $Y$ 表示一个月内他未等到服务而离开窗口的次数,写出 $Y$ 的分布律,并求 $P\{Y \geqslant 1\}$.

2 – 23    设随机变量 $X$ 和 $Y$ 同分布,$X$ 的概率密度函数为

$$f(x) = \begin{cases} \dfrac{3}{8}x^2, & 0 < x < 2 \\ 0, & 其他 \end{cases}$$

若已知事件 $A = \{X > a\}$ 和 $B = \{Y > a\}$ 独立,且 $P(A \cup B) = \dfrac{3}{4}$,求常数 $a$.

2 – 24    设随机变量 $X$ 服从 $(0,10)$ 上的均匀分布,现对 $X$ 进行 4 次独立观测,试求至少有 3 次观测值大于 5 的概率.

2 – 25    设随机变量 $X$ 服从正态分布 $N(108,3^2)$,试求：

（1）$P\{102 < X < 117\}$;

（2）常数 $a$,使得 $P\{X < a\} = 0.95$.

2 – 26    恒温箱是靠温度调节器根据箱内温度的变化不断进行调整的,所以恒温箱内的实际温度 $X$（单位:℃）是一个随机变量,如果将温度调节器设定在 $d$ ℃,且 $X$ 服从正态分布 $N(d,\sigma^2)$,其中 $\sigma$ 反映的是温度调节器的精度：

（1）当 $d = 90$ ℃,$\sigma = 0.5$ 时,试求箱内温度在 89 ℃ 至 91 ℃ 的概率;

（2）当 $d = 90$ ℃,$\sigma = 2$ 时,试求箱内温度在 89 ℃ 至 91 ℃ 的概率;

（3）当 $\sigma = 0.5$ 时,要有 95% 的可能性保证箱内温度不低于 90 ℃,问应将温度调节器设定为多少摄氏度为宜?

2 – 27    假设电源电压 $X$（单位:V）服从正态分布 $N(220,\sigma^2)$,若电压超过 240 V,则某种电器就会损坏,若要求这种电器损坏的概率不超过 0.025,则要求对电压的波动做何限制,即要求 $\sigma$ 不得超过多少?

2 – 28    设测量误差 $X$ 服从正态分布 $(0,10^2)$,试求在 100 次独立的重复测量中,至少有 3 次测量误差的绝对值大于 19.6 的概率 $\alpha$,并用泊松分布求出 $\alpha$ 的近似值.

2 – 29    设某仪器上装有三只独立工作的同型号电子元件,其寿命（单位:h）都服从同一指数分布,其中参数 $\lambda = \dfrac{1}{600}$,试求在仪器使用的最初 200 h 内,至少有一只元件损坏的概率.

2 – 30    求标准正态分布的上 $\alpha$ 分位点：

（1）$\alpha = 0.01$，求 $z_\alpha$；

（2）$\alpha = 0.003$，求 $z_\alpha, z_{\frac{\alpha}{2}}$.

2－31　已知随机变量 $X$ 的分布律为

| $X$ | $-2$ | $-1$ | $0$ | $1$ | $2$ |
|---|---|---|---|---|---|
| $P$ | 0.2 | 0.1 | 0.1 | 0.3 | 0.3 |

求 $Y = X^2 + X$ 的分布律.

2－32　设随机变量 $X$ 的分布律为

| $X$ | $1$ | $2$ | $3$ | $\cdots$ | $n$ | $\cdots$ |
|---|---|---|---|---|---|---|
| $P$ | $a$ | $a^2$ | $a^3$ | $\cdots$ | $a^n$ | $\cdots$ |

试确定常数 $a$，并求 $Y = \sin\left(\dfrac{\pi}{2}X\right)$ 的分布律.

2－33　假设一部机器在一天内发生故障的概率为 0.2，机器发生故障时全天停止工作. 若一周 5 个工作日里无故障，可获利润 10 万元；发生一次故障可获利润 5 万元；发生两次故障可获利润 0 元；发生三次或三次以上故障就要亏损 2 万元，求一周内利润的分布律.

2－34　（1）设随机变量 $X$ 服从正态分布 $N(10, 2^2)$，试求 $Y = 3X + 5$ 的分布；

（2）设随机变量 $X$ 服从正态分布 $N(0, 2^2)$，试求 $Y = -X$ 的分布.

2－35　设随机变量 $X$ 的概率密度函数为

$$f(x) = \begin{cases} e^{-x}, & x \geqslant 0 \\ 0, & x < 0 \end{cases}$$

求随机变量 $Y = e^X$ 的概率密度函数 $f_Y(y)$.

2－36　设随机变量 $X$ 服从均匀分布 $U(0,1)$，求 $Y = -2\ln X$ 的概率密度函数.

2－37　设随机变量 $X$ 的概率密度函数为

$$f(x) = \begin{cases} 1 - |x|, & -1 < x < 1 \\ 0, & \text{其他} \end{cases}$$

求随机变量 $Y = X^2 + 1$ 的分布函数与概率密度函数.

2－38　假设某工厂生产的零件的直径 $X$ 服从正态分布 $N(10, 1)$（单位：cm），零件的直径在 9～11 cm 之间的为合格品，每销售一个合格品可获利 10 元，销售一个直径小于 9 cm 的零件就没有利润，而销售一个直径大于 11 cm 的零件就要亏损 2 元，求工厂每销售一个零件所获得利润的概率分布.

2－39　设随机变量 $X$ 服从正态分布 $N(0,1)$，求：

（1）$Y = 2X^2 + 1$ 的概率密度函数；

（2）$Y = |X|$ 的概率密度函数.

2 - 40　设随机变量 $X$ 的概率密度函数为

$$f_X(x) = \begin{cases} \dfrac{2x}{\pi^2}, & 0 < x < \pi \\ 0, & \text{其他} \end{cases}$$

求 $Y = \sin X$ 的概率密度函数.

# 第3章 多维随机变量及其分布

在实际问题中,有一些试验的结果需要同时用两个或两个以上的随机变量来描述. 例如,舰船在海面航行的时候,舰船的位置由经度 $X$ 和纬度 $Y$ 来确定. 又如,在制订我国的服装标准时,需同时考虑人体的上身长、臂长、胸围、下肢长、腰围、臀围等多个变量. 对于同一个试验结果的各个随机变量之间,一般有某种联系,因而需要把它们作为一个整体来研究. 本章只重点介绍二维随机变量的情况,相关的结论可以推广到多于二维的情况.

## 3.1 二维随机变量及其分布

### 3.1.1 二维随机变量的概念

**定义1** 设 $S = \{e\}$ 为随机试验 $E$ 的样本空间,$X = X(e), Y = Y(e)$ 是定义在 $S$ 上的随机变量,则称有序数组 $(X, Y)$ 为二维随机变量或称为二维随机向量,称 $(X, Y)$ 的取值规律为二维分布(Two-dimension distribution)(图 3 – 1).

二维随机变量 $(X, Y)$ 的性质不仅与 $X$ 和 $Y$ 有关,而且还依赖于这两个随机变量的相互关系,因此仅仅研究 $X$ 或 $Y$ 的性质是不够的,还需要将 $(X, Y)$ 作为一个整体进行研究.

**定义2** 设 $(X, Y)$ 是二维随机变量,对于任意实数 $x, y$,称二元函数

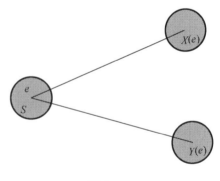

**图 3 – 1**

$$F(x, y) = P\{X \leqslant x\} \cap P\{Y \leqslant y\} = P\{X \leqslant x, Y \leqslant y\}$$

为二维随机变量 $(X, Y)$ 的分布函数,或称为 $(X, Y)$ 的联合分布函数(Unity distribution function).

如果把二维随机变量 $(X, Y)$ 看作平面上具有随机坐标 $(X, Y)$ 的点,那么分布函数 $F(X, Y)$ 在 $(x, y)$ 处的函数值就是随机点 $(X, Y)$ 落在以点 $(x, y)$ 为顶点而位于该点左下方的无穷矩形域内的概率(图 3 – 2).

依照上述解释,借助于图 3 – 3 容易算出随机点 $(X, Y)$ 落在矩形区域 $\{(X, Y) \mid x_1 < X \leqslant x_2, y_1 < Y \leqslant y_2\}$ 的概率为

$$P\{x_1 < X \leqslant x_2, y_1 < Y \leqslant y_2\} = F(x_2, y_2) - F(x_2, y_1) - F(x_1, y_2) + F(x_1, y_1)$$

$$(3-1)$$

二维随机变量的分布函数的性质(The properties of distribution function for two-dimension random variable) 如下:

(1) $0 \leqslant F(x, y) \leqslant 1$.

对于任意固定的 $y$ $\qquad F(-\infty, y) = \lim\limits_{x \to -\infty} F(x, y) = 0$

对于任意固定的 $x$ $\qquad F(x, -\infty) = \lim\limits_{y \to -\infty} F(x, y) = 0$

$$F(-\infty, -\infty) = \lim\limits_{\substack{x \to -\infty \\ y \to -\infty}} F(x, y) = 0, F(+\infty, +\infty) = \lim\limits_{\substack{x \to +\infty \\ y \to +\infty}} F(x, y) = 1$$

上述式子可以从几何上加以说明,例如,在图 3 - 3 中将无穷矩形的右面边界向左无限平移(即 $x \to -\infty$),则"随机点 $(X, Y)$ 落在这个矩形内"这一事件趋于不可能事件,故其概率趋于 0,即有 $F(x, -\infty) = \lim\limits_{y \to -\infty} F(x, y) = 0$;又如当 $x \to +\infty$,$y \to +\infty$ 时,图 3 - 2 中的无穷矩形扩展到全平面,随机点 $(X, Y)$ 落在其中这一事件趋于必然事件,故 $F(+\infty, +\infty) = 1$.

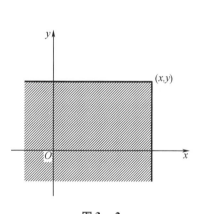

图 3 - 2

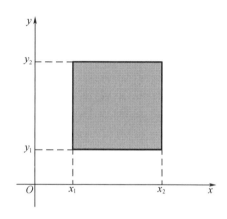

图 3 - 3

(2) $F(x, y)$ 是变量 $x, y$ 的不减函数,即对于任意固定的 $y$,当 $x_1 < x_2$ 时有 $F(x_1, y) \leqslant F(x_2, y)$;对于任意固定的 $x$,当 $y_1 < y_2$ 时有 $F(x, y_1) \leqslant F(x, y_2)$.

(3) $F(x, y)$ 关于每个变量是右连续的,即

$$F(x + 0, y) = F(x, y), F(x, y + 0) = F(x, y)$$

(4) 对于任意 $(x_1, y_1)$,$(x_2, y_2)$,$x_1 \leqslant x_2, y_1 \leqslant y_2$ 有下述不等式成立

$$F(x_2, y_2) - F(x_2, y_1) - F(x_1, y_2) + F(x_1, y_1) \geqslant 0$$

性质(1) ~ 性质(3) 为分布函数的基本性质,也是判断某二元函数是否为二维随机变量的分布函数的主要条件. 性质(4) 可由式(3 - 1) 及概率的非负性证得.

### 3.1.2　二维离散型随机变量的概率分布

**定义3**　如果二维随机变量$(X,Y)$可能取的值只有有限对或可列对,则称$(X,Y)$为二维离散型随机变量(Two-dimension discrete random variable).

显然,如果$(X,Y)$是二维离散型随机变量,则$X,Y$均为一维离散型随机变量;反之亦成立.

**定义4**　设二维离散型随机变量$(X,Y)$的所有可能取值为$(x_i,y_i)(i,j=1,2,\cdots)$,则称$P\{X=x_i,Y=y_j\}=p_{ij}(i,j=1,2,\cdots)$为$(X,Y)$的联合分布律(Unity distribution law)或称为$(X,Y)$的概率分布(Probability distribution).

二维离散型随机变量$(X,Y)$的联合分布有时也用如下的概率分布表来表示:

| $Y$ | $X$ | | | | |
|---|---|---|---|---|---|
| | $x_1$ | $x_2$ | $\cdots$ | $x_i$ | $\cdots$ |
| $y_1$ | $p_{11}$ | $p_{21}$ | $\cdots$ | $p_{i1}$ | $\cdots$ |
| $y_2$ | $p_{12}$ | $p_{22}$ | $\cdots$ | $p_{i2}$ | $\cdots$ |
| $\vdots$ | $\vdots$ | $\vdots$ | | $\vdots$ | |
| $y_j$ | $p_{1j}$ | $p_{2j}$ | $\cdots$ | $p_{ij}$ | $\cdots$ |
| $\vdots$ | $\vdots$ | $\vdots$ | | $\vdots$ | |

显然,$p_{ij}$具有以下性质:

(1)$p_{ij} \geqslant 0(i,j=1,2,\cdots)$;

(2)$\sum\limits_{i}\sum\limits_{j}p_{ij}=1$.

如果$(X,Y)$是二维离散型随机变量,那么它的分布函数为

$$F(x,y)=\sum_{x_i \leqslant x}\sum_{y_j \leqslant y}p_{ij}$$

这里和式是对一切满足不等式$x_i \leqslant x, y_j \leqslant y$的$i,j$来求和的.

**例1**　一个口袋中有大小形状相同的2个红球、4个白球,从袋中不放回地取两次球. 设随机变量

$$X=\begin{cases}0, & \text{表示第一次取红球} \\ 1, & \text{表示第一次取白球}\end{cases}, \quad Y=\begin{cases}0, & \text{表示第二次取红球} \\ 1, & \text{表示第二次取白球}\end{cases}$$

求$(X,Y)$的分布律及$F(0.5,1)$.

**解**　利用概率的乘法公式及条件概率定义,可得二维随机变量$(X,Y)$的联合分布律

$$P\{X=0,Y=0\}=P\{X=0\}P\{Y=0 \mid X=0\}=\frac{2}{6}\times\frac{1}{5}=\frac{1}{15}$$

$$P\{X = 0, Y = 1\} = P\{X = 0\}P\{Y = 1 \mid X = 0\} = \frac{2}{6} \times \frac{4}{5} = \frac{4}{15}$$

$$P\{X = 1, Y = 0\} = P\{X = 1\}P\{Y = 0 \mid X = 1\} = \frac{4}{6} \times \frac{2}{5} = \frac{4}{15}$$

$$P\{X = 1, Y = 1\} = P\{X = 1\}P\{Y = 1 \mid X = 1\} = \frac{4}{6} \times \frac{3}{5} = \frac{6}{15}$$

把$(X,Y)$的联合分布律写成表格的形式:

| Y | X | |
|---|---|---|
| | 0 | 1 |
| 0 | 1/15 | 4/15 |
| 1 | 4/15 | 6/15 |

$$F(0.5, 1) = P\{X = 0, Y = 0\} + P\{X = 0, Y = 1\} = \frac{1}{15} + \frac{4}{15} = \frac{1}{3}$$

### 3.1.3 二维连续型随机变量的概率分布

**定义5** 设$(X,Y)$是二维随机变量,若存在非负可积函数$f(x,y)$,使得对于任意实数$x,y$都有

$$F(x,y) = P\{X \leqslant x, Y \leqslant y\} = \int_{-\infty}^{x} \int_{-\infty}^{y} f(u,v)\mathrm{d}u\mathrm{d}v$$

则称$(X,Y)$为二维连续型随机变量(Two-dimension continuous random variable),函数$f(x,y)$称为二维连续型随机变量$(X,Y)$的联合概率密度函数(Unity probability density function),简称$(X,Y)$的概率密度、分布密度或密度函数.

二维概率密度函数具有以下性质:

$(1)f(x,y) \geqslant 0$;

$(2)\int_{-\infty}^{+\infty} \int_{-\infty}^{+\infty} f(x,y)\mathrm{d}x\mathrm{d}y = 1$;

$(3)P\{(X,Y) \in D\} = \iint\limits_{D} f(x,y)\mathrm{d}x\mathrm{d}y$,其中$D$为$XOY$平面上的任意一个区域;

(4) 如果二维连续型随机变量$(X,Y)$的概率密度函数$f(x,y)$连续,$(X,Y)$的分布函数为$F(x,y)$,则

$$\frac{\partial^2 F(x,y)}{\partial x \partial y} = f(x,y)$$

二元函数$z = f(x,y)$在几何上表示一个曲面,通常称这个曲面为分布曲面(Distribution curved surface).由性质(2)知,介于分布曲面和$xOy$平面之间空间区域的全部体积等于1;由

性质(3)知,$(X,Y)$落在区域$D$内的概率等于以$D$为底,曲面$z = f(x,y)$为顶的柱体体积.

这里的性质(1)、性质(2)是概率密度函数的基本性质. 我们不加证明地指出:任何一个二元实函数$f(x,y)$,若它满足性质(1)、性质(2),则它可以成为某二维连续型随机变量的概率密度函数.

下面介绍两个常见二维随机变量的分布.

(1) 二维均匀分布(Two-dimension uniform distribution)

设$(X,Y)$为二维随机变量,$G$是平面上的一个有界区域,其面积为$A(A > 0)$,又设

$$f(x,y) = \begin{cases} \dfrac{1}{A}, & 当(x,y) \in G \\ 0, & 当(x,y) \notin G \end{cases}$$

若$(X,Y)$的概率密度函数为上式定义的函数$f(x,y)$,则称二维随机变量$(X,Y)$在$G$上服从二维均匀分布. 可验证$f(x,y)$满足概率密度函数的两条基本性质.

(2) 二维正态分布(Two-dimension normal distribution)

若二维随机变量$(X,Y)$的概率密度函数为

$$f(x,y) = \frac{1}{2\pi\sigma_1\sigma_2\sqrt{1-\rho^2}}\exp\left\{\frac{-1}{2(1-\rho^2)}\left[\frac{(x-\mu_1)^2}{\sigma_1^2} - 2\rho\frac{(x-\mu_1)(y-\mu_2)}{\sigma_1\sigma_2} + \frac{(y-\mu_2)^2}{\sigma_2^2}\right]\right\}$$
$$(-\infty < x < +\infty, -\infty < y < +\infty)$$

其中$\mu_1,\mu_2,\sigma_1,\sigma_2,\rho$都是常数,且$\sigma_1 > 0,\sigma_2 > 0,|\rho| < 1$,则称$(X,Y)$服从二维正态分布$N(\mu_1,\sigma_1^2;\mu_2,\sigma_2^2;\rho)$. 可以证明$f(x,y)$满足概率密度函数的两条基本性质.

例如,$\mu_1 = \mu_2 = 1,\sigma_1^2 = \sigma_2^2 = 1,\rho = 0$,其图像如图3－4所示.

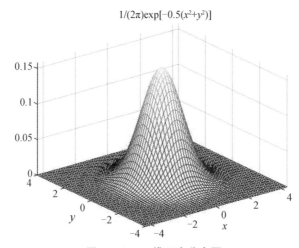

$1/(2\pi)\exp[-0.5(x^2+y^2)]$

图3－4　二维正态分布图

# 3.2 边 缘 分 布

### 3.2.1 边缘分布的概念

作为 $X, Y$ 整体的二维随机变量 $(X, Y)$ 的取值情况,可由它的联合分布函数 $F(x, y)$ 或它的联合概率密度函数 $f(x, y)$ 全面地描述. 由于 $X, Y$ 都是随机变量,因此也可以单独考虑某一个随机变量的概率分布问题.

**定义 1** 设 $(X, Y)$ 是二维随机变量,称分量 $X$ 的概率分布为 $(X, Y)$ 关于 $X$ 的边缘分布 ( Marginal distribution );分量 $Y$ 的概率分布为 $(X, Y)$ 关于 $Y$ 的边缘分布. 它们的分布函数与概率密度函数分别记作 $F_X(x)$, $F_Y(y)$ 与 $f_X(x)$, $f_Y(x)$.

由于 $(X, Y)$ 的联合分布全面地描述了 $(X, Y)$ 的取值情况,因此当已知 $(X, Y)$ 的联合分布时,容易求得关于 $X$ 或关于 $Y$ 的边缘分布. 事实上

$$F_X(x) = P\{X \leq x\} = P\{X \leq x, Y < +\infty\} = F(x, +\infty)$$

即 $F_X(x) = F(x, +\infty)$,只要在 $F(x, y)$ 中令 $y \to +\infty$ 即能得到 $F_X(x)$;同理 $F_Y(y) = F(+\infty, y)$.

### 3.2.2 二维离散型随机变量的边缘分布

若已知 $P\{X = x_i, Y = y_j\} = p_{ij}(i, j = 1, 2, \cdots)$,则随机变量 $(X, Y)$ 关于 $X$ 的边缘分布如下:

$$\begin{aligned}
P\{X = x_i\} &= P\left\{X = x_i, \sum_{j=1}^{+\infty}(Y = y_j)\right\} \\
&= P\left\{\bigcup_{j=1}^{+\infty}(X = x_i, Y = y_j)\right\} = \sum_{j=1}^{+\infty} P\{(X = x_i, Y = y_j)\} \\
&= \sum_{j=1}^{+\infty} p_{ij}
\end{aligned}$$

同样得到 $(X, Y)$ 关于 $Y$ 的边缘分布:

$$P\{Y = y_j\} = \sum_{i=1}^{+\infty} p_{ij} \quad (i, j = 1, 2, \cdots)$$

记 $p_{i \cdot} = \sum_{j=1}^{+\infty} p_{ij}$, $p_{\cdot j} = \sum_{i=1}^{+\infty} p_{ij}$(注意,记号 $p_{i \cdot}$ 中的"·"是由 $p_{ij}$ 关于 $j$ 求和得到的,同理 $p_{\cdot j}$ 中的"·"是由 $p_{ij}$ 关于 $i$ 求和得到的).

所以关于 $X$ 的边缘分布律如下:

| $X$ | $x_1$ | $x_2$ | $\cdots$ | $x_i$ | $\cdots$ |
|---|---|---|---|---|---|
| $P$ | $p_{1\cdot}$ | $p_{2\cdot}$ | $\cdots$ | $p_{i\cdot}$ | $\cdots$ |

关于 $Y$ 的边缘分布律如下：

| $Y$ | $y_1$ | $y_2$ | $\cdots$ | $y_j$ | $\cdots$ |
|---|---|---|---|---|---|
| $P$ | $p_{\cdot 1}$ | $p_{\cdot 2}$ | $\cdots$ | $p_{\cdot j}$ | $\cdots$ |

**例 1**　设随机变量 $X$ 在 $1,2,3,4$ 四个整数中等可能取值，另一随机变量 $Y$ 在 $1 \sim X$ 等可能取整数值，试求 $(X,Y)$ 的分布律以及其边缘分布律.

**解**　随机变量 $X,Y$ 的可能取值为 $1,2,3,4$，由于

$$P\{X = i, Y = j\} = P\{X = i\}P\{Y = j \mid x = i\} = \frac{1}{4i} \quad (1 \leqslant j \leqslant i \leqslant 4)$$

因此得到 $(X,Y)$ 的联合分布律、边缘分布律如下：

| $X$ | $Y$ | | | | $P\{X = i\}$ |
|---|---|---|---|---|---|
|  | 1 | 2 | 3 | 4 |  |
| 1 | 1/4 | 0 | 0 | 0 | 1/4 |
| 2 | 1/8 | 1/8 | 0 | 0 | 1/4 |
| 3 | 1/12 | 1/12 | 1/12 | 0 | 1/4 |
| 4 | 1/16 | 1/16 | 1/16 | 1/16 | 1/4 |
| $P\{Y = j\}$ | 25/48 | 13/48 | 7/48 | 3/48 | 1 |

我们将边缘分布律写在联合分布表格的边缘，这也是"边缘分布律"这个名词的来历.

### 3.2.3　二维连续型随机变量的边缘分布

对于二维连续型随机变量 $(X,Y)$，其概率密度函数为 $f(x,y)$，由于

$$F_X(x) = F(x, +\infty) = \int_{-\infty}^{x} \left[ \int_{-\infty}^{+\infty} f(x,y)\,\mathrm{d}y \right]\mathrm{d}x$$

因此可推得如下定理.

**定理 1**　设 $f(x,y)$ 是 $(X,Y)$ 的概率密度函数，则

$$f_X(x) = \int_{-\infty}^{+\infty} f(x,y)\,\mathrm{d}y, \quad f_Y(y) = \int_{-\infty}^{+\infty} f(x,y)\,\mathrm{d}x$$

分别是$(X,Y)$关于$X,Y$的边缘概率密度函数(Marginal probability density function).

**例2** 设$(X,Y)$的概率密度函数为$f(x,y)$,且

$$f(x,y) = \begin{cases} 8xy, & 0 \leqslant x \leqslant 1, 0 \leqslant y \leqslant x \\ 0, & \text{其他} \end{cases}$$

分别求$X,Y$的边缘概率密度函数.

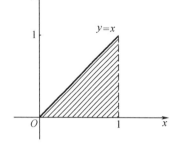

**解** 如图$3-5$所示,当$0 \leqslant x \leqslant 1$时,有

$$f_X(x) = \int_{-\infty}^{+\infty} f(x,y)\,\mathrm{d}y = \int_0^x 8xy\,\mathrm{d}y$$
$$= 4x^3$$

因此

$$f_X(x) = \begin{cases} 4x^3, & 0 \leqslant x \leqslant 1 \\ 0, & \text{其他} \end{cases}$$

图$3-5$

当$0 \leqslant y \leqslant 1$时,有

$$f_Y(y) = \int_{-\infty}^{+\infty} f(x,y)\,\mathrm{d}x = \int_y^1 8xy\,\mathrm{d}x = 4y(1-y^2)$$

因此

$$f_Y(y) = \begin{cases} 4y(1-y^2), & 0 \leqslant y \leqslant 1 \\ 0, & \text{其他} \end{cases}$$

**例3** 求二维正态分布的边缘分布.

**解** 由于

$$f_X(x) = \int_{-\infty}^{+\infty} f(x,y)\,\mathrm{d}y$$

$$\frac{(y-\mu_2)^2}{\sigma_2^2} - 2\rho\frac{(x-\mu_1)(y-\mu_2)}{\sigma_1\sigma_2} = \left[\frac{(y-\mu_2)}{\sigma_2} - \rho\frac{(x-\mu_1)}{\sigma_1}\right]^2 - \rho^2\frac{(x-\mu_1)^2}{\sigma_1^2}$$

于是

$$f_X(x) = \frac{1}{2\pi\sigma_1\sigma_2\sqrt{1-\rho^2}}\mathrm{e}^{-\frac{(x-\mu_1)^2}{2\sigma_1^2}}\int_{-\infty}^{+\infty}\mathrm{e}^{-\frac{1}{2(1-\rho^2)}\left[\frac{(y-\mu_2)}{\sigma_2}-\rho\frac{(x-\mu_1)}{\sigma_1}\right]^2}\,\mathrm{d}y$$

令$t = \dfrac{1}{\sqrt{1-\rho^2}}\left(\dfrac{y-\mu_2}{\sigma_2} - \rho\dfrac{x-\mu_1}{\sigma_1}\right)$,则有

$$f_X(x) = \frac{1}{2\pi\sigma_1}\mathrm{e}^{-\frac{(x-\mu_1)^2}{2\sigma_1^2}}\int_{-\infty}^{+\infty}\mathrm{e}^{-\frac{t^2}{2}}\,\mathrm{d}t$$

即

$$f_X(x) = \frac{1}{\sqrt{2\pi}\sigma_1}\mathrm{e}^{-\frac{(x-\mu_1)^2}{2\sigma_1^2}}, \quad -\infty < x < +\infty$$

同理

$$f_Y(y) = \frac{1}{\sqrt{2\pi}\sigma_2}\mathrm{e}^{-\frac{(y-\mu_2)^2}{2\sigma_2^2}}, \quad -\infty < y < +\infty$$

二维正态分布的两个边缘分布都是一维正态分布,并且不依赖于参数 $\rho$,即对于给定的 $\mu_1,\mu_2,\sigma_1,\sigma_2$,不同的 $\rho$ 对应不同的二维正态分布,它的边缘分布却都是一样的,这一事实表明,单有 $X$ 和 $Y$ 的边缘分布不能确定 $(X,Y)$ 的联合分布.

# 3.3 条 件 分 布

描述二维随机变量 $(X,Y)$ 整体的统计规律用联合分布;描述单个随机变量的统计规律用边缘分布,当一个随机变量取定一个值,在此条件下考虑另一个随机变量的统计规律,就是所谓的条件分布(Conditional distribution).

### 3.3.1 二维离散型随机变量的条件分布

设 $(X,Y)$ 是二维离散型随机变量,其分布率为

$$P\{X = x_i, Y = y_j\} = p_{ij} \quad (i,j = 1,2,\cdots)$$

随机变量 $(X,Y)$ 关于 $X$ 和 $Y$ 的边缘分布率为

$$P\{X = x_i\} = p_{i.} = \sum_{j=1}^{\infty} p_{ij} \quad (i = 1,2,\cdots)$$

$$P\{Y = y_j\} = p_{.j} = \sum_{i=1}^{\infty} p_{ij} \quad (j = 1,2,\cdots)$$

设 $p_{.j} > 0$,我们考虑事件 $\{Y = y_j\}$ 已经发生的条件下事件 $\{X = x_i\}$ 发生的概率,由条件概率公式可得

$$P\{X = x_i \mid Y = y_j\} = \frac{P\{X = x_i, Y = y_j\}}{P\{Y = y_j\}} = \frac{p_{ij}}{p_{.j}} \quad (i = 1,2,\cdots)$$

易知上述条件概率具有分布律的性质:

(1) $P\{X = x_i \mid Y = y_j\} \geqslant 0$;

(2) $\sum_{i=1}^{\infty} P\{X = x_i \mid Y = y_j\} = \sum_{i=1}^{\infty} \frac{p_{ij}}{p_{.j}} = \frac{1}{p_{.j}} \sum_{i=1}^{\infty} p_{ij} = \frac{p_{.j}}{p_{.j}} = 1.$

于是我们引入下面的定义.

**定义 1** 设 $(X,Y)$ 是二维离散型随机变量,对于固定的 $j$,若 $P\{Y = y_j\} > 0$,则称

$$P\{X = x_i \mid Y = y_j\} = \frac{P\{X = x_i, Y = y_j\}}{P\{Y = y_j\}} = \frac{p_{ij}}{p_{.j}} \quad (i = 1,2,\cdots)$$

为 $Y = y_j$ 条件下随机变量 $X$ 的条件分布律.

同样,对于固定的 $i$,若 $P\{X = x_i\} > 0$,则称

$$P\{Y = y_j \mid X = x_i\} = \frac{P\{X = x_i, Y = y_j\}}{P\{X = x\}} = \frac{P_{ij}}{p_{i\cdot}} \quad (j = 1, 2, \cdots)$$

为在 $X = x_i$ 条件下随机变量 $Y$ 的条件分布律.

条件分布律就是在边缘分布率的基础上都加上"另一个随机变量取定某值"这个条件.

**例1** 在一汽车工厂中,一辆汽车有两道工序是由机器人完成的. 其一是紧固3只螺栓,其二是焊接2处焊点. 以 $X$ 表示由机器人紧固的螺栓紧固不良的数目,以 $Y$ 表示由机器人焊接的不良焊点的数目,据积累的资料知 $(X, Y)$ 具有如下分布律:

| $Y$ | $X$ | | | | $P\{Y = j\}$ |
| --- | --- | --- | --- | --- | --- |
| | 0 | 1 | 2 | 3 | |
| 0 | 0.840 | 0.030 | 0.020 | 0.010 | 0.900 |
| 1 | 0.060 | 0.010 | 0.008 | 0.002 | 0.080 |
| 2 | 0.010 | 0.005 | 0.004 | 0.001 | 0.020 |
| $P\{X = i\}$ | 0.910 | 0.045 | 0.032 | 0.013 | 1 |

求:(1) 在 $X = 1$ 的条件下,$Y$ 的条件分布律;(2) 在 $Y = 0$ 的条件下,$X$ 的条件分布律.

**解** $P\{X = 1\} = 0.045$,在 $X = 1$ 的条件下,$Y$ 的条件分布律为

$$P\{Y = 0 \mid X = 1\} = 0.030/0.045$$
$$P\{Y = 1 \mid X = 1\} = 0.010/0.045$$
$$P\{Y = 2 \mid X = 1\} = 0.005/0.045$$

或写成

| $Y$ | 0 | 1 | 2 |
| --- | --- | --- | --- |
| $P\{Y = k \mid X = 1\}$ | 6/9 | 2/9 | 1/9 |

同样可得在 $Y = 0$ 的条件下,$X$ 的条件分布律为

| $X$ | 0 | 1 | 2 | 3 |
| --- | --- | --- | --- | --- |
| $P\{X = k \mid Y = 0\}$ | 84/90 | 3/90 | 2/90 | 1/90 |

**例2** 一射手进行射击,击中目标的概率为 $p(0 < p < 1)$,射击直至击中目标两次为止,设以 $X$ 表示首次击中目标所进行的射击次数,以 $Y$ 表示总共进行的射击次数,试求 $(X, Y)$ 的分布律和条件分布律.

**解** 随机变量 $(X, Y)$ 的分布律为

$$P\{X = m, Y = n\} = p^2 q^{n-2} \quad (q = 1 - p; n = 2, 3, \cdots; m = 1, 2, \cdots, n - 1)$$

$X$ 的边缘分布律为

$$P\{X = m\} = \sum_{n=m+1}^{\infty} P\{X = m, Y = n\} = \sum_{n=m+1}^{\infty} p^2 q^{n-2} = pq^{m-1} \quad (m = 1, 2, \cdots)$$

$Y$ 的边缘分布律为

$$P\{Y = n\} = \sum_{m=1}^{n-1} P\{X = m, Y = n\} = \sum_{m=1}^{n-1} p^2 q^{n-2} = (n-1)p^2 q^{n-2} \quad (n = 2, 3, \cdots)$$

于是对每一 $n(n = 2, 3, \cdots)$，$P\{Y = n\} > 0$，在 $Y = n$ 的条件下，$X$ 的分布律为

$$P\{X = m \mid Y = n\} = \frac{p^2 q^{n-2}}{(n-1)p^2 q^{n-2}} = \frac{1}{n-1} \quad (m = 1, 2, \cdots, n-1)$$

对每一 $m(m = 1, 2, \cdots)$，$P\{X = m\} > 0$，在 $X = m$ 条件下，$Y$ 的分布律为

$$P\{Y = n \mid X = m\} = \frac{p^2 q^{n-2}}{pq^{m-1}} = pq^{n-m-1} \quad (n = m+1, m+2, \cdots)$$

### 3.3.2 二维连续型随机变量的条件分布

设 $(X, Y)$ 是二维连续型随机变量，这时由于对任意的 $x, y$ 有 $P\{X = x\} = 0$，$P\{Y = y\} = 0$，因此不能直接用条件概率公式引入"条件分布函数"了. 考虑

$$P\{X \leqslant x \mid y < Y \leqslant y + \varepsilon\} = \frac{P\{X \leqslant x, y < Y \leqslant y + \varepsilon\}}{P\{y < Y \leqslant y + \varepsilon\}}$$

$$= \frac{\int_{-\infty}^{x} \left[\int_{y}^{y+\varepsilon} f(x, y)\,\mathrm{d}y\right]\mathrm{d}x}{\int_{y}^{y+\varepsilon} f_Y(y)\,\mathrm{d}y}$$

当 $\varepsilon$ 很小时，在某些条件下有

$$P\{X \leqslant x \mid y < Y \leqslant y + \varepsilon\} \approx \frac{\int_{-\infty}^{x} \varepsilon f(x, y)\,\mathrm{d}x}{\varepsilon f_Y(y)} = \int_{-\infty}^{x} \frac{f(x, y)}{f_Y(y)}\,\mathrm{d}x$$

**定义 2** 设 $(X, Y)$ 的概率密度函数为 $f(x, y)$，$f_Y(y)$ 为 $Y$ 的边缘概率密度函数，对于固定的 $y$，$f_Y(y) > 0$，$\dfrac{f(x, y)}{f_Y(y)}$ 为在 $Y = y$ 条件下 $X$ 的条件概率密度函数，记为

$$f_{X \mid Y}(x \mid y) = \frac{f(x, y)}{f_Y(y)}$$

同样有

$$f_{Y \mid X}(y \mid x) = \frac{f(x, y)}{f_X(x)}$$

并称

$$F_{X \mid Y}(x \mid y) = P\{X \leqslant x \mid Y = y\} = \int_{-\infty}^{x} f_{X \mid Y}(x \mid y)\,\mathrm{d}x$$

为在 $Y = y$ 条件下 $X$ 的条件分布函数.

同样,有 $F_{Y|X}(y|x) = P\{Y \leqslant x | X = x\} = \int_{-\infty}^{y} f_{Y|X}(y|x)\mathrm{d}y.$

**例3** 设数 $X$ 在区间 $(0,1)$ 上随机取值,当观察到 $X = x(0 < x < 1)$ 时,数 $Y$ 在 $(x,1)$ 上随机取值,求 $Y$ 的概率密度函数 $f_Y(y)$.

**解**
$$f_X(x) = \begin{cases} 1, & 0 < x < 1 \\ 0, & \text{其他} \end{cases}$$

对任意 $x(0 < x < 1)$,有

$$f_{Y|X}(y|x) = \begin{cases} \dfrac{1}{1-x}, & x < y < 1 \\ 0, & \text{其他} \end{cases}$$

因此,$(X,Y)$ 的联合概率密度函数为

$$f(x,y) = f_{Y|X}(y|x)f_X(x) = \begin{cases} \dfrac{1}{1-x}, & 0 < x < y < 1 \\ 0, & \text{其他} \end{cases}$$

所以

$$f_Y(y) = \int_{-\infty}^{+\infty} f(x,y)\mathrm{d}x = \begin{cases} \int_0^y \dfrac{1}{1-x}\mathrm{d}x = -\ln(1-y), & 0 < y < 1 \\ 0, & \text{其他} \end{cases}$$

**例4** 二维随机变量 $(X,Y)$ 在单位圆内均匀分布,求条件概率密度函数 $f_{X|Y}(x|y)$.

**解** 由于 $(X,Y)$ 在单位圆内均匀分布,故概率密度函数为

$$f(x,y) = \begin{cases} \dfrac{1}{\pi}, & x^2 + y^2 < 1 \\ 0, & \text{其他} \end{cases}$$

$Y$ 的边缘概率密度函数为

$$f_Y(y) = \int_{-\infty}^{+\infty} f(x,y)\mathrm{d}x = \begin{cases} \dfrac{1}{\pi}\int_{-\sqrt{1-y^2}}^{\sqrt{1-y^2}}\mathrm{d}x = \dfrac{2}{\pi}\sqrt{1-y^2}, & -1 < y < 1 \\ 0, & \text{其他} \end{cases}$$

于是当 $-1 < y < 1$ 时,$X$ 的条件概率密度函数为

$$f_{X|Y}(x|y) = \begin{cases} \dfrac{1/\pi}{2\sqrt{1-y^2}/\pi} = \dfrac{1}{2\sqrt{1-y^2}}, & |x| < \sqrt{1-y^2} \\ 0, & \text{其他} \end{cases}$$

当 $y = 0, y = 0.5$ 时,$f_{X|Y}(x|y)$ 的图形分别如图 3-6、图 3-7 所示.

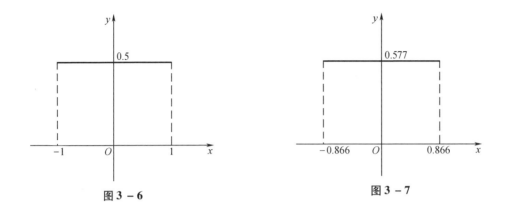

图 3－6                         图 3－7

# 3.4   相互独立的随机变量

**定义 1**    设 $(X,Y)$ 是二维随机变量,如果对于任意 $x,y$ 有
$$P\{X \leqslant x, Y \leqslant y\} = P\{X \leqslant x\}P\{Y \leqslant y\}$$
则称随机变量 $X$ 与 $Y$ 是相互独立(Independence mutually)的.

如果记 $A = \{X \leqslant x\}, B = \{Y \leqslant y\}$, 那么上式为 $P(AB) = P(A)P(B)$, 可见, $X,Y$ 的相互独立的定义与两个事件相互独立的定义是一致的. 由 $(X,Y)$ 的分布函数、边缘分布函数的定义,可得 $F(x,y) = F_X(x)F_Y(y)$, 该式可用来判断 $X,Y$ 的相互独立性.

**定理 1**    设 $(X,Y)$ 是二维离散型随机变量, $p_{ij}, p_{i\cdot}, p_{\cdot j}$ 依次是 $(X,Y), X, Y$ 的概率分布,则 $X,Y$ 相互独立的充要条件是:对于 $(X,Y)$ 所有可能的取值 $(x_i, y_j)$ $(i,j = 1,2,\cdots)$, 都有 $P\{X = x_i, Y = y_j\} = P\{X = x_i\}P\{Y = y_j\}$, 即对所有的 $i,j$, 都有 $p_{ij} = p_{i\cdot}p_{\cdot j}$.

**定理 2**    设 $(X,Y)$ 是二维连续型随机变量, $f(x,y), f_X(x), f_Y(y)$ 分别是联合概率密度函数与边缘概率密度函数,则 $X,Y$ 相互独立的充要条件是:对任意的实数 $x,y$, 都有 $f(x,y) = f_X(x)f_Y(y)$.

**例 1**    设 $(X,Y)$ 的联合分布律为

| $Y$ | $X$ | | | |
|---|---|---|---|---|
| | 0 | 1 | 2 | 3 |
| 0 | 1/27 | 1/9 | 1/9 | 1/27 |
| 1 | 1/9 | 2/9 | 1/9 | 0 |
| 2 | 1/9 | 1/9 | 0 | 0 |
| 3 | 1/27 | 0 | 0 | 0 |

试求 $(X,Y)$ 关于 $X$ 和关于 $Y$ 的边缘分布,并判断 $X,Y$ 是否相互独立?

**解**　由边缘分布律的定义,可计算 $X,Y$ 的边缘分布律如下:

| $Y$ | $X$ | | | | $P\{Y=j\}$ |
|---|---|---|---|---|---|
| | 0 | 1 | 2 | 3 | |
| 0 | 1/27 | 1/9 | 1/9 | 1/27 | 8/27 |
| 1 | 1/9 | 2/9 | 1/9 | 0 | 12/27 |
| 2 | 1/9 | 1/9 | 0 | 0 | 6/27 |
| 3 | 1/27 | 0 | 0 | 0 | 1/27 |
| $P\{X=i\}$ | 8/27 | 12/27 | 6/27 | 1/27 | 1 |

由于 $p_{11} = P\{X=0,Y=0\} = \dfrac{1}{27}$,而 $p_1. p_{·1} = \dfrac{8}{27} \times \dfrac{8}{27} = \dfrac{64}{729} \neq \dfrac{1}{27}$,所以 $X,Y$ 互不独立.

**例2**　设二维随机变量具有概率密度函数

$$f(x,y) = \begin{cases} Ce^{-2(x+y)}, & 0 < x < +\infty, 0 < y < +\infty \\ 0, & \text{其他} \end{cases}$$

试求:

(1) 常数 $C$;

(2) $(X,Y)$ 落在如图 $3-8$ 所示的三角区域 $D$ 内的概率;

(3) 关于 $X$ 和关于 $Y$ 的边缘分布,并判断 $X,Y$ 是否相互独立.

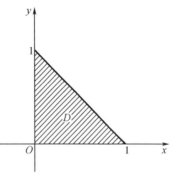

图 $3-8$

**解**　(1) $1 = \displaystyle\int_{-\infty}^{+\infty} \int_{-\infty}^{+\infty} f(x,y)\mathrm{d}x\mathrm{d}y$

$= \displaystyle\int_{0}^{+\infty} \int_{0}^{+\infty} Ce^{-2(x+y)} \mathrm{d}x\mathrm{d}y$

$= C\displaystyle\int_{0}^{+\infty} e^{-2x}\mathrm{d}x \int_{0}^{+\infty} e^{-2y}\mathrm{d}y = \dfrac{C}{4}$

解得 $C = 4$.

(2) $P\{(X,Y) \in D\} = \displaystyle\iint_{D} f(x,y)\mathrm{d}x\mathrm{d}y = \int_{0}^{1}\mathrm{d}x\int_{0}^{1-x} 4e^{-2(x+y)}\mathrm{d}y = 1 - 3e^{-2}$

(3) 关于 $X$ 的边缘概率密度函数为

$$f_X(x) = \int_{-\infty}^{+\infty} f(x,y)\mathrm{d}y$$

当 $x \leqslant 0$ 时,有

$$f_X(x) = 0$$

当 $x > 0$ 时，有

$$f_X(x) = \int_{-\infty}^{+\infty} f(x,y) \mathrm{d}y = \int_0^{+\infty} 4\mathrm{e}^{-2(x+y)} \mathrm{d}y = 2\mathrm{e}^{-2x}$$

故有

$$f_X(x) = \begin{cases} 2\mathrm{e}^{-2x}, & x > 0 \\ 0, & x \leqslant 0 \end{cases}$$

同理可求得关于 $Y$ 的边缘概率密度函数为

$$f_Y(y) = \begin{cases} 2\mathrm{e}^{-2y}, & y > 0 \\ 0, & y \leqslant 0 \end{cases}$$

因为对任意的实数 $x,y$，都有 $f(x,y) = f_X(x)f_Y(y)$，所以随机变量 $X,Y$ 相互独立.

**例 3** 设 $(X,Y)$ 服从区域 $D$（图 3 – 9）上的均匀分布，求关于 $X$ 和关于 $Y$ 的边缘分布，并判断 $X,Y$ 是否相互独立.

**解** 由均匀分布的定义，$(X,Y)$ 的联合概率密度函数为

$$f(x,y) = \begin{cases} 1, & (x,y) \in D \\ 0, & \text{其他} \end{cases}$$

关于 $X$ 的边缘概率密度函数为

$$f_X(x) = \int_{-\infty}^{+\infty} f(x,y)\mathrm{d}y = \begin{cases} \int_0^{2(1-x)} \mathrm{d}y = 2(1-x), & 0 < x < 1 \\ 0, & \text{其他} \end{cases}$$

关于 $Y$ 的边缘概率密度函数为

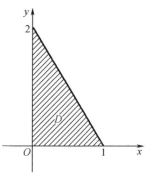

图 3 – 9

$$f_Y(y) = \int_{-\infty}^{+\infty} f(x,y)\mathrm{d}x = \begin{cases} \int_0^{1-\frac{y}{2}} \mathrm{d}x = 1 - \dfrac{y}{2}, & 1 < y < 2 \\ 0, & \text{其他} \end{cases}$$

在 $f(x,y), f_X(x), f_Y(y)$ 的连续点 $\left(\dfrac{1}{2}, \dfrac{3}{2}\right)$ 处，由于

$$f\left(\frac{1}{2}, \frac{3}{2}\right) = 1 \neq f_X\left(\frac{1}{2}\right) f_Y\left(\frac{3}{2}\right) = 1 \times \frac{1}{4} = \frac{1}{4}$$

所以 $X,Y$ 不相互独立.

**例 4** 证明：对于二维正态随机变量 $(X,Y)$，$X$ 和 $Y$ 相互独立的充要条件是 $\rho = 0$.

**证明** 由 3.2 节例 3 知

$$f(x,y) = \frac{1}{2\pi\sigma_1\sigma_2\sqrt{1-\rho^2}} \exp\left\{\frac{-1}{2(1-\rho^2)}\left[\frac{(x-\mu_1)^2}{\sigma_1^2} - 2\rho\frac{(x-\mu_1)(y-\mu_2)}{\sigma_1\sigma_2} + \frac{(y-\mu_2)^2}{\sigma_2^2}\right]\right\}$$

$$f_X(x)f_Y(y) = \frac{1}{2\pi\sigma_1\sigma_2} \exp\left\{-\frac{1}{2}\left[\frac{(x-\mu_1)^2}{\sigma_1^2} + \frac{(y-\mu_2)^2}{\sigma_2^2}\right]\right\}$$

如果 $\rho = 0$, 则对所有 $x, y$ 有 $f(x, y) = f_X(x)f_Y(y)$; 反之, 若 $X$ 和 $Y$ 相互独立, 由于 $f(x, y)$, $f_X(x)$, $f_Y(y)$ 都是连续函数, 对所有 $x, y$ 有 $f(x, y) = f_X(x)f_Y(y)$, 特别地有 $f(\mu_1, \mu_2) = f_X(\mu_1)f_Y(\mu_2)$, 因此

$$\frac{1}{2\pi\sigma_1\sigma_2\sqrt{1-\rho^2}} = \frac{1}{2\pi\sigma_1\sigma_2}$$

由此推得

$$\rho = 0$$

# 3.5 二维随机变量函数的分布

下面讨论两个随机变量函数的分布问题, 即已知二维随机变量 $(X, Y)$ 的分布律或概率密度函数, 求 $Z = g(X, Y)$ 的分布律或概率密度函数问题.

### 3.5.1 二维离散型随机变量函数的分布

设 $(X, Y)$ 为二维离散型随机变量, 则函数 $Z = g(X, Y)$ 仍然是离散型随机变量.

**步骤 1** 求出 $Z = g(X, Y)$ 的可能取值 $z_1, z_2, \cdots$, 其中 $z_i = g(x_i, y_i)$;

**步骤 2** 求每个可能取值的概率 $P\{Z = z_i\}$.

**例 1** 设二维随机变量 $(X, Y)$ 的联合分布律如下:

| $X$ | $Y$ | | |
| --- | --- | --- | --- |
| | $-2$ | $-1$ | $0$ |
| $-1$ | 1/12 | 2/12 | 2/12 |
| $1/2$ | 1/12 | 1/12 | 0 |
| $3$ | 3/12 | 0 | 2/12 |

求以下函数的分布律: (1) $X + Y$; (2) $X - Y$; (3) $X^2 + Y - 2$.

**解** (1) $X + Y$ 的可能取值为 $-3, -2, -1, -3/2, -1/2, \frac{1}{2}, 1, 2, 3$, 列表如下:

| $X + Y$ | $-3$ | $-2$ | $-1$ | $-3/2$ | $-1/2$ | $\frac{1}{2}$ | $1$ | $2$ | $3$ |
| --- | --- | --- | --- | --- | --- | --- | --- | --- | --- |
| $P$ | 1/12 | 2/12 | 2/12 | 1/12 | 1/12 | 0 | 3/12 | 0 | 2/12 |

（2）同理可求得 $X - Y$ 的分布律如下：

| $X - Y$ | – 1 | 0 | 1 | $\frac{1}{2}$ | 3/2 | 5/2 | 3 | 4 | 5 |
|---|---|---|---|---|---|---|---|---|---|
| $P$ | 2/12 | 2/12 | 1/12 | 0 | 1/12 | 1/12 | 2/12 | 0 | 3/12 |

（3）$X^2 + Y - 2$ 的分布律如下：

| $X^2 + Y - 2$ | – 15/4 | – 3 | – 11/4 | $-\frac{7}{4}$ | – 2 | – 1 | 5 | 6 | 7 |
|---|---|---|---|---|---|---|---|---|---|
| $P$ | 1/12 | 1/12 | 1/12 | 0 | 2/12 | 2/12 | 3/12 | 0 | 2/12 |

**例 2**　设 $X, Y$ 是相互独立的随机变量,分别服从参数为 $\lambda_1$ 和 $\lambda_2$ 的泊松分布,证明:$Z = X + Y$ 服从参数为 $\lambda_1 + \lambda_2$ 的泊松分布.

**证明**　$Z = 0, 1, 2\cdots$ ,则

$$P\{Z = i\} = \sum_{k=0}^{i} P\{X = k, Y = i - k\} = \sum_{k=0}^{i} P\{X = k\} P\{Y = i - k\}$$

$$= \frac{\mathrm{e}^{-(\lambda_1 + \lambda_2)}}{i!} \sum_{k=0}^{i} \mathrm{C}_i^k \lambda_1^k \lambda_2^{i-k} = \frac{(\lambda_1 + \lambda_2)^i \mathrm{e}^{-(\lambda_1 + \lambda_2)}}{i!} \quad (i = 0, 1, 2\cdots)$$

### 3.5.2　二维连续型随机变量函数的分布

设 $(X, Y)$ 为二维连续型随机变量,若其函数 $Z = g(X, Y)$ 仍然是连续型随机变量,则存在概率密度函数 $f_Z(z)$. 求概率密度函数 $f_Z(z)$ 的一般方法如下.

**步骤 1**　求出 $Z = g(X, Y)$ 的分布函数

$$F_Z(z) = P\{Z \leqslant z\} = P\{g(X, Y) \leqslant z\} = P\{(X, Y) \in G\}$$

$$= \iint\limits_{G} f(u, v) \mathrm{d}u\mathrm{d}v$$

其中 $f(x, y)$ 是联合概率密度函数,$G = \{(x, y) \mid g(x, y) \leqslant z\}$.

**步骤 2**　利用 $f_Z(z) = F_Z'(z)$ 得到 $f_Z(z)$.

下面讨论几个具体的随机变量函数的分布.

（1）$Z = X + Y$ 的分布

设 $(X, Y)$ 的概率密度函数为 $f(x, y)$,则 $Z = X + Y$ 的分布函数为

$$F_Z(z) = P\{Z \leqslant z\} = \iint\limits_{x+y \leqslant z} f(x, y) \mathrm{d}x\mathrm{d}y$$

这里积分区域 $G: x + y \leqslant z$ 是直线 $x + y = z$ 左下方的半平面,如图 3 – 10 所示,化成累次积分得

$$F_Z(z) = \iint\limits_D f(x,y)\,\mathrm{d}x\mathrm{d}y = \iint\limits_{x+y\leqslant z} f(x,y)\,\mathrm{d}x\mathrm{d}y = \int_{-\infty}^{+\infty}\left[\int_{-\infty}^{z-y} f(x,y)\,\mathrm{d}x\right]\mathrm{d}y$$

固定 $z$ 和 $y$,对积分 $\int_{-\infty}^{z-y} f(x,y)\,\mathrm{d}x$ 作变量变换,令 $x = u - y$,得

$$\int_{-\infty}^{z-y} f(x,y)\,\mathrm{d}x = \int_{-\infty}^{z} f(u-y,y)\,\mathrm{d}u$$

于是

$$F_Z(z) = \int_{-\infty}^{+\infty}\int_{-\infty}^{z} f(u-y,y)\,\mathrm{d}u\mathrm{d}y = \int_{-\infty}^{z}\left[\int_{-\infty}^{+\infty} f(u-y,y)\,\mathrm{d}y\right]\mathrm{d}u$$

由概率密度函数的定义,即得 $Z$ 的概率密度
函数为

$$f_Z(z) = \int_{-\infty}^{+\infty} f(z-y,y)\,\mathrm{d}y$$

由 $X,Y$ 的对称性,$f_Z(z)$ 又可写成

$$f_Z(z) = \int_{-\infty}^{+\infty} f(x,z-x)\,\mathrm{d}x$$

这样,我们得到了两个随机变量和的概率密
度函数的一般公式.

特别地,当 $X,Y$ 相互独立时,设 $(X,Y)$ 关
于 $X,Y$ 的边缘概率密度函数分别为 $f_X(x)$,
$f_Y(y)$,则有

$$f_Z(z) = \int_{-\infty}^{+\infty} f_X(z-y)f_Y(y)\,\mathrm{d}y$$

$$f_Z(z) = \int_{-\infty}^{+\infty} f_X(x)f_Y(z-x)\,\mathrm{d}x$$

这两个公式称为卷积公式(Convolve
formula),记为 $f_X * f_Y$,即

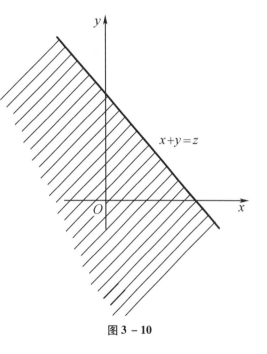

图 3 – 10

$$f_X * f_Y = \int_{-\infty}^{+\infty} f_X(z-y)f_Y(y)\,\mathrm{d}y = \int_{-\infty}^{+\infty} f_X(x)f_Y(z-x)\,\mathrm{d}x$$

**例3** 设 $X,Y$ 是两个相互独立的随机变量,它们都服从标准正态分布,求 $Z = X + Y$ 的概
率密度函数.

**解** 由题设知 $X,Y$ 的概率密度函数分别为

$$f_X(x) = \frac{1}{\sqrt{2\pi}}\mathrm{e}^{-\frac{x^2}{2}}, \quad -\infty < x < +\infty$$

$$f_Y(y) = \frac{1}{\sqrt{2\pi}}\mathrm{e}^{-\frac{y^2}{2}}, \quad -\infty < y < +\infty$$

由卷积公式知

$$f_Z(z) = \int_{-\infty}^{+\infty} f_X(x)f_Y(z-x)\mathrm{d}x = \frac{1}{2\pi}\int_{-\infty}^{+\infty} \mathrm{e}^{-\frac{x^2}{2}}\mathrm{e}^{-\frac{(z-x)^2}{2}}\mathrm{d}x = \frac{1}{2\pi}\mathrm{e}^{-\frac{z^2}{4}}\int_{-\infty}^{+\infty}\mathrm{e}^{-\left(x-\frac{z}{2}\right)^2}\mathrm{d}x$$

设 $t = x - \dfrac{z}{2}$，得

$$f_Z(z) = \frac{1}{2\pi}\mathrm{e}^{-\frac{z^2}{4}}\int_{-\infty}^{+\infty}\mathrm{e}^{-t^2}\mathrm{d}t = \frac{1}{2\pi}\mathrm{e}^{-\frac{z^2}{4}}\sqrt{\pi} = \frac{1}{2\sqrt{\pi}}\mathrm{e}^{-\frac{z^2}{4}}$$

即 $Z$ 服从正态分布 $N(0,2)$.

一般地，设 $X,Y$ 相互独立且 $X$ 服从正态分布 $N(\mu_1,\sigma_1^2)$，$Y$ 服从正态分布 $N(\mu_2,\sigma_2^2)$，由公式经过计算知 $Z = X + Y$ 仍然服从正态分布，且有 $Z$ 服从正态分布 $N(\mu_1+\mu_2,\sigma_1^2+\sigma_2^2)$. 这个结论还能推广到 $n$ 个独立正态随机变量之和的情况.

**定理1**　设随机变量 $X_1,X_2,\cdots,X_n$ 相互独立，且 $X_i$ 服从正态分布 $N(\mu_i,\sigma_i^2)$（$i = 1,2,\cdots,n$），则其和 $Z = X_1 + X_2 + \cdots + X_n$ 仍服从正态分布，且

$$X_1 + X_2 + \cdots + X_n \text{ 服从正态分布 } N(\mu_1 + \mu_2 + \cdots + \mu_n, \sigma_1^2 + \sigma_2^2 + \cdots + \sigma_n^2)$$

这也说明有限个相互独立的正态随机变量的线性组合仍服从正态分布.

**例4**　两台同样的自动记录仪，每台无故障工作时间服从参数为 5 的指数分布，首先开动其中一台，当其发生故障时停用而另一台自行开动，试求两台记录仪无故障工作的总时间 $T$ 的概率密度函数 $f(x)$.

**解**　设第一台和第二台无故障工作时间分别为 $X$ 和 $Y$，它们是两个相互独立的随机变量，且它们的概率密度函数均为

$$f(x) = \begin{cases} 5\mathrm{e}^{-5x}, & x > 0 \\ 0, & x \leqslant 0 \end{cases}$$

而 $T = X + Y$，由分布函数 $F(t)$ 为

$$\begin{aligned}
F(t) &= P\{T \leqslant t\} = P\{X + Y \leqslant t\} \\
&= \iint\limits_{x+y\leqslant t} f(x,y)\mathrm{d}x\mathrm{d}y \\
&= \int_0^t \mathrm{d}x \int_0^{t-x} 5\mathrm{e}^{-5x} \cdot 5\mathrm{e}^{-5y}\mathrm{d}y \\
&= (-\mathrm{e}^{-5x})\Big|_0^t - 5t\mathrm{e}^{-5t} \\
&= 1 - \mathrm{e}^{-5t} - 5t\mathrm{e}^{-5t} \quad (t > 0)
\end{aligned}$$

因此其概率密度为

$$f(t) = F'(t) = \begin{cases} 25t\mathrm{e}^{-5t}, & t > 0 \\ 0, & t \leqslant 0 \end{cases}$$

**例5**　设 $X,Y$ 是两个相互独立的随机变量，其概率密度函数分别为

$$f_X(x) = \begin{cases} 1, & 0 \leqslant x \leqslant 1 \\ 0, & \text{其他} \end{cases}, f_Y(y) = \begin{cases} \mathrm{e}^{-y}, & y > 0 \\ 0, & \text{其他} \end{cases}$$

求随机变量 $Z = X + Y$ 的概率密度函数.

**解** $X, Y$ 相互独立, 所以由卷积公式知

$$f_Z(z) = \int_{-\infty}^{+\infty} f_X(x) f_Y(z - x) \mathrm{d}x$$

由题设可知 $f_X(x) f_Y(y)$ 只有当 $0 \leqslant x \leqslant 1, y > 0$, 即当 $0 \leqslant x \leqslant 1$ 且 $z - x > 0$ 时才不等于零. 现在所求的积分变量为 $x, z$ 当作参数, 当积分变量满足 $x$ 的不等式组 $0 \leqslant x \leqslant 1, x < z$ 时, 被积函数 $f_X(x) f_Y(z - x) \neq 0$. 下面针对参数 $z$ 的不同取值范围来计算积分.

$$f_Z(z) = \begin{cases} \int_0^z \mathrm{e}^{-(z-x)} \mathrm{d}x = 1 - \mathrm{e}^{-z}, & 0 \leqslant z \leqslant 1 \\ \int_0^1 \mathrm{e}^{-(z-x)} \mathrm{d}x = \mathrm{e}^{-z}(\mathrm{e} - 1), & z > 1 \\ 0, & \text{其他} \end{cases}$$

**例 6** 设 $X, Y$ 相互独立, 且均服从相同参数的指数分布, 概率密度函数为

$$f(x) = \begin{cases} \dfrac{1}{\beta} \mathrm{e}^{-\frac{x}{\beta}}, & x \geqslant 0 \\ 0, & x \leqslant 0 \end{cases}$$

求随机变量 $Z = X + Y$ 的概率密度函数.

**解** 根据卷积公式

$$f_Z(z) = \int_{-\infty}^{+\infty} f_X(x) f_Y(z - x) \mathrm{d}x$$

当 $z \leqslant 0$ 时, $f_Z(z) = 0$; 当 $z > 0, x > 0, z - x > 0$ 时, 上述积分的被积函数不等于零. 于是 $z > 0$ 时, 有

$$f_Z(z) = \int_0^z \frac{1}{\beta^2} \mathrm{e}^{-\frac{x}{\beta}} \mathrm{e}^{-\frac{z-x}{\beta}} \mathrm{d}x = \frac{z}{\beta^2} \mathrm{e}^{-\frac{z}{\beta}}$$

即

$$f_Z(z) = \begin{cases} \dfrac{z}{\beta^2} \mathrm{e}^{-\frac{z}{\beta}}, & z > 0 \\ 0, & z \leqslant 0 \end{cases}$$

这是参数为 $(2, \beta)$ 的 $\Gamma$ (Gamma) 分布的概率密度函数.

一般可以证明, 若 $X, Y$ 相互独立, 且分别服从参数为 $(\alpha_1, \beta), (\alpha_2, \beta)$ 的 $\Gamma$ (Gamma) 分布, $X, Y$ 的概率密度函数分别为

$$f_X(x) = \begin{cases} \dfrac{1}{\beta^{\alpha_1} \Gamma(\alpha_1)} y^{\alpha_1 - 1} \mathrm{e}^{-\frac{x}{\beta}}, & x > 0 \\ 0, & x \leqslant 0 \end{cases} \quad (\alpha_1 > 0, \beta > 0)$$

$$f_Y(y) = \begin{cases} \dfrac{1}{\beta^{\alpha_2}\Gamma(\alpha_2)}y^{\alpha_2-1}\mathrm{e}^{-\frac{y}{\beta}}, & y > 0 \\ 0, & y \leqslant 0 \end{cases} \quad (\alpha_2 > 0, \beta > 0)$$

则 $Z = X + Y$ 服从参数 $(\alpha_1 + \alpha_2, \beta)$ 的 $\Gamma$（Gamma）分布.

**证明** 这是例 6 的推广，由卷积公式

$$f_Z(z) = \int_{-\infty}^{+\infty} f_X(x)f_Y(z-x)\mathrm{d}x$$

当 $z \leqslant 0$ 时

$$f_Z(z) = 0$$

当 $z > 0$ 时

$$f_Z(z) = \int_0^z \frac{x^{\alpha_1-1}(z-x)^{\alpha_2-1}}{\beta^{\alpha_1+\alpha_2}\Gamma(\alpha_1)\Gamma(\alpha_2)}\mathrm{e}^{-\frac{x}{\beta}-\frac{z-x}{\beta}}\mathrm{d}x = \frac{\mathrm{e}^{-\frac{z}{\beta}}}{\beta^{\alpha_1+\alpha_2}\Gamma(\alpha_1)\Gamma(\alpha_2)}\int_0^z x^{\alpha_1-1}(z-x)^{\alpha_2-1}\mathrm{d}x$$

$$\xlongequal{x=zt} \frac{z^{\alpha_1+\alpha_2-1}\mathrm{e}^{-\frac{z}{\beta}}}{\beta^{\alpha_1+\alpha_2}\Gamma(\alpha_1)\Gamma(\alpha_2)}\int_0^1 t^{\alpha_1-1}(1-t)^{\alpha_2-1}\mathrm{d}t$$

由此可知 $Z \sim \Gamma(\alpha_1 + \alpha_2, \beta)$，且常数 $A = \dfrac{1}{\beta^{\alpha_1+\alpha_2}\Gamma(\alpha_1 + \alpha_2)}$

（2）$Z = \dfrac{X}{Y}$ 的分布，$Z = XY$ 的分布

**定理 2** 设 $(X, Y)$ 是二维连续型随机变量，其概率密度函数为 $f(x, y)$，则 $Z = \dfrac{X}{Y}, Z = XY$ 仍为连续型随机变量，其概率密度函数为

$$f_Z(z) = f_{\frac{X}{Y}}(z) = \int_{-\infty}^{+\infty} |y|f(yz, y)\mathrm{d}y$$

$$f_Z(z) = f_{XY}(z) = \int_{-\infty}^{+\infty} \frac{1}{|x|} \cdot f\left(x, \frac{z}{x}\right)\mathrm{d}x$$

若 $X, Y$ 相互独立，$f_X(x), f_Y(y)$ 分别为 $(X, Y)$ 关于 $X$ 和关于 $Y$ 的边缘概率密度函数，则

$$f_Z(z) = f_{\frac{X}{Y}}(z) = \int_{-\infty}^{+\infty} |y| \cdot f_X(yz)f_Y(y)\mathrm{d}y$$

$$f_Z(z) = f_{XY}(z) = \int_{-\infty}^{+\infty} \frac{1}{|x|} \cdot f_X(x)f_Y\left(\frac{z}{x}\right)\mathrm{d}x$$

**证明** 随机变量 $Z = \dfrac{X}{Y}$（图 3 - 11）的分布函数为

$$F_Z(z) = P\{Z \leqslant z\} = \iint_{x/y \leqslant z} f(x, y)\mathrm{d}x\mathrm{d}y = \iint_{G_1} + \iint_{G_2}$$

对于 $G_1$:

$$\iint_{G_1} f(x,y)\,\mathrm{d}x\mathrm{d}y = \int_0^{+\infty} \mathrm{d}y \int_{-\infty}^{yz} f(x,y)\,\mathrm{d}x$$

固定 $z,y$,令 $u = \dfrac{x}{y}$,则

$$\iint_{G_1} = \int_0^{+\infty} \mathrm{d}y \int_{-\infty}^{z} yf(yu,y)\,\mathrm{d}u$$

$$= \int_{-\infty}^{z} \int_0^{+\infty} yf(yu,y)\,\mathrm{d}y\mathrm{d}u$$

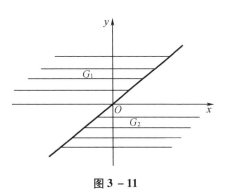

图 3 – 11

对于 $G_2$:令 $u = \dfrac{x}{y}$,则

$$\iint_{G_2} f(x,y)\,\mathrm{d}x\mathrm{d}y = -\int_{-\infty}^{z} \int_{-\infty}^{0} yf(yu,y)\,\mathrm{d}y\mathrm{d}u$$

$$F_z(z) = \iint_{G_1} + \iint_{G_2} = \int_{-\infty}^{z} \left[ \int_0^{+\infty} yf(yu,y)\,\mathrm{d}y - \int_{-\infty}^{0} yf(yu,y)\,\mathrm{d}y \right]\mathrm{d}u$$

因此随机变量 $Z$ 的概率密度函数为

$$f(z) = \int_0^{+\infty} yf(yz,y)\,\mathrm{d}y - \int_{-\infty}^{0} yf(yz,y)\,\mathrm{d}y = \int_{-\infty}^{+\infty} |y|f(yz,y)\,\mathrm{d}y$$

特别地,当 $X,Y$ 独立时,有

$$f_Z(z) = \int_{-\infty}^{+\infty} |y| \cdot f_X(yz) \cdot f_Y(y)\,\mathrm{d}y$$

其中 $f_X(x)$,$f_Y(y)$ 分别为 $(X,Y)$ 关于 $X$ 和关于 $Y$ 的边缘概率密度函数.

类似地可求出定理中 $f_{XY}(z)$ 的概率密度函数.

**例 7** 设 $X,Y$ 相互独立,且均服从正态分布 $N(0,1)$,求 $Z = \dfrac{X}{Y}$ 的概率密度函数 $f_Z(z)$.

**解** 由公式有

$$f(z) = \int_{-\infty}^{+\infty} f_X(zu)f_Y(u)|u|\,\mathrm{d}u = \frac{1}{2\pi}\int_{-\infty}^{+\infty} \mathrm{e}^{-\frac{u^2(1+z^2)}{2}}|u|\,\mathrm{d}u$$

$$= \frac{1}{\pi}\int_0^{+\infty} u\mathrm{e}^{-\frac{u^2(1+z^2)}{2}}\,\mathrm{d}u = \frac{1}{\pi(1+z^2)} \quad (-\infty < z < +\infty)$$

**例 8** 设 $X,Y$ 分别表示两只不同型号灯泡的寿命,$X,Y$ 相互独立,它们的概率密度函数依次为

$$f_X(x) = \begin{cases} \mathrm{e}^{-x}, & x > 0 \\ 0, & \text{其他} \end{cases}, f_Y(y) = \begin{cases} 2\mathrm{e}^{-2y}, & y > 0 \\ 0, & \text{其他} \end{cases}$$

求 $Z = \dfrac{X}{Y}$ 的概率密度函数.

**解**　当 $z > 0$ 时，$Z$ 的概率密度函数为

$$f(z) = \int_0^{+\infty} y\mathrm{e}^{-yz}2\mathrm{e}^{-2y}\mathrm{d}y = \int_0^{+\infty} 2y\mathrm{e}^{-(2+z)y}\mathrm{d}y = \frac{2}{(2+z)^2}$$

当 $z \leqslant 0$ 时，$f_Z(z) = 0$. 于是 $f_Z(z) = \begin{cases} \dfrac{2}{(2+z)^2}, & z > 0 \\ 0, & z \leqslant 0 \end{cases}$.

（3）$M = \max\{X, Y\}$ 及 $N = \min\{X, Y\}$ 的分布（极值函数分布）

设 $X, Y$ 相互独立，且它们分别有分布函数 $F_X(x), F_Y(y)$. 求 $X, Y$ 的最大值、最小值：$M = \max\{X, Y\}, N = \min\{X, Y\}$ 的分布函数 $F_M(z), F_N(z)$.

由于 $M = \max\{X, Y\}$ 不大于 $z$ 等价于 $X, Y$ 都不大于 $z$，故

$$P\{M \leqslant z\} = P\{X \leqslant z, Y \leqslant z\}$$

又由于 $X, Y$ 相互独立，得

$$F_M(z) = P\{M \leqslant z\} = P\{X \leqslant z, Y \leqslant z\} = P\{X \leqslant z\}P\{Y \leqslant z\}$$

即

$$F_M(z) = F_X(z)F_Y(z)$$

类似地，可得 $N = \min\{X, Y\}$ 的分布函数为

$$F_N(z) = P\{N \leqslant z\} = 1 - P\{N > z\} = 1 - P\{X > z, Y > z\}$$
$$= 1 - P\{X > z\}P\{Y > z\}$$

即

$$F_N(z) = 1 - [1 - F_X(z)][1 - F_Y(z)]$$

以上结果容易推广到 $n$ 个相互独立的随机变量的情况. 设 $X_1, X_2, \cdots X_n$ 是 $n$ 个相互独立的随机变量，它们的分布函数分别为 $F_{X_i}(x_i)(i = 1, 2, \cdots, n)$，则 $M = \max\{X_1, X_2, \cdots, X_n\}$ 及 $N = \min\{X_1, X_2, \cdots, X_n\}$ 的分布函数分别为

$$F_M(z) = F_{X_1}(z)F_{X_2}(z)\cdots F_{X_n}(z)$$
$$F_N(z) = 1 - [1 - F_{X_1}(z)][1 - F_{X_2}(z)]\cdots[1 - F_{X_n}(z)]$$

特别地，当 $X_1, X_2, \cdots X_n$ 相互独立且有相同分布函数 $F(x)$ 时，有

$$F_M(z) = [F(z)]^n$$
$$F_N(z) = 1 - [1 - F(z)]^n$$

**例9**　设 $X, Y$ 相互独立，且都服从参数为 1 的指数分布，求 $M = \max\{X, Y\}$ 的概率密度函数.

**解**　设 $X, Y$ 的分布函数为 $F(x)$，则

$$F(x) = \begin{cases} 1 - \mathrm{e}^{-x}, & x \geqslant 0 \\ 0, & \text{其他} \end{cases}$$

由于 $M$ 的分布函数为

$$F_M(z) = P\{M \leqslant z\} = P\{X \leqslant z, Y \leqslant z\} = P\{X \leqslant z\}P\{Y \leqslant z\} = [F(z)]^2$$

所以 $M$ 的概率密度函数为

$$f_Z(z) = F'_Z(z) = 2F_Z(z)F'_Z(z) = \begin{cases} 2\mathrm{e}^{-z}(1 - \mathrm{e}^{-z}), & z \geqslant 0 \\ 0, & z < 0 \end{cases}$$

**例 10** 设系统 $L$ 由两个相互独立的子系统 $L_1, L_2$ 连接而成,连接的方式分别为:(1) 串联;(2) 并联;(3) 备用(当系统 $L_1$ 损坏时,系统 $L_2$ 开始工作),如图 3 - 12 所示. 分别写出三种连接方式的寿命的概率密度函数.

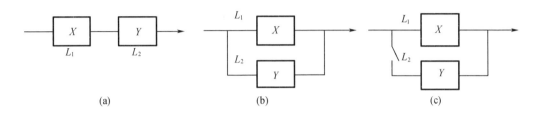

**图 3 - 12**

(a) 串联;(b) 并联;(c) 备用

如图 3 - 12 所示,设 $L_1, L_2$ 的寿命分别为 $X, Y$,已知它们的概率密度函数分别为

$$f_X(x) = \begin{cases} \alpha\mathrm{e}^{-\alpha x}, & x > 0 \\ 0, & x \leqslant 0 \end{cases}, f_Y(y) = \begin{cases} \beta\mathrm{e}^{-\beta y}, & y > 0 \\ 0, & y \leqslant 0 \end{cases} \quad (\alpha > 0, \beta > 0, \alpha \neq \beta)$$

**解** (1) 串联的情况

当 $L_1, L_2$ 中有一个损坏时,系统 $L$ 就停止工作,所以 $L$ 的寿命为 $N = \min\{X, Y\}$;而 $X, Y$ 的分布函数分别为

$$F_X(x) = \begin{cases} 1 - \mathrm{e}^{-\alpha x}, & x > 0 \\ 0, & x \leqslant 0 \end{cases}, F_Y(y) = \begin{cases} 1 - \mathrm{e}^{-\beta y}, & y > 0 \\ 0, & y \leqslant 0 \end{cases}$$

故 $N$ 的分布函数为

$$F_N(z) = \begin{cases} 1 - \mathrm{e}^{-(\alpha+\beta)z}, & z > 0 \\ 0, & z \leqslant 0 \end{cases}$$

于是 $N$ 的概率密度函数为

$$f_N(z) = \begin{cases} (\alpha + \beta)\mathrm{e}^{-(\alpha+\beta)z}, & z > 0 \\ 0, & z \leqslant 0 \end{cases}$$

即 $N$ 仍服从指数分布.

(2) 并联的情况

当且仅当 $L_1, L_2$ 都损坏时,系统 $L$ 才停止工作,所以这时 $L$ 的寿命为 $M = \max\{X, Y\}$,$M$ 的分布函数为

$$F_M(z) = F_X(z)F_Y(z) = \begin{cases} (1 - e^{-\alpha z})(1 - e^{-\beta z}), & z > 0 \\ 0, & z \leqslant 0 \end{cases}$$

于是 $M$ 的概率密度函数为

$$f_M(z) = \begin{cases} \alpha e^{-\alpha z} + \beta e^{-\beta z} - (\alpha + \beta)e^{-(\alpha+\beta)z}, & z > 0 \\ 0, & z \leqslant 0 \end{cases}$$

（3）备用的情况

由于当系统 $L_1$ 损坏时，系统 $L_2$ 才开始工作，因此整个系统 $L$ 的寿命 $Z$ 是 $L_1, L_2$ 寿命之和，即 $Z = X + Y$.

当 $Z \leqslant 0$ 时

$$f_Z(z) = 0$$

当 $Z > 0$ 时

$$f_Z(z) = \int_{-\infty}^{+\infty} f_X(z - y)f_Y(y)\mathrm{d}y = \int_0^z \alpha e^{-\alpha(z-y)}\beta e^{-\beta y}\mathrm{d}y$$

$$= \alpha\beta e^{-\alpha z}\int_0^z e^{-(\beta-\alpha)y}\mathrm{d}y = \frac{\alpha\beta}{\beta - \alpha}(e^{-\alpha z} - e^{-\beta z})$$

即

$$f_Z(z) = \begin{cases} \dfrac{\alpha\beta}{\beta - \alpha}(e^{-\alpha z} - e^{-\beta z}), & z > 0 \\ 0, & z \leqslant 0 \end{cases}$$

（4）$Z = X^2 + Y^2$ 的分布（平方和分布）

设 $X, Y$ 为连续型随机变量，其概率密度函数为 $f(x,y)$，则

$$F(z) = P\{Z \leqslant z\} = P\{X^2 + Y^2 \leqslant z\} = \begin{cases} \iint\limits_{x^2+y^2 \leqslant z} f(x,y)\mathrm{d}x\mathrm{d}y, & z \geqslant 0 \\ 0, & z \leqslant 0 \end{cases}$$

$$= \begin{cases} \int_0^{2\pi}\mathrm{d}\theta\int_0^{\sqrt{z}} f(r\cos\theta, r\sin\theta)r\mathrm{d}r, & z \geqslant 0 \\ 0, & z < 0 \end{cases}$$

因此

$$f(z) = F'(z) = \begin{cases} \dfrac{1}{2}\int_0^{2\pi} f(\sqrt{z}\cos\theta, \sqrt{z}\sin\theta)\mathrm{d}\theta, & z \geqslant 0 \\ 0, & z < 0 \end{cases}$$

**例 11**　设 $X, Y$ 相互独立，且都服从正态分布 $N(0, \sigma^2)$，求 $Z = \sqrt{X^2 + Y^2}$ 的概率密度函数，即瑞利分布（Rayleigh distribution）.

**解**　设 $(X,Y)$ 是平面上随机点的位置,那么 $Z = \sqrt{X^2 + Y^2}$ 显然是随机点 $(X,Y)$ 到原点的距离,如图 3 – 13 所示.问题成为:在所设条件下,求随机点到原点的距离的概率分布.

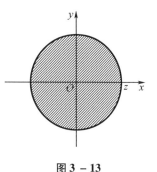

图 3 – 13

先求分布函数:

$$F_Z(z) = P\{Z \leqslant z\} = P\{\sqrt{X^2 + Y^2} \leqslant z\}$$

当 $Z \leqslant 0$ 时

$$F_Z(z) = 0$$

当 $Z > 0$ 时

$$F_Z(z) = P\{\sqrt{X^2 + Y^2} \leqslant z\} = \iint\limits_{\sqrt{x^2+y^2} \leqslant z} \frac{1}{2\pi\sigma^2} e^{-\frac{x^2+y^2}{2\sigma^2}} \mathrm{d}x\mathrm{d}y$$

$$F_Z(z) = \frac{1}{2\pi\sigma^2} \int_0^{2\pi} \mathrm{d}\theta \int_0^z r e^{-\frac{r^2}{2\sigma^2}} \mathrm{d}r = 1 - e^{-\frac{z^2}{2\sigma^2}}$$

故得所求 $Z$ 的概率密度函数为

$$f(z) = F'(z) = \begin{cases} \dfrac{z}{\sigma^2} e^{-\frac{z^2}{2\sigma^2}}, & z > 0 \\[2mm] 0, & \text{其他} \end{cases}$$

此分布称为瑞利分布.例如,炮弹着点的坐标为 $(X,Y)$,设横向偏差 $X \sim N(0,\sigma^2)$,纵向偏差 $Y \sim N(0,\sigma^2)$,$X,Y$ 相互独立,那么弹着点到原点的距离 $D$ 便服从瑞利分布.瑞利分布还在噪声、海浪等理论中得到应用,如果随机变量 $Z$ 的概率密度函数如上式所示,则称 $Z$ 服从参数为 $\sigma$ 的瑞利分布.

# 3.6　$n$ 维随机变量(向量)简介

(1) $n$ 维随机变量

设 $E$ 是一个随机试验,它的样本空间 $S = \{e\}$,设 $X_1 = X_1(e)$, $X_2 = X_2(e)$,$\cdots$,$X_n = X_n(e)$ 是定义在 $S$ 上的随机变量,由它构成的一个 $n$ 维向量 $(X_1, X_2, \cdots, X_n)$ 称为 $n$ 维随机变量.

(2) 分布函数

对于任意 $n$ 个实数 $x_1, x_2, \cdots, x_n$,$n$ 元函数 $F(x_1, x_2, \cdots, x_n) = P(X_1 \leqslant x_1, X_2 \leqslant x_2, \cdots, X_n \leqslant x_n)$ 称为 $n$ 维随机变量 $(X_1, X_2, \cdots, X_n)$ 的分布函数.

(3) 离散型随机变量的分布律

设 $(X_1, X_2, \cdots, X_n)$ 所有可能取值为 $(x_{1i_1}, x_{2i_2}, \cdots, x_{ni_n})$ $(i_j = 1,2,\cdots; j = 1,2,\cdots n)$,

$P(X_1 = x_{1i_1}, X_2 = x_{2i_2}, \cdots, X_n = x_{ni_n})$，称为 $n$ 维离散型随机变量 $(X_1, X_2, \cdots, X_n)$ 的分布律.

（4）连续型随机变量的概率密度函数

若存在分布函数 $f(x_1, x_2, \cdots, x_n)$，使得对于任意实数 $x_1, x_2, \cdots, x_n$，有

$$F(x_1, x_2, \cdots, x_n) = \int_{-\infty}^{x_n} \int_{-\infty}^{x_{n-1}} \cdots \int_{-\infty}^{x_1} f(x_1, x_2, \cdots, x_n) \, dx_1 dx_2 \cdots dx_n$$

（5）边缘分布

$(X_1, X_2, \cdots, X_n)$ 的分布函数为 $F(x_1, x_2, \cdots, x_n)$ 已知，则 $(X_1, X_2, \cdots, X_n)$ 的 $k(1 \leqslant k \leqslant n)$ 维边缘分布就随之确定：

$$F_{X_1}(x_1) = F(x_1, \infty, \infty, \cdots, \infty)$$

$$F_{(X_1, X_2)}(x_1, x_2) = F(x_1, x_2, \infty, \cdots, \infty)$$

$$P(X_1 = x_{1i_1}) = \sum_{i_2, i_3, \cdots, i_n} P(X_1 = x_{1i_1}, X_2 = x_{2i_2}, \cdots, X_n = x_{ni_n})$$

$$P(X_1 = x_{1i_1}, X_2 = x_{2i_2}) = \sum_{i_3, i_4, \cdots, i_n} P(X_1 = x_{1i_1}, X_2 = x_{2i_2}, \cdots, X_n = x_{ni_n})$$

$$f_{X_1}(x_1) = \int_{-\infty}^{+\infty} \cdots \int_{-\infty}^{+\infty} f(x_1, x_2, \cdots, x_n) \, dx_2 dx_3 \cdots dx_n$$

$$f_{(X_1, X_2)}(x_1, x_2) = \int_{-\infty}^{+\infty} \cdots \int_{-\infty}^{+\infty} f(x_1, x_2, \cdots, x_n) \, dx_3 dx_4 \cdots dx_n$$

（6）相互独立性

若对于所有的 $x_1, x_2, \cdots, x_n$ 有 $F(x_1, x_2, \cdots, x_n) = F_{X_1}(x_1) F_{X_2}(x_2) \cdots F_{X_n}(x_n)$，则称 $(X_1, X_2, \cdots, X_n)$ 是相互独立的.

（7）$(X_1, X_2, \cdots, X_m)$ 与 $(Y_1, Y_2, \cdots, Y_n)$ 的独立性

设 $(X_1, X_2, \cdots, X_m)$ 的分布函数为 $F_1(x_1, x_2, \cdots, x_m)$，$(Y_1, Y_2, \cdots, Y_n)$ 的分布函数为 $F_2(y_1, y_2, \cdots, y_n)$，$(X_1, X_2, \cdots, X_m, Y_1, Y_2, \cdots, Y_n)$ 的分布函数为 $F(x_1, x_2, \cdots, x_m, y_1, y_2, \cdots, y_n)$. 若 $F(x_1, x_2, \cdots, x_m, y_1, y_2, \cdots, y_n) = F_1(x_1, x_2, \cdots, x_m) F_2(y_1, y_2, \cdots, y_n)$，称 $(X_1, X_2, \cdots, X_m)$ 与 $(Y_1, Y_2, \cdots, Y_n)$ 是相互独立的.

**定理 1** 设 $(X_1, X_2, \cdots, X_m)$ 与 $(Y_1, Y_2, \cdots, Y_n)$ 相互独立，则 $X_i(i = 1, 2, \cdots, m)$ 与 $Y_j(j = 1, 2, \cdots, n)$ 相互独立.

**定理 2** 设 $(X_1, X_2, \cdots, X_m)$ 与 $(Y_1, Y_2, \cdots, Y_n)$ 相互独立，若 $h(x_1, x_2, \cdots, x_m)$ 和 $g(y_1, y_2, \cdots, y_n)$ 是连续函数，则 $h(X_1, X_2, \cdots, X_m)$ 和 $g(Y_1, Y_2, \cdots, Y_n)$ 相互独立.

# 习 题 3

3-1 在一箱子里装有 12 只开关,其中 2 只是次品,在其中随机地取两次,每次取一只. 考虑两种试验:(1) 放回抽样;(2) 不放回抽样. 我们定义随机变量 $X,Y$ 如下:

$$X = \begin{cases} 0, & \text{若第一次取出的是正品} \\ 1, & \text{若第一次取出的是次品} \end{cases}$$

$$Y = \begin{cases} 0, & \text{若第二次取出的是正品} \\ 1, & \text{若第二次取出的是次品} \end{cases}$$

试分别就(1)(2)两种情况,写出 $X$ 和 $Y$ 的联合分布律.

3-2 盒子里装有 3 只黑球、2 只红球、2 只白球,在其中任取 4 只球,以 $X$ 表示取到黑球的只数,以 $Y$ 表示取到白球的只数,求 $X,Y$ 的联合分布律.

3-3 设随机变量 $(X,Y)$ 的概率密度函数为

$$f(x,y) = \begin{cases} k(6-x-y), & 0 < x < 2, 2 < y < 4 \\ 0, & \text{其他} \end{cases}$$

(1) 确定常数 $k$;

(2) 求 $P\{X < 1, Y < 3\}$;

(3) 求 $P\{X < 1.5\}$;

(4) 求 $P\{X + Y \leqslant 4\}$.

3-4 求题 3-1 和题 3-2 中的随机变量 $(X,Y)$ 的边缘分布律.

3-5 设二维随机变量 $(X,Y)$ 的概率密度函数为

$$f(x,y) = \begin{cases} 4.8y(2-x), & 0 \leqslant x \leqslant 1, 0 \leqslant y \leqslant x \\ 0, & \text{其他} \end{cases}$$

求边缘概率密度函数.

3-6 设二维随机变量 $(X,Y)$ 的概率密度函数为

$$f(x,y) = \begin{cases} e^{-y}, & 0 < x < y \\ 0, & \text{其他} \end{cases}$$

求边缘概率密度函数.

3-7 设二维随机变量 $(X,Y)$ 的概率密度函数为

$$f(x,y) = \begin{cases} cx^2y, & x^2 \leqslant y \leqslant 1 \\ 0, & \text{其他} \end{cases}$$

(1) 试确定常数 $c$;

(2) 求边缘概率密度函数.

3-8 设二维随机变量 $(X,Y)$ 在区域 $G$ 上服从均匀分布,其中

$$G = \{(x,y) \mid 0 \leqslant x \leqslant 1, x^2 \leqslant y < x\}$$

试求$(X,Y)$的联合概率密度函数及$X$和$Y$的边缘概率密度函数.

3 - 9　设随机变量$(X,Y)$的分布律为

| $Y$ | $X$ | | | | | |
|---|---|---|---|---|---|---|
| | 0 | 1 | 2 | 3 | 4 | 5 |
| 0 | 0 | 0.01 | 0.03 | 0.05 | 0.07 | 0.09 |
| 1 | 0.01 | 0.02 | 0.04 | 0.05 | 0.06 | 0.08 |
| 2 | 0.01 | 0.03 | 0.05 | 0.05 | 0.05 | 0.06 |
| 3 | 0.01 | 0.02 | 0.04 | 0.06 | 0.06 | 0.05 |

（1）求$P\{X = 2 \mid Y = 2\}, P\{Y = 3 \mid X = 0\}$;

（2）求$V = \max\{X,Y\}$的分布律;

（3）求$U = \min\{X,Y\}$的分布律;

（4）求$W = X + Y$的分布律.

3 - 10　设随机变量$(X,Y)$的概率密度函数为

$$f(x,y) = \begin{cases} 1, & |y| < x, 0 < x < 1 \\ 0, & \text{其他} \end{cases}$$

求条件概率密度函数$f_{X \mid Y}(x \mid y), f_{Y \mid X}(y \mid x)$.

3 - 11　设二维随机变量$(X,Y)$的联合概率密度函数为

$$f(x,y) = \begin{cases} \dfrac{6}{(x + y + 1)^4}, & x \geqslant 0, y \geqslant 0 \\ 0, & \text{其他} \end{cases}$$

（1）求条件概率密度函数$f_{X \mid Y}(x \mid y)$;

（2）求概率$P\{0 \leqslant X \leqslant 1 \mid Y = 1\}$.

3 - 12　讨论题3 - 1中的随机变量$X$和$Y$是否相互独立.

3 - 13　设$X$和$Y$是两个相互独立的随机变量,$X$在$(0,1)$上服从均匀分布,$Y$的概率密度函数为

$$f_Y(y) = \begin{cases} \dfrac{1}{2} e^{-\frac{y}{2}}, & y > 0 \\ 0, & \text{其他} \end{cases}$$

（1）求$X$和$Y$的联合密度;

（2）设含有$a$的二次方程为$a^2 + 2Xa + Y = 0$,试求该方程有实根的概率.

3 – 14　设 $(X,Y)$ 的联合概率密度函数为

$$f(x,y) = \frac{k}{(1 + y^2)(1 + x^2)}$$

(1) 求待定系数 $k$；

(2) 求 $X$ 和 $Y$ 的边缘概率密度函数；

(3) 判定 $X$ 和 $Y$ 的独立性.

3 – 15　已知 $P\{X = k\} = \dfrac{a}{k}, P\{Y = -k\} = \dfrac{b}{k^2}, k = 1,2,3, X$ 和 $Y$ 独立. 试确定 $a,b$ 的

值；并求出 $(X,Y)$ 的联合分布律以及 $Z = X + Y$ 的分布律.

3 – 16　设某种商品一周的需要量是一个随机变量，其概率密度函数为

$$f(t) = \begin{cases} te^{-t}, & t > 0 \\ 0, & t \leq 0 \end{cases}$$

并设各周的需要量是相互独立的，试求：

(1) 两周需要量的概率密度函数；

(2) 三周需要量的概率密度函数.

3 – 17　已知二维随机变量 $(X,Y)$ 的联合概率密度函数为

$$f(x,y) = \begin{cases} Ae^{-(2x+y)}, & x > 0, y > 0 \\ 0, & \text{其他} \end{cases}$$

(1) 求待定系数 $A$；

(2) 求概率 $P\{X > 2, Y > 1\}$；

(3) 设 $Z = X + Y$，求分布函数 $F_Z(z)$.

3 – 18　设某种型号的电子管的寿命(单位:h) 近似地服从正态分布 $N(160,20)$ 分布，随机地选取 4 只，求其中没有一只寿命小于 180 h 的概率.

3 – 19　设随机变量 $(X,Y)$ 的概率密度函数为

$$f(x,y) = \begin{cases} be^{-(x+y)}, & 0 < x < 1, 0 < y < +\infty \\ 0, & \text{其他} \end{cases}$$

(1) 试确定常数 $b$；

(2) 求边缘概率密度函数；

(3) 求函数 $U = \max\{X,Y\}$ 的分布函数.

3 – 20　雷达的圆形屏幕半径为 $R$，设目标出现点 $(X,Y)$ 在屏幕上服从均匀分布：

(1) 求 $P\{Y > 0 \mid Y > X\}$；

(2) 设 $M = \max\{X,Y\}$，求 $P\{M > 0\}$.

3 – 21　设 $(X,Y)$ 的联合概率密度函数为

$$f(x,y) = \frac{1}{2\pi}e^{-\frac{x^2+y^2}{2}}$$

试求 $Z = \sqrt{X^2 + Y^2}$ 的概率密度函数.

**3－22** 设随机变量 $X$ 和 $Y$ 相互独立,其中 $X$ 为离散型随机变量,其分布律为

| $X$ | 1 | 2 |
|-----|-----|-----|
| $P$ | 0.3 | 0.7 |

$Y$ 为连续型随机变量,其概率密度函数为 $f(y)$,求随机变量 $U = X + Y$ 的概率密度函数 $g(u)$.

**3－23** 对某种电子装置的输出测量了 5 次,得到观察值 $X_1, X_2, X_3, X_4, X_5$,设它们是相互独立的随机变量且都服从参数为 $\sigma = 2$ 的瑞利分布,即概率密度函数为

$$f(x) = \begin{cases} \dfrac{x}{\sigma^2} e^{-\frac{x^2}{2\sigma^2}}, & x > 0 \\ 0, & x \leqslant 0 \end{cases}$$

（1）求 $U = \max\{X_1, X_2, X_3, X_4, X_5\}$ 的分布函数;

（2）求 $V = \min\{X_1, X_2, X_3, X_4, X_5\}$ 的分布函数;

（3）计算 $P\{U > 4\}$.

**3－24** 设 $X$ 和 $Y$ 分别表示两个不同电子器件的寿命(单位:h),并设 $X$ 和 $Y$ 相互独立,且服从同一分布,其概率密度函数为

$$f(x) = \begin{cases} \dfrac{1\,000}{x^2}, & x > 1\,000 \\ 0, & 其他 \end{cases}$$

求 $Z = \dfrac{X}{Y}$ 的概率密度函数.

**3－25** 设随机变量 $(X, Y)$ 的概率密度函数为

$$f(x, y) = \begin{cases} e^{-(x+y)}, & x > 0, y > 0 \\ 0, & 其他 \end{cases}$$

试求 $Z = \dfrac{X + Y}{2}$ 的概率密度函数.

# 第4章　随机变量的数字特征

在前几章中我们已经学习了随机变量的分布函数、离散型随机变量的分布律及连续型随机变量的概率密度函数,它们能够完整地描述随机变量,即通过它们能求出随机变量取任意值或落在任意区域上的概率. 但是在实际问题中,往往随机变量的分布律或者概率密度函数很难具体求出来,而且我们关心的也只是一些能描述随机变量的某些特征的常数,虽然这些数字不能完整地描述随机变量,但能概略地描述随机变量的基本特点,能代表随机变量的主要特征,因此称为随机变量的数字特征. 本章主要介绍的数字特征包括数学期望、方差、协方差和相关系数等.

## 4.1　数　学　期　望

### 4.1.1　数学期望的概念

先看一个例子(图 4 – 1):一射手进行打靶练习,规定射入区域 $e_2$ 得2分, 射入区域 $e_1$ 得1分,脱靶即射入区域 $e_0$ 得0分. 设射手一次射击的得分数 $X$ 是一个随机变量,且 $X$ 的分布律为 $P\{X = k\} = p_k(k = 0,1,2)$. 现射击 $N$ 次,其中得 0 分 $n_0$ 次,得 1 分 $n_1$ 次,得 2 分 $n_2$ 次,$n_0 + n_1 + n_2 = N$,则他射击 $N$ 次得分的总和为 $n_0 \times 0 + n_1 \times 1 + n_2 \times 2$, 平均一次射击的得分数为 $\dfrac{n_0 \times 0 + n_1 \times 1 + n_2 \times 2}{N} = \sum\limits_{k=0}^{2} k\,\dfrac{n_k}{N}.$ 当 $N$ 充分大时, $\{X = k\}$ 事件的频率 $\dfrac{n_k}{N} \xrightarrow{\text{稳定值}} p_k$, $p_k$ 即为 $\{X = k\}$ 的概率, 所以当 $N$ 充分

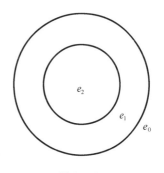

图 4 – 1

大时, 平均分数 $\overline{X} \xrightarrow{\text{稳定值}} \sum\limits_{k=0}^{2} kp_k$. 而且数值 $\sum\limits_{k=0}^{2} kp_k$ 完全由随机变量 $X$ 的取值及其概率确定,而与试验本身无关,它反映了 $X$ 平均取值的大小. 我们称 $\sum\limits_{k=0}^{2} kp_k$ 为随机变量 $X$ 的数学期望或均值(加权平均值).

**定义 1**　(1) 离散型随机变量的数学期望

设离散型随机变量 $X$ 的分布律为

$$P\{X = x_k\} = p_k \quad (k = 1,2,3\cdots)$$

若级数 $\sum\limits_{k=1}^{\infty} x_k p_k$ 绝对收敛，则称级数 $\sum\limits_{k=1}^{\infty} x_k p_k$ 为随机变量 $X$ 的数学期望（Mathematical expectation），记为 $E(X)$，即

$$E(X) = \sum_{k=1}^{\infty} x_k p_k$$

（2）连续型随机变量的数学期望

设连续型随机变量 $X$ 的概率密度函数为 $f(x)$，若积分 $\int_{-\infty}^{+\infty} x f(x) \mathrm{d}x$ 绝对收敛，则称积分 $\int_{-\infty}^{+\infty} x f(x) \mathrm{d}x$ 的值为随机变量 $X$ 的数学期望，记为 $E(X)$，即

$$E(X) = \int_{-\infty}^{+\infty} x f(x) \mathrm{d}x$$

数学期望简称为期望，又称为均值（Mean）.

**评注** 从定义可以看出，离散型随机变量 $X$ 的数学期望 $E(X)$ 是由 $X$ 的分布律所确定的一个实数，它形式上是 $X$ 的一切可能取值与此取值的概率的乘积求和，当 $X$ 独立地取较多的值时，这些值的平均值稳定在随机变量的数学期望上. $X$ 的取值可依某种次序一一列举，同一种随机变量的列举次序可以有所不同，当改变列举次序时它的数学期望（均值）应是不变的，这意味着 $\sum\limits_{k=1}^{\infty} x_k p_k$ 求和次序可以改变，而其和保持不变，由无穷级数的理论知道，必须有 $\sum\limits_{k=1}^{\infty} |x_k| p_k$ 收敛，即 $\sum\limits_{k=1}^{\infty} x_k p_k$ 绝对收敛才能保证 $\sum\limits_{k=1}^{\infty} x_k p_k$ 的和不受求和次序的影响.

**例 1** 甲、乙两人进行打靶，所得分数分别记为 $X_1, X_2$，它们的分布律分别为

| $X_1$ | 0 | 1 | 2 |
|-------|-----|-----|-----|
| $P$ | 0 | 0.2 | 0.8 |

| $X_2$ | 0 | 1 | 2 |
|-------|-----|-----|-----|
| $P$ | 0.6 | 0.3 | 0.1 |

试评定他们成绩的好坏.

**解** $\qquad E(X_1) = 0 \times 0 + 1 \times 0.2 + 2 \times 0.8 = 1.8$（分）

$\qquad\qquad E(X_2) = 0 \times 0.6 + 1 \times 0.3 + 2 \times 0.1 = 0.5$（分）

这意味着，如果甲进行很多次的射击，那么所得分数的算术平均接近 1.8 分，而乙进行很多次的射击，所得分数的算术平均接近 0.5 分.

很明显，甲的成绩要好于乙的成绩.

**例 2** 已知随机变量 $X$ 的分布函数为

$$F(x) = \begin{cases} 0, & x < 0 \\ x/4, & 0 \leqslant x < 4 \\ 1, & x \geqslant 4 \end{cases}$$

求 $E(X)$.

**解** 随机变量 $X$ 的概率密度函数为

$$f(x) = F'(x) = \begin{cases} 1/4, & 0 < x < 4 \\ 0, & 其他 \end{cases}$$

故

$$E(X) = \int_{-\infty}^{+\infty} xf(x)\mathrm{d}x = \int_0^4 x \cdot \frac{1}{4}\mathrm{d}x = \frac{x^2}{8}\bigg|_0^4 = 2$$

**例3** 有两个相互独立工作的电子装置,它们的寿命 $X_k(k = 1,2)$ 服从同一指数分布,其概率密度函数为

$$f(x) = \begin{cases} \dfrac{1}{\theta}\mathrm{e}^{-x/\theta}, & x > 0 \\ 0, & x \leqslant 0 \end{cases} \quad (\theta > 0)$$

(1)若将这两个电子装置串联连接组成整机,求整机寿命(单位:h)$N$ 的数学期望;

(2)若将这两个电子装置并联连接组成整机,求整机寿命(单位:h)$M$ 的数学期望.

**分析** 两个电子装置串联,整机寿命 $N = \min\{X_1, X_2\}$,并联时整机寿命 $M = \max\{X_1, X_2\}$,要求 $N,M$ 的数学期望,关键求 $N,M$ 的概率密度函数 $f_N(z), f_M(z)$.

**解** $(1)X_k(k = 1,2)$ 的分布函数为

$$F(x) = \begin{cases} 1 - \mathrm{e}^{-\frac{x}{\theta}}, & x > 0 \\ 0, & x \leqslant 0 \end{cases}$$

因为两个电子装置串联,所以整机寿命 $N = \min\{X_1, X_2\}$ 的分布函数为

$$F_N(z) = 1 - [1 - F(z)]^2 = \begin{cases} 1 - \mathrm{e}^{-2z/\theta}, & z > 0 \\ 0, & z \leqslant 0 \end{cases}$$

因而 $N$ 的概率密度函数为

$$f_N(z) = \begin{cases} \dfrac{2}{\theta}\mathrm{e}^{-2z/\theta}, & z > 0 \\ 0, & z \leqslant 0 \end{cases}$$

于是 $N$ 的数学期望为

$$E(N) = \int_{-\infty}^{+\infty} zf_N(z)\mathrm{d}z = \int_0^{+\infty} z\frac{2}{\theta}\mathrm{e}^{-2z/\theta}\mathrm{d}z = \frac{\theta}{2}$$

(2)因为两个电子装置并联,所以整机寿命 $M = \max\{X_1, X_2\}$ 的分布函数为

$$F_M(z) = [F(z)]^2 = \begin{cases} (1 - \mathrm{e}^{-z/\theta})^2, & z > 0 \\ 0, & z \leqslant 0 \end{cases}$$

因而 $M$ 的概率密度函数为

$$f_M(z) = \begin{cases} \dfrac{2}{\theta}(1 - e^{-z/\theta})e^{-z/\theta}, & z > 0 \\ 0, & z \leqslant 0 \end{cases}$$

于是 $M$ 的数学期望为

$$E(M) = \int_{-\infty}^{+\infty} z f_M(z)\mathrm{d}z = \int_0^{+\infty} z \frac{2}{\theta}(1 - e^{-z/\theta})e^{-z/\theta}\mathrm{d}z = \frac{3}{2}\theta$$

可以得到 $\dfrac{E(M)}{E(N)} = 3$，即两个电子装置并联连接工作的平均寿命是串联连接工作的平均寿命的 3 倍.

**例 4**　随机变量 $X$ 的概率密度函数为

$$f(x) = \frac{1}{\pi(1 + x^2)} \quad (-\infty < x < +\infty)$$

此分布称为柯西(Cauchy)分布,问 $E(X)$ 是否存在?

**解**　$\displaystyle\int_{-\infty}^{+\infty} |x| \frac{1}{\pi(1 + x^2)}\mathrm{d}x = \frac{2}{\pi}\int_0^{+\infty} \frac{x}{1 + x^2}\mathrm{d}x = \frac{1}{\pi}\ln(1 + x^2)\Big|_0^{+\infty} = \lim_{x \to +\infty} \frac{1}{\pi}\ln(1 + x^2)$,

由于极限 $\displaystyle\lim_{x \to +\infty} \frac{1}{\pi}\ln(1 + x^2)$ 不存在,所以 $\displaystyle\int_{-\infty}^{+\infty} xf(x)\mathrm{d}x$ 非绝对收敛,所以柯西分布的数学期望 $E(X)$ 不存在.

### 4.1.2　随机变量函数的数学期望

在实际问题中,经常需要求随机变量的函数的数学期望. 例如,飞机机翼受到压力 $W = kV^2$(其中 $V$ 是风速,$k > 0$ 是常数) 的作用,其中 $V$ 是随机变量, 则 $W$ 也是随机变量,求 $W$ 的数学期望,我们可以利用已知的 $V$ 的分布律(概率密度函数) 来求出 $W$ 的分布律(概率密度函数),然后再按照随机变量数学期望的定义来求,也可以通过下面的定理来求 $W$ 的数学期望.

**定理 1**　设 $Y$ 是随机变量 $X$ 的函数,$Y = g(X)$,其中 $g$ 是连续函数.

(1) 设 $X$ 是离散型随机变量,且分布律为 $P\{X = x_k\} = p_k(k = 1,2,3,\cdots)$,若 $\displaystyle\sum_{k=1}^{\infty} g(x_k)p_k$ 绝对收敛,则有

$$E(Y) = E[g(X)] = \sum_{k=1}^{\infty} g(x_k)p_k$$

(2) 设 $X$ 是连续型随机变量,其概率密度函数为 $f(x)$,若 $\displaystyle\int_{-\infty}^{+\infty} g(x)f(x)\mathrm{d}x$ 绝对收敛,则有

$$E(Y) = E[g(X)] = \int_{-\infty}^{+\infty} g(x)f(x)\mathrm{d}x$$

此定理的重要意义在于要求 $E(Y)$ 时,可以不用求出 $Y$ 的分布律或概率密度函数,而直接利用 $X$ 的分布律或概率密度函数来求.

此定理还可以推广到两个或两个以上随机变量的函数的情况.

设 $Z$ 是二维随机变量 $(X,Y)$ 的函数, $Z = g(X,Y)$, 其中 $g$ 是二元连续函数:

(1) 设 $(X,Y)$ 是二维离散型随机变量, 其分布律为 $P\{X = x_i, Y = y_j\} = p_{ij}(i,j = 1,2,3,\cdots)$, 则当级数 $\sum\limits_{i=1}^{\infty} \sum\limits_{j=1}^{\infty} g(x_i, y_j)p_{ij}$ 绝对收敛时, 有

$$E(Z) = E[g(X,Y)] = \sum_{i=1}^{\infty} \sum_{j=1}^{\infty} g(x_i, y_j)p_{ij}$$

(2) 设 $(X,Y)$ 是二维连续型随机变量, 概率密度函数为 $f(x,y)$, 则当 $\int_{-\infty}^{+\infty} \int_{-\infty}^{+\infty} g(x,y)f(x,y)\mathrm{d}x\mathrm{d}y$ 绝对收敛时, 有

$$E(Z) = E[g(X,Y)] = \int_{-\infty}^{+\infty} \int_{-\infty}^{+\infty} g(x,y)f(x,y)\mathrm{d}x\mathrm{d}y$$

**例 5** 设风速 $V$ 在区间 $(0,a)$ 上服从均匀分布, 即概率密度函数为

$$f(v) = \begin{cases} \dfrac{1}{a}, & 0 < v < a \\ 0, & \text{其他} \end{cases}$$

又设飞机机翼受到的正压力 $W$ 是 $V$ 的函数: $W = kV^2$ ($V$ 是风速, $k > 0$ 是常数), 求 $W$ 的数学期望.

**解** $E(W) = E(kV^2) = \int_{-\infty}^{+\infty} kv^2 f(v)\mathrm{d}v = \int_0^a kv^2 \dfrac{1}{a}\mathrm{d}v = \dfrac{1}{3}ka^2$

**例 6** 设二维随机变量 $(X,Y)$ 的概率密度函数为

$$f(x,y) = \begin{cases} 2 - x - y, & 0 \leqslant x \leqslant 1, 0 \leqslant y \leqslant 1 \\ 0, & \text{其他} \end{cases}$$

试求 $E(X), E(XY)$.

**解** $E(X) = \int_{-\infty}^{+\infty} \int_{-\infty}^{+\infty} xf(x,y)\mathrm{d}x\mathrm{d}y = \int_0^1 \mathrm{d}y \int_0^1 x(2 - x - y)\mathrm{d}x = \dfrac{5}{12}$

$E(XY) = \int_{-\infty}^{+\infty} \int_{-\infty}^{+\infty} xyf(x,y)\mathrm{d}x\mathrm{d}y = \int_0^1 \mathrm{d}y \int_0^1 xy(2 - x - y)\mathrm{d}x = \dfrac{1}{6}$

**例 7** 设国际市场上对我国某种出口商品的每年需求量是随机变量 $X$(单位:t), 它服从区间 $[2\,000, 4\,000]$ 上的均匀分布, 每销售出 1 t 商品, 可为国家赚取外汇 3 万元; 若销售不出, 则每吨商品需储存费 1 万元, 问应组织多少货源, 才能使国家收益最大?

**解** 设组织货源 $t$(单位:t), 显然应要求 $2\,000 \leqslant t \leqslant 4\,000$, 国家收益 $Y$(单位:万元) 是 $X$ 的函数 $Y = g(X)$, 表达式为 $g(X) = \begin{cases} 3t, & X \geqslant t \\ 3X - (t - X) = 4X - t, & X < t \end{cases}$.

设 $X$ 的概率密度函数为 $f(x)$, 由已知 $X$ 服从区间 $[2\,000, 4\,000]$ 上的均匀分布, 则

$$f(x) = \begin{cases} 1/2\,000, & 2\,000 \leqslant x \leqslant 4\,000 \\ 0, & \text{其他} \end{cases}$$

于是 $Y$ 的期望为

$$E(Y) = \int_{-\infty}^{+\infty} g(x)f(x)\,dx = \int_{2\,000}^{4\,000} \frac{1}{2\,000} g(x)\,dx$$

$$= \frac{1}{2\,000}\Big[\int_{2\,000}^{t} (4x - t)\,dx + \int_{t}^{4\,000} 3t\,dx\Big]$$

$$= \frac{1}{2\,000}(-2t^2 + 14\,000t - 8 \times 10^6)$$

考虑 $t$ 的取值使 $E(Y)$ 达到最大, $\dfrac{dE(Y)}{dt} = \dfrac{1}{2\,000}(-4t + 14\,000) = 0$, 易得 $t^* = 3\,500$, 因此组织 3 500 t 商品为好.

### 4.1.3　数学期望的性质

设以下性质中的随机变量的数学期望都存在:

(1) 设 $C$ 是常数, 则有 $E(C) = C$;

(2) 设 $X$ 是一个随机变量, $C$ 是常数, 则有 $E(CX) = CE(X)$;

(3) 设 $X, Y$ 是两个随机变量, 则有 $E(X + Y) = E(X) + E(Y)$, 这一性质可以推广到任意有限个随机变量之和的情况, 即

$$E(X_1 + X_2 + \cdots + X_n) = E(X_1) + E(X_2) + \cdots + E(X_n)$$

(4) 设 $X, Y$ 是相互独立的随机变量, 则有 $E(XY) = E(X)E(Y)$, 这一性质可以推广到任意有限个相互独立的随机变量之积的情况, 设 $X_1, X_2, \cdots, X_n$ 是 $n$ 个相互独立的随机变量, 则

$$E(X_1 X_2 \cdots X_n) = E(X_1)E(X_2)\cdots E(X_n)$$

**证明**　仅证性质(3)和性质(4).

性质(3). 设二维随机变量 $(X, Y)$ 的概率密度函数为 $f(x, y)$, 其边缘概率密度函数为 $f_X(x), f_Y(y)$, 有

$$E(X + Y) = \int_{-\infty}^{+\infty}\int_{-\infty}^{+\infty} (x + y)f(x, y)\,dx\,dy$$

$$= \int_{-\infty}^{+\infty}\int_{-\infty}^{+\infty} xf(x, y)\,dx\,dy + \int_{-\infty}^{+\infty}\int_{-\infty}^{+\infty} yf(x, y)\,dx\,dy$$

$$= E(X) + E(Y)$$

性质(4). 设 $X, Y$ 相互独立, 则

$$E(XY) = \int_{-\infty}^{+\infty}\int_{-\infty}^{+\infty} xyf(x, y)\,dx\,dy = \int_{-\infty}^{+\infty}\int_{-\infty}^{+\infty} xyf_X(x)f_Y(y)\,dx\,dy$$

$$= \int_{-\infty}^{+\infty} xf_X(x)\,dx\int_{-\infty}^{+\infty} yf_Y(y)\,dy = E(X)E(Y)$$

**例8**　一民航送客车载有 20 位旅客自机场开出, 旅客有 10 个车站可以下车. 如到达一个车站没有旅客下车就不停车, 设 $X$ 表示停车的次数, 求 $E(X)$(设每位旅客在各个车站下车是

等可能的,并设各旅客是否下车相互独立).

**分析** 由于 $X$ 的分布律很难求出,故不直接利用定义求其数学期望. 此题利用分解的思想,把 $X$ 分解成若干个随机变量 $X_i$ 的和,其中 $X_i$ 的分布律可以相对容易地求出,然后利用性质 (3),即可求出 $E(X)$.

**解** 引入随机变量

$$X_i = \begin{cases} 0, & \text{第 } i \text{ 站无人下车} \\ 1, & \text{第 } i \text{ 站有人下车} \end{cases} \quad (i = 1,2,\cdots,10)$$

则 $X = X_1 + X_2 + \cdots + X_{10}, E(X) = E(X_1 + X_2 + \cdots + X_{10}) = E(X_1) + E(X_2) + \cdots + E(X_{10})$, 由此只需求出 $E(X_i)$.

先求 $X_i$ 的分布律,按题意任一旅客在第 $i$ 站不下车的概率为 $\dfrac{9}{10}$,因此20位旅客都不在第 $i$ 站下车的概率为 $\left(\dfrac{9}{10}\right)^{20}$,那么在第 $i$ 站有人下车的概率为 $1 - \left(\dfrac{9}{10}\right)^{20}$,即

$$P\{X_i = 0\} = \left(\frac{9}{10}\right)^{20}, P\{X_i = 1\} = 1 - \left(\frac{9}{10}\right)^{20} \quad (i = 1,2,\cdots,10)$$

由此可知,$E(X_i) = 1 - \left(\dfrac{9}{10}\right)^{20}, i = 1,2,\cdots,10$,则

$$E(X) = E(X_1 + X_2 + \cdots + X_{10}) = E(X_1) + E(X_2) + \cdots + E(X_{10})$$
$$= 10\left[1 - \left(\frac{9}{10}\right)^{20}\right] \approx 8.784(\text{次})$$

### 4.1.4 常见分布的数学期望

1.0 – 1 分布 $X \sim B(1,p)$,则 $E(X) = p$
因为 $X$ 的分布律为

| $X$ | 0 | 1 |
|-----|-----|-----|
| $P$ | $1 - p$ | $p$ |

所以
$$E(X) = 0 \cdot (1 - p) + 1 \cdot p = p$$

2. 二项分布 $X \sim B(n,p)$,则 $E(X) = np$

**证明** 利用分解的思想,设 $n$ 次独立重复试验中,成功的次数为随机变量 $X$,且每次试验成功的概率为 $p$,则 $X$ 服从参数为 $n,p$ 的二项分布.

设 $X_i = \begin{cases} 1, & \text{第 } i \text{ 次试验成功} \\ 0, & \text{第 } i \text{ 次试验失败} \end{cases} \quad (i = 1,2,\cdots,n)$,则 $X = X_1 + X_2 + \cdots + X_n$,因为 $P\{X_i = 1\} = p, P\{X_i = 0\} = 1 - p, E(X_i) = p$,所以

$$E(X) = E(\sum_{i=1}^{n} X_i) = \sum_{i=1}^{n} E(X_i) = np$$

3. 泊松分布 $X \sim P(\lambda)$，则 $E(X) = \lambda$

由泊松分布分布律 $P\{X = k\} = \dfrac{\lambda^k e^{-\lambda}}{k!}$ $(k = 0,1,2,\cdots,)$ 得

$$E(X) = \sum_{k=0}^{+\infty} k \frac{\lambda^k}{k!} e^{-\lambda} = \sum_{k=1}^{+\infty} \frac{\lambda^k}{(k-1)!} e^{-\lambda} = \lambda \sum_{k=1}^{+\infty} \frac{\lambda^{k-1}}{(k-1)!} e^{-\lambda} = \lambda e^{\lambda} e^{-\lambda} = \lambda$$

4. 均匀分布 $X \sim U(a,b)$，则 $E(X) = \dfrac{a+b}{2}$

设 $X$ 的概率密度函数为

$$f(x) = \begin{cases} \dfrac{1}{b-a}, & a < x < b \\ 0, & 其他 \end{cases}$$

则

$$E(X) = \int_{-\infty}^{+\infty} x f(x) \, dx = \int_a^b x \frac{1}{b-a} dx = \frac{a+b}{2}$$

5. 指数分布 $X \sim E(\lambda)$，则 $E(X) = \dfrac{1}{\lambda}$

设 $X$ 的概率密度函数为

$$f(x) = \begin{cases} \lambda e^{-\lambda x}, & x > 0 \\ 0, & 其他 \end{cases}$$

则

$$E(X) = \int_{-\infty}^{+\infty} x f(x) \, dx = \int_0^{+\infty} x \lambda e^{-\lambda x} dx = -\int_0^{+\infty} x e^{-\lambda x} d(-\lambda x) = -\int_0^{+\infty} x \, de^{-\lambda x}$$

$$= -x e^{-\lambda x} \Big|_0^{+\infty} + \int_0^{+\infty} e^{-\lambda x} dx = \frac{1}{\lambda}(-e^{-\lambda x}) \Big|_0^{+\infty} = \frac{1}{\lambda}$$

6. 正态分布 $X \sim N(\mu,\sigma^2)$，则 $E(X) = \mu$

设 $X$ 的概率密度函数为

$$f(x) = \frac{1}{\sqrt{2\pi}\sigma} e^{-\frac{(x-\mu)^2}{2\sigma^2}}, \quad -\infty < x < +\infty$$

则

$$E(X) = \int_{-\infty}^{+\infty} x f(x) \, dx = \frac{1}{\sqrt{2\pi}\sigma} \int_{-\infty}^{+\infty} x e^{-\frac{(x-\mu)^2}{2\sigma^2}} dx$$

令 $\dfrac{x-\mu}{\sigma} = t$，则上式为

$$\frac{1}{\sqrt{2\pi}\sigma}\int_{-\infty}^{+\infty}(\sigma t+\mu)e^{-\frac{t^2}{2}}\sigma dt = \frac{1}{\sqrt{2\pi}}\int_{-\infty}^{+\infty}\sigma t e^{-\frac{t^2}{2}}dt + \frac{1}{\sqrt{2\pi}}\int_{-\infty}^{+\infty}\mu e^{-\frac{t^2}{2}}dt$$

$$= 0 + \mu\int_{-\infty}^{+\infty}\frac{1}{\sqrt{2\pi}}e^{-\frac{t^2}{2}}dt = \mu$$

# 4.2 方　　差

上一节我们研究了随机变量的重要数字特征——数学期望,它描述了随机变量一切可能取值的平均水平. 但在一些实际问题中,仅知道随机变量的数学期望是不够的. 例如,随机变量 $X$ 服从均匀分布 $U(-1,1)$, $Y$ 服从均匀分布 $U(-1\,000,1\,000)$,可知 $E(X) = E(Y)$,但随机变量 $Y$ 的波动性明显大于 $X$ 的波动性,而数学期望无法描述 $X$ 和 $Y$ 的这种差异,还需要研究随机变量取值与其数学期望值的偏离程度——方差.

### 4.2.1 方差的概念

**定义 1** 设 $X$ 是随机变量,若 $E\{[X-E(X)]^2\}$ 存在,则称 $E\{[X-E(X)]^2\}$ 为 $X$ 的方差( Variance),记为 $D(X)$ 或 $\mathrm{Var}(X)$,即

$$D(X) = \mathrm{Var}(X) = E\{[X-E(X)]^2\}$$

并称 $\sqrt{D(X)}$ 为 $X$ 的标准差(Standard deviation) 或均方差,记为 $\sigma(X)$,即 $\sigma(X) = \sqrt{D(X)}$.

由定义可知, $D(X)$ 是一个非负数,它表达了 $X$ 的取值与其均值的偏离程度. $D(X)$ 越小,说明 $X$ 取值越集中;反之, $D(X)$ 越大,说明 $X$ 取值的波动性越大.

由方差的定义可知,方差的本质是随机变量函数 $g(X) = [X-E(X)]^2$ 的数学期望,所以可以利用求随机变量的函数的数学期望的方法来求 $D(X)$.

若 $X$ 是离散型随机变量,分布律为

$$P\{X = x_k\} = p_k \quad (k = 1,2,\cdots)$$

则

$$D(X) = \sum_{k=1}^{\infty}[x_k-E(X)]^2 p_k$$

若 $X$ 是连续型随机变量,概率密度函数为 $f(x)$,则

$$D(X) = \int_{-\infty}^{+\infty}[x-E(X)]^2 f(x)dx$$

但通常计算方差时采取下面的公式,即

$$D(X) = E(X^2) - [E(X)]^2$$

**证明** $\quad D(X) = E\{[X-E(X)]^2\} = E\{X^2-2XE(X)+[E(X)]^2\}$

$$= E(X^2) - 2E(X)E(X) + [E(X)]^2 = E(X^2) - [E(X)]^2$$

**例1** 设随机变量 $X$ 服从几何分布，分布律为

$$P\{X = k\} = p(1-p)^{k-1} \quad (k = 1, 2, \cdots)$$

其中 $0 < p < 1$，求 $E(X), D(X)$.

**解** 记 $q = 1 - p$，则

$$E(X) = \sum_{k=1}^{\infty} kpq^{k-1} = p\sum_{k=1}^{\infty}(q^k)' = p\left(\sum_{k=1}^{\infty}q^k\right)' = p\left(\frac{q}{1-q}\right)' = p \cdot \frac{1}{(1-q)^2} = \frac{1}{p}$$

$$E(X^2) = \sum_{k=1}^{\infty}k^2pq^{k-1} = p\left[\sum_{k=1}^{\infty}k(k-1)q^{k-1} + \sum_{k=1}^{\infty}kq^{k-1}\right] = qp\left(\sum_{k=1}^{\infty}q^k\right)'' + E(X)$$

$$= qp\left(\frac{q}{1-q}\right)'' + \frac{1}{p} = qp\frac{2}{(1-q)^3} + \frac{1}{p} = \frac{2q}{p^2} + \frac{1}{p} = \frac{2q+p}{p^2} = \frac{2-p}{p^2}$$

故

$$D(X) = E(X^2) - [E(X)]^2 = \frac{2-p}{p^2} - \frac{1}{p^2} = \frac{1-p}{p^2}$$

**例2** 设随机变量 $X$ 的概率密度函数为

$$f(x) = \begin{cases} x, & 0 < x \leqslant 1 \\ 2-x, & 1 < x \leqslant 2 \\ 0, & \text{其他} \end{cases}$$

求 $E(X), D(X)$.

**解**
$$E(X) = \int_{-\infty}^{\infty} xf(x)\,\mathrm{d}x = \int_0^1 x^2\,\mathrm{d}x + \int_1^2 x(2-x)\,\mathrm{d}x = 1$$

$$E(X^2) = \int_{-\infty}^{\infty} x^2 f(x)\,\mathrm{d}x = \int_0^1 x^3\,\mathrm{d}x + \int_1^2 x^2(2-x)\,\mathrm{d}x = \frac{7}{6}$$

由方差的计算公式得

$$D(X) = E(X^2) - [E(X)]^2 = \frac{7}{6} - 1 = \frac{1}{6}$$

### 4.2.2 方差的性质

设以下性质中的随机变量的方差都存在.

（1）设 $C$ 是常数，则 $D(C) = 0$.

（2）设 $X$ 是随机变量，$C$ 是常数，则有 $D(CX) = C^2 D(X)$.

（3）设 $X, Y$ 是两个随机变量，则有 $D(X+Y) = D(X) + D(Y) + 2E\{[X-E(X)][Y-E(Y)]\}$.
特别地，若 $X, Y$ 相互独立，则有 $D(X+Y) = D(X) + D(Y)$.

这一性质可以推广到任意有限多个相互独立的随机变量之和的情况，设 $X_1, X_2, \cdots, X_n$ 是 $n$ 个相互独立的随机变量，则 $D(X_1 + X_2 + \cdots + X_n) = D(X_1) + D(X_2) + \cdots + D(X_n)$.

（4）$D(X) = 0$ 的充要条件是 $X$ 以概率1取常数 $C$，即 $D(X) = 0 \Leftrightarrow P\{X = C\} = 1$，显然 $C =$

$E(X)$,说明当方差为 0 时,随机变量以概率 1 取值集中在数学期望这一点上.

**证明** （1） $$D(C) = E\{[C - E(C)]^2\} = 0$$

（2） $$D(CX) = E[(CX)^2] - [E(CX)]^2 = C^2 E(X^2) - C^2 [E(X)]^2 = C^2 D(X)$$

（3） $$\begin{aligned} D(X + Y) &= E\{[(X + Y) - E(X + Y)]^2\} \\ &= E\{[(X - E(X)) + (Y - E(Y))]^2\} \\ &= E\{[(X - E(X))^2 + 2(X - E(X))(Y - E(Y)) + (Y - E(Y))^2]\} \\ &= D(X) + D(Y) + 2E\{[X - E(X)][Y - E(Y)]\} \end{aligned}$$

又 $$\begin{aligned} E\{[X - E(X)][Y - E(Y)]\} &= E[XY - XE(Y) - YE(X) + E(X)E(Y)] \\ &= E(XY) - E(X)E(Y) - E(Y)E(X) + E(X)E(Y) \\ &= E(XY) - E(X)E(Y) \end{aligned}$$

特别地,当 $X,Y$ 独立时,有 $E(XY) = E(X)E(Y)$,故有当 $X,Y$ 独立时

$$D(X + Y) = D(X) + D(Y)$$

（4） 这里只证充分性. 设 $P\{X = E(X)\} = 1$,则有 $P\{X^2 = [E(X)]^2\} = 1$,于是

$$D(X) = E(X^2) - [E(X)]^2 = 0$$

**例 3** 设掷两颗骰子,用 $X,Y$ 分别表示第一、第二颗骰子出现的点数,求两颗骰子出现点数之差的方差.

**解** 令 $X,Y$ 分别表示第一、第二颗骰子出现的点数,则 $X$ 与 $Y$ 的分布相同且相互独立,分布律为

$$P\{X = k\} = P\{Y = k\} = \frac{1}{6} \quad (k = 1,2,\cdots,6)$$

$$E(X) = E(Y) = \sum_{k=1}^{6} k \cdot \frac{1}{6} = \frac{1}{6} \cdot (1 + 2 + \cdots + 6) = \frac{7}{2}$$

$$E(X^2) = E(Y^2) = \frac{1}{6}(1^2 + 2^2 + \cdots + 6^2) = \frac{91}{6}$$

$$D(X) = D(Y) = E(X^2) - [E(X)]^2 = \frac{91}{6} - \left(\frac{7}{2}\right)^2 = \frac{35}{12}$$

故 $$D(X - Y) = D(X) + D(Y) = \frac{35}{12} + \frac{35}{12} = \frac{35}{6}$$

**例 4** 设随机变量 $X$ 服从正态分布 $N(\mu, \sigma^2)$, 求 $D(X), D(2X + 3)$.

**解** 由上节内容可知 $X \sim N(\mu, \sigma^2), E(X) = \mu$. 且 $X$ 的概率密度为

$$f(x) = \frac{1}{\sqrt{2\pi}\sigma} e^{-\frac{(x-\mu)^2}{2\sigma^2}}$$

直接由方差的定义有

$$D(X) = E\{[X - E(X)]^2\} = \int_{-\infty}^{+\infty} (x - \mu)^2 f(x) \mathrm{d}x$$

$$= \int_{-\infty}^{+\infty} (x - \mu)^2 \frac{1}{\sqrt{2\pi}\sigma} e^{-\frac{(x-\mu)^2}{2\sigma^2}} dx$$

令 $\dfrac{x - \mu}{\sigma} = t$，得

$$D(X) = \frac{\sigma^2}{\sqrt{2\pi}} \int_{-\infty}^{+\infty} t^2 e^{-\frac{t^2}{2}} dt = \frac{\sigma^2}{\sqrt{2\pi}} \int_{-\infty}^{+\infty} t e^{-\frac{t^2}{2}} d\frac{t^2}{2} = \frac{\sigma^2}{\sqrt{2\pi}} \left( -\int_{-\infty}^{+\infty} t d e^{-\frac{t^2}{2}} \right)$$

$$= \frac{\sigma^2}{\sqrt{2\pi}} \left( -t e^{-\frac{t^2}{2}} \Big|_{-\infty}^{+\infty} + \int_{-\infty}^{+\infty} e^{-\frac{t^2}{2}} dt \right) = \frac{\sigma^2}{\sqrt{2\pi}} \left( 0 + \int_{-\infty}^{+\infty} e^{-\frac{t^2}{2}} dt \right)$$

$$= \frac{\sigma^2}{\sqrt{2\pi}} \int_{-\infty}^{+\infty} e^{-\frac{t^2}{2}} dt = \sigma^2 \int_{-\infty}^{+\infty} \frac{1}{\sqrt{2\pi}} e^{-\frac{t^2}{2}} dt = \sigma^2$$

根据方差的性质，有

$$D(2X + 3) = D(2X) + D(3) + 2E\{[2X - E(2X)][3 - E(3)]\}$$

由于 $D(3) = 0, 3 - E(3) = 0$，所以

$$D(2X + 3) = 4D(X) = 4\sigma^2$$

**评注** ① 正态分布 $N(\mu, \sigma^2)$ 中的两个参数 $\mu$ 和 $\sigma^2$ 分别是正态分布的数学期望和方差，特别地，标准正态分布 $N(0,1)$ 的数学期望为 0，方差为 1.

② $D(aX + b) = a^2 D(X)$，其中 $a, b$ 为常数.

### 4.2.3 标准化随机变量

**定义 2** 设随机变量 $X$，记 $X^* = \dfrac{X - E(X)}{\sqrt{D(X)}}$，称 $X^*$ 为 $X$ 的标准化随机变量. 其中

$$E(X^*) = E\left[ \frac{X - E(X)}{\sqrt{D(X)}} \right] = \frac{1}{\sqrt{D(X)}} [E(X) - E(X)] = 0$$

$$D(X^*) = D\left[ \frac{X - E(X)}{\sqrt{D(X)}} \right] = \frac{1}{D(X)} D[X - E(X)] = \frac{D(X)}{D(X)} = 1$$

即标准化的随机变量的数学期望为 0，方差为 1.

例如，设随机变量 $X$ 服从正态分布 $N(\mu, \sigma^2)$，则 $X^* = \dfrac{X - \mu}{\sigma}$ 服从标准正态分布 $N(0,1)$，$X^*$ 即为 $X$ 的标准化随机变量，且 $E(X^*) = 0, D(X^*) = 1$.

### 4.2.4 常见分布的方差

1. $0 - 1$ 分布 $E(X) = p, D(X) = p(1 - p)$

因为随机变量 $X$ 的分布律为

| $X$ | 0 | 1 |
|-----|-----|-----|
| $P$ | $1-p$ | $p$ |

所以 $\quad E(X) = 0 \cdot (1-p) + 1 \cdot p = p, E(X^2) = 0^2 \cdot (1-p) + 1^2 \cdot p = p$

故 $\quad D(X) = E(X^2) - [E(X)]^2 = p - p^2 = p(1-p)$

2. 二项分布 $X \sim B(n,p)$，$E(X) = np, D(X) = np(1-p)$

**证明** 利用求二项分布的数学期望的思想，设

$$X_i = \begin{cases} 1, & \text{第 } i \text{ 次试验成功} \\ 0, & \text{第 } i \text{ 次试验失败} \end{cases} (i = 1,2,\cdots,n)$$

则 $X_i$ 服从 $0-1$ 分布，且 $P\{X_i = 1\} = p, P\{X_i = 0\} = 1-p, E(X_i) = p, D(X_i) = p(1-p)$，$i = 1,2,\cdots,n$，则 $n$ 次试验中成功的次数为

$$X = X_1 + X_2 + \cdots + X_n$$

即 $X$ 服从二项分布 $B(n,p)$，于是

$$E(X) = E(X_1 + X_2 + \cdots + X_n) = \sum_{i=1}^{n} E(X_i) = np$$

由于 $X_1, X_2, \cdots, X_n$ 相互独立，则

$$D(X) = \sum_{i=1}^{n} D(X_i) = np(1-p)$$

3. 泊松分布 $X \sim P(\lambda)$，$E(X) = \lambda, D(X) = \lambda$

设泊松分布分布律为 $P\{X = k\} = \dfrac{\lambda^k e^{-\lambda}}{k!}, k = 0,1,2,\cdots$，由上节内容可知

$$E(X) = \lambda$$

$$\begin{aligned} E(X^2) &= \sum_{k=0}^{+\infty} k^2 \cdot \frac{\lambda^k e^{-\lambda}}{k!} \\ &= \sum_{k=0}^{+\infty} k(k-1) \frac{\lambda^k e^{-\lambda}}{k!} + \sum_{k=0}^{+\infty} k \cdot \frac{\lambda^k e^{-\lambda}}{k!} \\ &= \sum_{k=2}^{+\infty} \frac{\lambda^k e^{-\lambda}}{(k-2)!} + E(X) \\ &= \lambda^2 e^{-\lambda} \sum_{k=2}^{\infty} \frac{\lambda^{k-2}}{(k-2)!} + \lambda \\ &= \lambda^2 e^{-\lambda} e^{\lambda} + \lambda = \lambda^2 + \lambda \end{aligned}$$

故方差

$$D(X) = E(X^2) - [E(X)]^2 = \lambda$$

4. 均匀分布 $X \sim U(a,b)$，$E(X) = \dfrac{a+b}{2}$，$D(X) = \dfrac{(b-a)^2}{12}$

设 $X$ 的概率密度函数为

$$f(x) = \begin{cases} \dfrac{1}{b-a}, & a < x < b \\ 0, & \text{其他} \end{cases}$$

由上节内容可知

$$E(X) = \frac{a+b}{2}$$

$$D(X) = E(X^2) - [E(X)]^2 = \int_a^b x^2 \frac{1}{b-a}\mathrm{d}x - \left(\frac{a+b}{2}\right)^2 = \frac{(b-a)^2}{12}$$

5. 指数分布 $X \sim E(\lambda)$，$E(X) = \dfrac{1}{\lambda}$，$D(X) = \dfrac{1}{\lambda^2}$

设 $X$ 的概率密度函数为

$$f(x) = \begin{cases} \lambda \mathrm{e}^{-\lambda x}, & x > 0 \\ 0, & \text{其他} \end{cases}$$

由上节内容可知

$$E(X) = \frac{1}{\lambda}$$

而

$$E(X^2) = \int_{-\infty}^{+\infty} x^2 f(x)\,\mathrm{d}x = \int_0^{+\infty} x^2 \lambda \mathrm{e}^{-\lambda x}\,\mathrm{d}x = -x^2 \mathrm{e}^{-\lambda x}\Big|_0^{+\infty} + \int_0^{+\infty} 2x \mathrm{e}^{-\lambda x}\,\mathrm{d}x = \frac{2}{\lambda^2}$$

于是

$$D(X) = E(X^2) - [E(X)]^2 = \frac{2}{\lambda^2} - \frac{1}{\lambda^2} = \frac{1}{\lambda^2}$$

即有

$$E(X) = \frac{1}{\lambda}, D(X) = \frac{1}{\lambda^2}$$

6. 正态分布 $X \sim N(\mu, \sigma^2)$，$E(X) = \mu$，$D(X) = \sigma^2$

由例4知正态分布的概率密度函数中的两个参数 $\mu$ 和 $\sigma^2$ 分别是该分布的数学期望和方差，因而正态分布完全可由它的数学期望和方差所确定.

熟练掌握常见的随机变量的数学期望和方差，可使计算得到简化. 例如，设随机变量 $X$ 是常见的随机变量，可直接写出 $E(X)$，$D(X)$，然后应用公式 $E(X^2) = D(X) + [E(X)]^2$ 可以较容易地计算出 $X^2$ 的数学期望.

**例5**　设随机变量 $X$ 的概率密度函数为

$$f(x) = \begin{cases} \dfrac{1}{2}\cos\dfrac{x}{2}, & 0 \leqslant x \leqslant \pi \\ 0, & \text{其他} \end{cases}$$

对 $X$ 独立地重复观察4次,用 $Y$ 表示观察值大于 $\dfrac{\pi}{3}$ 的次数,求 $Y^2$ 的数学期望.

**分析**　对 $X$ 独立地重复观察4次,用 $Y$ 表示 $X$ 的观察值大于 $\dfrac{\pi}{3}$ 的次数,则 $Y$ 服从参数为 $4,p$ 的二项分布,其中 $p = P\left\{X > \dfrac{\pi}{3}\right\}$.

**解**　$p = P\left\{X > \dfrac{\pi}{3}\right\} = \displaystyle\int_{\frac{\pi}{3}}^{+\infty} f(x)\,\mathrm{d}x = \int_{\frac{\pi}{3}}^{\pi} \dfrac{1}{2}\cos\dfrac{x}{2}\,\mathrm{d}x = \dfrac{1}{2}$,则

$$Y \sim B\left(4, \dfrac{1}{2}\right), E(Y) = 4 \cdot \dfrac{1}{2} = 2, D(Y) = 4 \cdot \dfrac{1}{2} \cdot \dfrac{1}{2} = 1$$

得

$$E(Y^2) = D(Y) + [E(Y)]^2 = 1 + 2^2 = 5$$

**例6**　设随机变量 $X,Y$ 相互独立,且都服从于正态分布 $N(2,4)$. 试求:$(1)P\{X > Y\}$;$(2)E(|X - Y|)$;$(3)D(|X - Y|)$.

**解**　由于随机变量 $X,Y$ 相互独立,且都服从于正态分布 $N(2,4)$,所以 $X - Y$ 也服从正态分布,且 $E(X - Y) = EX - EY = 0, D(X - Y) = DX + DY = 4 + 4 = 8$,所以 $X - Y \sim N(0,8)$.

$(1)P\{X > Y\} = P\{X - Y > 0\} = 1 - P\{X - Y \leqslant 0\} = 1 - \Phi(0) = 0.5$.

$(2)$ 令 $Z = X - Y, Z \sim N(0,8)$,则 $Z$ 的概率密度函数为

$$f(z) = \dfrac{1}{\sqrt{2\pi \times 8}}\mathrm{e}^{-\frac{z^2}{2\times 8}}, \quad -\infty < z < +\infty$$

$$E(|X - Y|) = E(|Z|) = \int_{-\infty}^{+\infty} |z| f(z)\,\mathrm{d}z = 2\int_0^{+\infty} z\dfrac{1}{\sqrt{2\pi \times 8}}\mathrm{e}^{-\frac{z^2}{2\times 8}}\mathrm{d}z$$

$$= \dfrac{1}{2\sqrt{\pi}}\int_0^{+\infty} z\mathrm{e}^{-\frac{z^2}{2\times 8}}\mathrm{d}z = -\dfrac{4}{\sqrt{\pi}}\mathrm{e}^{-\frac{z^2}{16}}\Big|_0^{+\infty} = \dfrac{4}{\sqrt{\pi}}$$

$$D(|X - Y|) = D(|Z|) = E(Z^2) - [E(|Z|)]^2$$

$$= D(Z) + [E(Z)]^2 - [E(|Z|)]^2$$

$$= 8 + 0 - \dfrac{16}{\pi} = 8 - \dfrac{16}{\pi}$$

# 4.3 协方差及相关系数

数学期望和方差体现了单个随机变量的特征,对于二维随机变量$(X,Y)$,我们除了分别讨论$X$与$Y$的数学期望与方差外,还需要描述$X$与$Y$之间的相互关系,例如,一个学生的物理成绩与他的数学成绩关联很大,人们的消费与其收入有关,这里研究体现两个随机变量之间的关系的数字特征——协方差与相关系数.

### 4.3.1 协方差的概念和性质

在推导随机变量和的方差的性质时我们得到,对于任意的随机变量$X,Y$有$D(X+Y)=D(X)+D(Y)+2E\{[X-E(X)][Y-E(Y)]\}$成立,且当$X,Y$独立时有$D(X+Y)=D(X)+D(Y)$,即$E\{[X-E(X)][Y-E(Y)]\}=0$,这意味着$E\{[X-E(X)][Y-E(Y)]\}\neq0$时,$X,Y$不独立,进而$X,Y$存在着一定的关系.

**定义1** 称$E\{[X-E(X)][Y-E(Y)]\}$为随机变量$X$与$Y$的协方差(Covariance),记为$\text{Cov}(X,Y)$,即

$$\text{Cov}(X,Y)=E\{[X-E(X)][Y-E(Y)]\}$$

那么$D(X+Y)=D(X)+D(Y)+2\text{Cov}(X,Y)$.

由协方差的定义展开,计算得

$$\text{Cov}(X,Y)=E(XY)-E(X)E(Y)$$

常常利用此公式计算协方差.

协方差的性质:

(1)$\text{Cov}(X,Y)=\text{Cov}(Y,X),\text{Cov}(X,X)=D(X)$;

(2)$\text{Cov}(C,X)=0,C$为任意常数;

(3)$\text{Cov}(aX,bY)=ab\text{Cov}(X,Y)$;

(4)$\text{Cov}(X\pm Y,Z)=\text{Cov}(X,Z)\pm\text{Cov}(Y,Z)$;

(5) 若$X$与$Y$相互独立时,则$\text{Cov}(X,Y)=0$.

### 4.3.2 相关系数的概念和性质

**定义2** 设二维随机变量$(X,Y),D(X)>0,D(Y)>0$,则

$$\rho_{XY}=\frac{\text{Cov}(X,Y)}{\sqrt{D(X)}\sqrt{D(Y)}}$$

称为随机变量$X$和$Y$的相关系数(Correlation coefficient).

$\rho_{XY}$是一个无量纲的数,它反映了$X$和$Y$之间的线性相关程度.

**定义3** 当$\rho_{XY}=0$时,称随机变量$X$与$Y$不相关(Noncorrelation).

**定理1** 对任意两个随机变量 $X,Y$,若 $E(X^2) < \infty$,$E(Y^2) < \infty$,则有

$$[E(XY)]^2 \leqslant E(X^2) \cdot E(Y^2)$$

当且仅当 $P\{Y = t_0 X\} = 1$ 时,上式等号成立,其中 $t_0$ 是某个常数.

**证明** 对任意实数 $t$,有

$$q(t) = E[(Y - tX)^2] = E(Y^2) + t^2 E(X^2) - 2tE(XY) \geqslant 0$$

因此,二次方程 $q(t) = 0$ 的根的判别式

$$4[E(XY)]^2 - 4E(X^2) \cdot E(Y^2) \leqslant 0$$

即

$$[E(XY)]^2 \leqslant E(X^2) \cdot E(Y^2)$$

此外,二次方程 $q(t) = 0$ 有二重实根 $t_0$ 的充要条件是

$$4[E(XY)]^2 - 4E(X^2) \cdot E(Y^2) = 0$$

这时,$D(Y - t_0 X) = 0$,$E(Y - t_0 X) = 0$,由方差的性质,得 $P\{Y - t_0 X = 0\} = 1$,即

$$P\{Y = t_0 X\} = 1$$

此式称为柯西 – 施瓦兹(Cauchy-Schwarz)不等式.

相关系数的性质:

(1) $|\rho_{XY}| \leqslant 1$;

(2) 若 $D(X) > 0, D(Y) > 0$,则 $|\rho_{XY}| = 1$ 的充要条件为 $P\{Y = aX + b\} = 1$,其中 $a,b$ 为常数,且 $a \neq 0$.

\* **证明** (1) 设 $X^* = \dfrac{X - E(X)}{\sqrt{D(X)}}, Y^* = \dfrac{Y - E(Y)}{\sqrt{D(Y)}}$,则

$$E(X^*) = E(Y^*) = 0, D(X^*) = D(Y^*) = 1$$

由定理1可得

$$[E(X^* Y^*)]^2 \leqslant E[(X^*)^2] \cdot E[(Y^*)^2]$$

其中 $E[(X^*)^2] = D(X^*) + [E(X^*)]^2 = 1, E[(Y^*)^2] = D(Y^*) + [E(Y^*)]^2 = 1$

$$[E(X^* Y^*)]^2 = \left[E\left(\frac{X - E(X)}{\sqrt{D(X)}} \frac{Y - E(Y)}{\sqrt{D(Y)}}\right)\right]^2 = \left(\frac{E\{[X - E(X)][Y - E(Y)]\}}{\sqrt{D(X)} \sqrt{D(Y)}}\right)^2 = \rho_{XY}^2$$

可得 $\rho_{XY}^2 \leqslant 1$,即 $|\rho_{XY}| \leqslant 1$.

(2) ① 必要性

$$D\left[\frac{X}{\sqrt{D(X)}} \pm \frac{Y}{\sqrt{D(Y)}}\right] = \frac{D(X)}{D(X)} + \frac{D(Y)}{D(Y)} \pm 2 \frac{\text{Cov}(X,Y)}{\sqrt{D(X)} \sqrt{D(Y)}} = 2(1 \pm \rho_{XY})$$

当 $\rho_{XY} = 1$ 时,$D\left[\dfrac{X}{\sqrt{D(X)}} - \dfrac{Y}{\sqrt{D(Y)}}\right] = 2(1 - \rho_{XY}) = 0$,则

$$P\left\{\frac{X}{\sqrt{D(X)}} - \frac{Y}{\sqrt{D(Y)}} = \frac{E(X)}{\sqrt{D(X)}} - \frac{E(Y)}{\sqrt{D(Y)}}\right\} = 1$$

即有

$$P\{Y = aX + b\} = 1$$

其中, $a = \dfrac{\sqrt{D(Y)}}{\sqrt{D(X)}}; b = - \sqrt{D(Y)}\left[\dfrac{E(X)}{\sqrt{D(X)}} - \dfrac{E(Y)}{\sqrt{D(Y)}}\right]$.

同理可证：当 $\rho = -1$ 时，也有 $P\{Y = aX + b\} = 1$.

② 充分性

若存在常数 $a, b$，使得 $Y = aX + b$，则有

$$
\begin{aligned}
\text{Cov}(X, Y) &= E\{[X - E(X)][Y - E(Y)]\} \\
&= E\{[X - E(X)][aX + b - aE(X) - b]\} \\
&= aD(X)
\end{aligned}
$$

$$D(Y) = D(aX + b) = a^2 D(X)$$

所以

$$\rho_{XY} = \frac{\text{Cov}(X, Y)}{\sqrt{D(X)} \sqrt{D(Y)}} = \frac{aD(X)}{\sqrt{D(X)} \sqrt{a^2 D(X)}} = \frac{a}{|a|} = \pm 1$$

即 $|\rho_{XY}| = 1$.

当 $a > 0$ 时，$\rho_{XY} = 1$，称 $X, Y$ 正相关；当 $a < 0$ 时，$\rho_{XY} = -1$，称 $X, Y$ 负相关.

**评注** 相关系数 $\rho_{XY}$ 刻画了随机变量 $Y$ 与 $X$ 之间的"线性相关"程度. $|\rho_{XY}|$ 的值越接近 1，$Y$ 与 $X$ 的线性相关程度越强；$|\rho_{XY}|$ 的值越近于 0，$Y$ 与 $X$ 的线性相关程度越弱.

**定义 4** 设 $e = E[Y - (aX + b)]^2$，称为用 $aX + b$ 来近似 $Y$ 的均方误差.

实际问题中，用 $e$ 来衡量以 $aX + b$ 近似表达 $Y$ 的好坏程度. $e$ 的值越小表示 $aX + b$ 与 $Y$ 的近似程度越好. 这样取适当的 $a, b$ 使得 $e$ 取到最小.

由于

$$e = E[Y - (aX + b)]^2 = E(Y^2) + a^2 E(X^2) + b^2 - 2aE(XY) + 2abE(X) - 2bE(Y)$$

令

$$
\begin{cases}
\dfrac{\partial e}{\partial a} = 2aE(X^2) - 2E(XY) + 2bE(X) = 0 \\
\dfrac{\partial e}{\partial b} = 2b + 2aE(X) - 2E(Y) = 0
\end{cases}
$$

解得 $a_0 = \dfrac{\text{Cov}(X, Y)}{D(X)}$, $b_0 = E(Y) - a_0 E(X)$ 使均方误差 $e$ 达到最小.

由此可知，对 $Y$ 最佳的线性近似为 $a_0 X + b_0$，而其均方误差

$$\min e = E\{[Y - (a_0 X + b_0)]^2\} = D(Y)(1 - \rho_{XY}^2)$$

从这个侧面也能说明：$|\rho_{XY}|$ 越接近 1，$e$ 越小；反之，$|\rho_{XY}|$ 越近于 0，$e$ 就越大. $Y$ 与 $X$ 的线性相关性越小.

**定理 2** 对随机变量 $X$ 与 $Y$，下列命题等价：

(1) $E(XY) = E(X)E(Y)$；

（2）$D(X + Y) = D(X) + D(Y)$；

（3）$\text{Cov}(X,Y) = 0$；

（4）$X,Y$ 不相关；

（5）$\rho_{XY} = 0.$

**评注** 由数学期望的性质有,当 $X$ 和 $Y$ 相互独立时,$E(XY) = E(X)E(Y)$,从而 $\text{Cov}(X,Y) = 0$, 所以 $\rho_{XY} = 0$,即 $X$ 与 $Y$ 不相关. 反之,若 $X$ 与 $Y$ 不相关,则 $X$ 与 $Y$ 不一定独立. 因为"不相关"只是就线性关系而言,而"相互独立"是就一般关系来说的.

**例1** 设二维随机变量$(X,Y)$ 的联合分布律为

| $X$ | $Y$ | | | |
|---|---|---|---|---|
| | 0 | 1 | 2 | 3 |
| 1 | 0 | 3/8 | 3/8 | 0 |
| 3 | 1/8 | 0 | 0 | 1/8 |

求 $X,Y$ 的相关系数$\rho_{XY}$,并讨论 $X,Y$ 的独立性.

**解** $X,Y$ 的边缘分布律分别为

| $X$ | 1 | 3 |
|---|---|---|
| $P$ | 6/8 | 2/8 |

| $Y$ | 0 | 1 | 2 | 3 |
|---|---|---|---|---|
| $P$ | 1/8 | 3/8 | 3/8 | 1/8 |

$XY$ 的分布律为

| $XY$ | 0 | 1 | 2 | 3 | 6 | 9 |
|---|---|---|---|---|---|---|
| $P$ | $\dfrac{1}{8}$ | $\dfrac{3}{8}$ | $\dfrac{3}{8}$ | 0 | 0 | $\dfrac{1}{8}$ |

$$E(X) = 1 \times \frac{6}{8} + 3 \times \frac{2}{8} = \frac{3}{2}$$

$$E(Y) = 0 \times \frac{1}{8} + 1 \times \frac{3}{8} + 2 \times \frac{3}{8} + 3 \times \frac{1}{8} = \frac{3}{2}$$

$$D(X) = E(X^2) - (EX)^2 = 1 \times \frac{6}{8} + 3^2 \times \frac{2}{8} - \left(\frac{3}{2}\right)^2 = \frac{3}{4}$$

$$D(Y) = E(Y^2) - (EY)^2 = 0 \times \frac{1}{8} + 1 \times \frac{3}{8} + 2^2 \times \frac{3}{8} + 3^3 \times \frac{1}{8} - \left(\frac{3}{2}\right)^2 = \frac{3}{4}$$

$$E(XY) = 0 \times \frac{1}{8} + 1 \times \frac{3}{8} + 2 \times \frac{3}{8} + 3 \times 0 + 6 \times 0 + 9 \times \frac{1}{8} = \frac{9}{4}$$

$$\text{Cov}(X,Y) = E(XY) - E(X)E(Y) = \frac{9}{4} - \frac{3}{2} \times \frac{3}{2} = 0$$

所以，$\rho_{XY} = 0$，即 $X,Y$ 不相关.

而另一方面，$P(X = 1, Y = 0) = 0 \neq P(X = 1)P(Y = 0) = \frac{6}{8} \times \frac{1}{8}$，所以 $X,Y$ 不独立.

**例2** 设连续型随机变量 $(X,Y)$ 的概率密度函数为

$$f(x,y) = \begin{cases} 12y^2, & 0 \leqslant y \leqslant x \leqslant 1 \\ 0, & \text{其他} \end{cases}$$

求 $\rho_{XY}$.

**解**
$$f_X(x) = \int_{-\infty}^{+\infty} f(x,y)\mathrm{d}y = \begin{cases} \int_0^x 12y^2\mathrm{d}y = 4x^3, & 0 \leqslant x \leqslant 1 \\ 0, & \text{其他} \end{cases}$$

$$E(X) = \int_0^1 x \cdot 4x^3\mathrm{d}x = \frac{4}{5}$$

$$f_Y(y) = \int_{-\infty}^{+\infty} f(x,y)\mathrm{d}x = \begin{cases} \int_y^1 12y^2\mathrm{d}x = 12y^2(1-y), & 0 \leqslant y \leqslant 1 \\ 0, & \text{其他} \end{cases}$$

$$E(Y) = \int_0^1 12y^2(1-y)y\mathrm{d}y = \frac{3}{5}$$

$$E(XY) = \int_0^1 \mathrm{d}x \int_0^x xy \cdot 12y^2\mathrm{d}y = \int_0^1 3x^5\mathrm{d}x = \frac{1}{2}$$

$$\text{Cov}(X,Y) = E(XY) - E(X)E(Y) = \frac{1}{2} - \frac{4}{5} \times \frac{3}{5} = \frac{1}{50}$$

又
$$E(X^2) = \int_0^1 x^2 \cdot 4x^3\mathrm{d}x = \frac{2}{3}$$

所以
$$D(X) = E(X^2) - [E(X)]^2 = \frac{2}{3} - \left(\frac{4}{5}\right)^2 = \frac{2}{75}$$

$$E(Y^2) = \int_0^1 12y^2(1-y)y^2\mathrm{d}y = 12\int_0^1 (y^4 - y^5)\mathrm{d}y = \frac{2}{5}$$

$$D(Y) = E(Y^2) - [E(Y)]^2 = \frac{2}{5} - \left(\frac{3}{5}\right)^2 = \frac{1}{25}$$

$$\rho_{XY} = \frac{\text{Cov}(X,Y)}{\sqrt{D(X)}\sqrt{D(Y)}} = \frac{\dfrac{1}{50}}{\sqrt{\dfrac{2}{75}}\sqrt{\dfrac{1}{25}}} = \frac{\sqrt{6}}{4}$$

**例3** 设 $(X,Y)$ 服从二维正态分布，其概率密度函数为

$$f(x,y) = \frac{1}{2\pi\sigma_1\sigma_2\sqrt{1-\rho^2}}e^{-\frac{1}{2(1-\rho^2)}\left[\frac{(x-\mu_1)^2}{\sigma_1^2}-2\rho\frac{(x-\mu_1)(y-\mu_2)}{\sigma_1\sigma_2}+\frac{(y-\mu_2)^2}{\sigma_2^2}\right]}$$

求 $E(X)$，$E(Y)$，$D(X)$，$D(Y)$，$\rho_{XY}$.

**解** $(X,Y)$ 的边缘概率密度函数为

$$f_X(x) = \frac{1}{2\pi\sigma_1}e^{-\frac{(x-\mu_1)^2}{2\sigma_1^2}}, \quad f_Y(y) = \frac{1}{2\pi\sigma_2}e^{-\frac{(y-\mu_2)^2}{2\sigma_2^2}}$$

所以，$E(X) = \mu_1$，$E(Y) = \mu_2$，$D(X) = \sigma_1^2$，$D(Y) = \sigma_2^2$. 而

$$\begin{aligned}
\text{Cov}(X,Y) &= \int_{-\infty}^{+\infty}\int_{-\infty}^{+\infty}(x-\mu_1)(y-\mu_2)f(x,y)\mathrm{d}x\mathrm{d}y \\
&= \int_{-\infty}^{+\infty}\int_{-\infty}^{+\infty}(x-\mu_1)(y-\mu_2)\frac{1}{2\pi\sigma_1\sigma_2\sqrt{1-\rho^2}}e^{-\frac{1}{2(1-\rho^2)}\left[\frac{(x-\mu_1)^2}{\sigma_1^2}-2\rho\frac{(x-\mu_1)(y-\mu_2)}{\sigma_1\sigma_2}+\frac{(y-\mu_2)^2}{\sigma_2^2}\right]}\mathrm{d}x\mathrm{d}y
\end{aligned}$$

令 $t = \frac{1}{2\sqrt{1-\rho^2}}\left(\frac{y-\mu_2}{\sigma_2}-\rho\frac{x-\mu_1}{\sigma_1}\right)$，$u = \frac{x-\mu_1}{\sigma_1}$，则

$$\begin{aligned}
\text{Cov}(X,Y) &= \frac{1}{2\pi}\int_{-\infty}^{+\infty}\int_{-\infty}^{+\infty}(\sigma_1\sigma_2\sqrt{1-\rho^2}\,tu+\rho\sigma_1\sigma_2u^2)e^{-\frac{u^2}{2}-\frac{t^2}{2}}\mathrm{d}t\mathrm{d}u \\
&= \frac{\rho\sigma_1\sigma_2}{2\pi}\left(\int_{-\infty}^{+\infty}u^2e^{-\frac{u^2}{2}}\mathrm{d}u\right)\left(\int_{-\infty}^{+\infty}e^{-\frac{t^2}{2}}\mathrm{d}t\right) + \frac{\sigma_1\sigma_2\sqrt{1-\rho^2}}{2\pi}\left(\int_{-\infty}^{+\infty}ue^{-\frac{u^2}{2}}\mathrm{d}u\right)\left(\int_{-\infty}^{+\infty}te^{-\frac{t^2}{2}}\mathrm{d}t\right) \\
&= \rho\sigma_1\sigma_2
\end{aligned}$$

所以

$$\rho_{XY} = \frac{\text{Cov}(X,Y)}{\sqrt{D(X)}\sqrt{D(Y)}} = \rho$$

当 $\rho = 0$ 时

$$f(x,y) = \frac{1}{2\pi\sigma_1\sigma_2}e^{\left[\frac{(x-\mu_1)^2}{2\sigma_1^2}+\frac{(y-\mu_2)^2}{2\sigma_2^2}\right]} = f_X(x)\cdot f_Y(y)$$

即当 $X,Y$ 不相关，能得到 $X,Y$ 独立.

当 $(X,Y)$ 服从二维正态分布时，则随机变量 $X,Y$ 相互独立与 $X,Y$ 不相关是等价的.

# 4.4 矩、协方差矩阵及 $n$ 维正态随机变量的若干性质

### 4.4.1 矩的概念

**定义1** 设 $X,Y$ 是随机变量，则

(1) 若 $E(X^k)$，$k = 1,2,\cdots$ 存在，则称它为 $X$ 的 $k$ 阶原点矩（$k$th moment），简称 $k$ 阶矩；

(2) 若 $E\{[X-E(X)]^k\}$，$k = 2,3,\cdots$ 存在，则称它为 $X$ 的 $k$ 阶中心矩（$k$th central moment）；

（3）若 $E(X^k Y^l)$，$k,l = 1,2,\cdots$ 存在，则称它为 $X$ 和 $Y$ 的 $k + l$ 阶混合矩（Joint moment）；

（4）若 $E\{[X - E(X)]^k [Y - E(Y)]^l\}$，$k,l = 1,2,\cdots$ 存在，则称它为 $X$ 和 $Y$ 的 $k + l$ 阶混合中心矩（Joint central moment）.

$X$ 的一阶原点矩即为数学期望，二阶中心矩即为方差；$X,Y$ 的二阶混合中心矩即为协方差.

### 4.4.2　协方差矩阵的概念

**定义2**　$n$ 维随机变量的协方差矩阵：

（1）二维随机变量 $(X_1,X_2)$ 有四个二阶中心矩（设它们都存在），分别记为

$$c_{11} = E\{[X_1 - E(X_1)]^2\}$$
$$c_{12} = E\{[X_1 - E(X_1)][X_2 - E(X_2)]\}$$
$$c_{21} = E\{[X_2 - E(X_2)][X_1 - E(X_1)]\}$$
$$c_{22} = E\{[X_2 - E(X_2)]^2\}$$

则称矩阵 $\boldsymbol{C} = \begin{pmatrix} c_{11} & c_{12} \\ c_{21} & c_{22} \end{pmatrix}$ 为 $(X_1,X_2)$ 的协方差矩阵（Covariance matrix）.

（2）设 $n$ 维随机变量 $(X_1,X_2,\cdots,X_n)$ 的二阶混合中心矩

$$c_{ij} = \mathrm{Cov}(X_i,X_j) = E\{[X_i - E(X_i)][X_j - E(X_j)]\} \quad (i,j = 1,2,\cdots,n)$$

都存在，则称矩阵 $\boldsymbol{C} = \begin{pmatrix} c_{11} & c_{12} & \cdots & c_{1n} \\ c_{21} & c_{22} & \cdots & c_{2n} \\ \vdots & \vdots & & \vdots \\ c_{n1} & c_{n2} & \cdots & c_{nn} \end{pmatrix}$ 为 $(X_1,X_2,\cdots,X_n)$ 的协方差矩阵.

由协方差的性质 $\mathrm{Cov}(X_i,X_j) = \mathrm{Cov}(X_j,X_i)$ 知，$\boldsymbol{C}$ 是一个对称矩阵，且主对角线上的元素为 $D(X_i)$，$i = 1,2,\cdots,n$.

**例1**　设 $(X,Y)$ 服从二维正态分布 $N(\mu_1,\mu_2,\sigma_1^2,\sigma_2^2,\rho)$，求 $(X,Y)$ 的协方差矩阵.

**解**
$$c_{11} = E\{[X - E(X)]^2\} = D(X) = \sigma_1^2$$
$$c_{12} = E\{[X - E(X)][Y - E(Y)]\} = \mathrm{Cov}(X,Y) = \rho \sqrt{D(X)} \sqrt{D(Y)} = \rho\sigma_1\sigma_2$$
$$c_{21} = E\{[Y - E(Y)][X - E(X)]\} = \mathrm{Cov}(X,Y) = \mathrm{Cov}(Y,X) = \rho\sigma_1\sigma_2$$
$$c_{22} = E\{[Y - E(Y)]^2\} = D(Y) = \sigma_2^2$$

所以

$$\boldsymbol{C} = \begin{pmatrix} \sigma_1^2 & \rho\sigma_1\sigma_2 \\ \rho\sigma_1\sigma_2 & \sigma_2^2 \end{pmatrix}$$

### 4.4.3 $n$ 维正态随机变量的概率密度函数

（1）二维正态随机变量$(X,Y)$的概率密度函数

因为

$$f(x,y) = \frac{1}{2\pi\sigma_1\sigma_2\sqrt{1-\rho^2}}\exp\left\{\frac{-1}{2(1-\rho^2)}\left[\frac{(x-\mu_1)^2}{\sigma_1^2} - 2\rho\frac{(x-\mu_1)(y-\mu_2)}{\sigma_1\sigma_2} + \frac{(y-\mu_2)^2}{\sigma_2^2}\right]\right\}$$

由例 1 得，$(X,Y)$的协方差矩阵为

$$C = \begin{pmatrix} c_{11} & c_{12} \\ c_{21} & c_{22} \end{pmatrix} = \begin{pmatrix} \sigma_1^2 & \rho\sigma_1\sigma_2 \\ \rho\sigma_1\sigma_2 & \sigma_2^2 \end{pmatrix}$$

记 $X = \begin{pmatrix} X \\ Y \end{pmatrix}$，$\boldsymbol{\mu} = \begin{pmatrix} \mu_1 \\ \mu_2 \end{pmatrix}$，则$(X,Y)$的概率密度函数可写成

$$f(x,y) = \frac{1}{(2\pi)^{\frac{2}{2}}|C|^{\frac{1}{2}}}\exp\left\{-\frac{1}{2}(X-\boldsymbol{\mu})'C^{-1}(X-\boldsymbol{\mu})\right\}$$

（2）$n$ 维正态随机变量$(X_1,X_2,\cdots,X_n)$的概率密度函数

记 $X = \begin{pmatrix} X_1 \\ X_2 \\ \vdots \\ X_n \end{pmatrix}$，$\mu = \begin{pmatrix} \mu_1 \\ \mu_2 \\ \vdots \\ \mu_n \end{pmatrix}$，$n$ 维正态随机变量$(X_1,X_2,\cdots,X_n)$的概率密度函数定义为

$$f(x_1,x_2,\cdots,x_n) = \frac{1}{(2\pi)^{\frac{n}{2}}|C|^{\frac{1}{2}}}\exp\left\{-\frac{1}{2}(X-\mu)'C^{-1}(X-\mu)\right\}$$

其中，$C$ 是$(X_1,X_2,\cdots,X_n)$的协方差矩阵.

### 4.4.4 $n$ 维正态随机变量的性质

（1）$n$ 维正态随机变量$(X_1,X_2,\cdots,X_n)$的每一个分量 $X_i(i = 1,2,\cdots,n)$ 都是正态随机变量；

（2）$n$ 维随机变量$(X_1,X_2,\cdots,X_n)$服从正态分布的充要条件是 $X_1,X_2,\cdots,X_n$ 的任意的线性组合 $k_1X_1 + k_2X_2 + \cdots + k_nX_n$ 服从一维正态分布（其中 $k_1,k_2,\cdots,k_n$ 不全为零）；

（3）若$(X_1,X_2,\cdots,X_n)$服从 $n$ 维正态分布，设 $Y_1,Y_2,\cdots,Y_k$ 是 $X_j(j = 1,2,\cdots,n)$ 的线性函数，则$(Y_1,Y_2,\cdots,Y_k)$服从 $k$ 维正态分布；

（4）设$(X_1,X_2,\cdots,X_n)$服从 $n$ 维正态分布，则"$X_1,X_2,\cdots,X_n$ 相互独立"与"$X_1,X_2,\cdots,X_n$ 两两不相关"是等价的.

**例2** 设随机变量 $X$ 和 $Y$ 相互独立,且 $X$ 服从正态分布 $N(1,2)$ , $Y$ 服从标准正态分布 $N(0,1)$ ,求 $Z = 2X - Y + 3$ 的概率密度函数.

**解** $X \sim N(1,2)$ , $Y \sim N(0,1)$ ,且 $X$ 和 $Y$ 相互独立,则 $X$ 和 $Y$ 任意的线性组合仍服从正态分布,即 $Z \sim N(E(Z),D(Z))$ , $E(Z) = 2E(X) - E(Y) + 3 = 5$ , $D(Z) = 4D(X) + D(Y) = 9$ ,则 $Z \sim N(5,9)$ , $Z$ 的概率密度函数为

$$f_Z(z) = \frac{1}{3\sqrt{2\pi}} e^{-\frac{(z-5)^2}{18}}, \quad -\infty < z < \infty$$

# 习　题　4

**4 - 1** 设随机变量 $X$ 的分布律为

| $X$ | 1 | 0 | 1 | 2 |
| --- | --- | --- | --- | --- |
| $P$ | 1/8 | 1/2 | 1/8 | 1/4 |

求 $E(X)$ , $E(X^2)$ , $E(2X + 3)$ .

**4 - 2** 设随机变量 $X$ 的概率密度函数为

$$f(x) = \frac{1}{\pi(1 + x^2)}, \quad -\infty < x < +\infty$$

求 $E[\min(|X|,1)]$ .

**4 - 3** 假设有 10 只同种电气元件,其中两只废品,从这批元件中任取一只,如果是废品,则扔掉重新取一只,如仍是废品,则扔掉再取一只,试求在取到正品之前,已取出的废品只数的数学期望和方差.

**4 - 4** 袋中有 $N$ 只球,其中的白球个数 $X$ 为一随机变量,已知 $E(X) = n$ ,求从袋中任取一球得到的是白球的概率.

**4 - 5** 一工厂生产某种设备的寿命 $X$ (以年计) 服从指数分布,概率密度函数为

$$f(x) = \begin{cases} \frac{1}{4} e^{-\frac{x}{4}}, & x > 0 \\ 0, & x \leq 0 \end{cases}$$

为确保消费者的利益,工厂规定出售的设备若在一年内损坏可以调换. 若售出一台设备,工厂获利 100 元,而调换一台则损失 200 元,试求工厂出售一台设备盈利的数学期望.

**4 - 6** 某车间生产的圆盘直径服从 $(a,b)$ 上的均匀分布. 试求圆盘面积的数学期望.

**4 - 7** 已知随机变量 $X,Y$ 的联合分布律为

| X | Y | | |
|---|---|---|---|
| | 0 | 2 | 4 |
| 1 | 0.10 | 0.10 | 0.20 |
| 2 | 0.10 | 0 | 0.15 |
| 3 | 0.20 | 0.15 | 0 |

求 $E(X),E(Y)$ 和 $E(X^2 + Y)$.

**4 – 8** 设随机变量 $(X,Y)$ 的概率密度函数为

$$f(x,y) = \begin{cases} k, & 0 < x < 1, 0 < y < x \\ 0, & \text{其他} \end{cases}$$

试确定常数 $k$,并求 $E(XY)$.

**4 – 9** 设随机变量 $X,Y$ 的概率密度函数分别为

$$f_X(x) = \begin{cases} 2e^{-2x}, & x > 0 \\ 0, & x \leqslant 0 \end{cases}, f_Y(y) = \begin{cases} 4e^{-4y}, & y > 0 \\ 0, & y \leqslant 0 \end{cases}$$

(1) 求 $E(X + Y),E(2X - 3Y^2)$;

(2) 当 $X,Y$ 相互独立,求 $E(XY)$.

**4 – 10** 设二维随机变量 $(X,Y)$ 的联合概率密度函数为

$$f(x,y) = \begin{cases} \dfrac{3}{2x^3y^2}, & \dfrac{1}{x} < y < x, x > 1 \\ 0, & \text{其他} \end{cases}$$

求 $E(Y)$ 和 $E\left(\dfrac{1}{XY}\right)$.

**4 – 11** 将 $n$ 个球(1 ~ $n$ 号)随机地放进 $n$ 个盒子(1 ~ $n$ 号)中去,一个盒子装一个球.将一只球装入与球同号的盒子中,称为一个配对,记 $X$ 为配对的个数,求 $E(X)$.

**4 – 12** $r$ 个人从楼的底层进入电梯,楼上有 $n$ 层,设每个乘客在任何一层楼出电梯的概率相同.如果某一层无乘客下电梯,电梯就不停.试求直到电梯的乘客出空为止时,电梯需停次数的数学期望.

**4 – 13** 一商店经销某种商品,每周进货量 $X$ 与顾客对该种商品的需求量 $Y$ 是相互独立的随机变量,且都服从区间 $[10,20]$ 上的均匀分布.商店每售出一单位商品可得利润 1 000 元;若需求量超过了进货量,商店可从其他商店调剂供应,这时每单位商品获利润 500 元,试计算此商店经销该种商品每周所得利润的期望值.

**4 – 14** 设随机变量 $X$,有 $E(X) = \mu, D(X) = \sigma^2 (\mu,\sigma > 0)$,证明:对任意常数 $c$, $E[(X - \mu)^2] \leqslant E[(X - c)^2]$,即 $D(X) \leqslant E[(X - c)^2]$.当且仅当 $c = \mu$ 时等号成立.

**4 – 15** 设一次试验成功的概率为 $p$,现进行 100 次独立重复试验,当 $p$ 为何值时,成功次

数的标准差的值最大,并求其最大值.

4－16  袋中有 $n$ 张卡片,分别记有号码 $1,2,\cdots,n$,从中有放回地抽取 $k$ 张,以 $X$ 表示所得号码之和,求 $E(X),D(X)$.

4－17  在长为 $L$ 的线段上任取两点,求两点距离的数学期望和方差.

4－18  设随机变量 $X_1,X_2,X_3$ 相互独立,且 $E(X_i)=i-1,D(X_i)=4-i,i=1,2,3$. 设 $Y=X_1-X_2+3X_3$,求 $E(Y),D(Y)$.

4－19  设随机变量 $X,Y$ 相互独立,且 $X$ 服从标准正态分布 $N(0,1),Y$ 服从正态分布 $N(1,4)$,求:

(1) $U=2X+Y,V=X-Y$ 的分布;

(2) $P\{X>Y-1\}$.

4－20  设随机变量 $X$ 和 $Y$ 的联合分布律为

| $X$ | $Y$ | | |
|---|---|---|---|
| | $-1$ | $0$ | $1$ |
| $0$ | 0.2 | 0.1 | 0 |
| $1$ | 0.1 | 0 | 0.2 |
| $2$ | 0 | 0.3 | 0.1 |

(1) 求 $E(X),E(Y),\mathrm{Cov}(X,Y),\rho_{XY}$;

(2) 证明 $X,Y$ 是否相关,是否独立.

4－21  设二维随机变量 $(X,Y)$ 的概率密度函数为

$$f(x,y)=\begin{cases}1/\pi, & x^2+y^2<1\\ 0, & \text{其他}\end{cases}$$

(1) $X$ 与 $Y$ 是否相互独立?

(2) $X$ 与 $Y$ 是否相关?

4－22  已知 $D(X)=25,D(Y)=36,\rho_{XY}=0.4$,求 $D(X+Y)$ 及 $D(X-Y)$.

4－23  设 $X,Y,Z$ 为三个随机变量,且 $E(X)=E(Y)=1,E(Z)=-1,D(X)=D(Y)=D(Z)=1,\rho_{XY}=0,\rho_{XZ}=\dfrac{1}{2},\rho_{YZ}=-\dfrac{1}{2}$,若 $W=X+Y+Z$,求 $E(W),D(W)$.

4－24  设 $X,Y,Z$ 是三个两两不相关的随机变量,数学期望全为零,方差都是 $1$,求 $X-Y$ 和 $Y-Z$ 的相关系数.

4－25  某箱装有 $100$ 件产品,其中一、二和三等品分别为 $80$ 件、$10$ 件和 $10$ 件,现从中随机抽取一件,记

$$X_i=\begin{cases}1, & \text{若抽到 } i \text{ 等品}\\ 0, & \text{其他}\end{cases}\quad(i=1,2,3)$$

（1）求随机变量 $X_1$ 与 $X_2$ 的联合分布律；

（2）求随机变量 $X_1$ 与 $X_2$ 的相关系数.

4 - 26 设二维随机变量 $(X,Y)$ 的概率密度函数为

$$f(x,y) = \begin{cases} Ax, & 0 < y < x < 1 \\ 0, & \text{其他} \end{cases}$$

试求：$(1)A;(2)E(X + Y);(3)\text{Cov}(X,Y);(4)D(X);(5)\rho_{XY}.$

4 - 27 设二维随机变量 $(X,Y)$ 的概率密度函数为

$$f(x,y) = \begin{cases} \dfrac{1}{8}(x + y), & 0 < x < 2, 0 < y < 2 \\ 0, & \text{其他} \end{cases}$$

试求：$(1)E(X),E(Y);(2)\text{Cov}(X,Y);(3)\rho_{XY};(4)D(X + Y).$

4 - 28 设二维随机变量 $(X,Y)$ 在矩形 $G = \{(x,y) \mid 0 \leqslant x \leqslant 2, 0 \leqslant y \leqslant 1\}$ 上服从均匀分布，记

$$U = \begin{cases} 0, & X \leqslant Y \\ 1, & X > Y \end{cases}, \quad V = \begin{cases} 0, & X \leqslant 2Y \\ 1, & X > 2Y \end{cases}$$

（1）求 $U$ 和 $V$ 的联合分布；

（2）求 $U$ 和 $V$ 的相关系数 $\rho$.

4 - 29 设 $X$ 服从正态分布 $N(\mu,\sigma^2)$，$Y$ 服从正态分布 $N(\mu,\sigma^2)$，且 $X,Y$ 相互独立. 试求 $Z_1 = \alpha X + \beta Y$ 和 $Z_2 = \alpha X - \beta Y$ 的相关系数（其中 $\alpha,\beta$ 是不为零的常数）.

4 - 30 已知随机变量 $(X,Y)$ 服从二维正态分布，并且 $X$ 和 $Y$ 分别服从正态分布 $N(1,3^2)$ 和 $N(0,4^2)$，$X$ 与 $Y$ 的相关系数为 $\rho_{XY} = -\dfrac{1}{2}$，设 $Z = \dfrac{1}{3}X + \dfrac{1}{2}Y$，求：

（1）$Z$ 的数学期望和方差；

（2）$X$ 与 $Z$ 的相关系数 $\rho_{XZ}$.

4 - 31 设随机变量 $X$ 与 $Y$ 相互独立，且都服从 $N(\mu,\sigma^2)$ 分布，试证：

$$E[\max(X,Y)] = \mu + \frac{\sigma}{\pi}, \quad E[\min(X,Y)] = \mu - \frac{\sigma}{\sqrt{\pi}}$$

4 - 32 设二维随机变量 $(X,Y)$ 的概率密度函数为 $f(x,y) = \dfrac{1}{2}[\varphi_1(x,y) + \varphi_2(x,y)]$，其中 $\varphi_1(x,y),\varphi_2(x,y)$ 都是二维正态概率密度函数，且它们对应的二维随机变量的相关系数分别为 $\dfrac{1}{3}$ 和 $-\dfrac{1}{3}$，它们的边缘概率密度函数所对应的随机变量的数学期望是 0，方差是 1.

（1）求随机变量 $X$ 和 $Y$ 的边缘概率密度函数 $f_X(x)$ 和 $f_Y(y)$，及 $X$ 和 $Y$ 的相关系数 $\rho_{XY}$.

（2）问 $X$ 和 $Y$ 是否独立，为什么？

# 第5章　大数定律和中心极限定理

极限定理是概率论中的基本原理,在理论研究和应用中起着重要的作用,其中最重要的是称为"大数定律"与"中心极限定理"的一些定理.

在第1章中我们已经指出,人们经过长期实践认识到,虽然个别随机事件在某次试验中可能发生也可能不发生,但是在大量重复试验中却呈现明显的规律性.

对某随机事件$A$进行$n$次重复独立的试验,该事件出现$m$次,比值$\frac{m}{n}$称为事件$A$发生的频率,记为$f_n(A)$. 当试验次数增多时,频率几乎经常出现在$f_n(A)$附近. 因此人们常常会用事件$A$发生的频率$f_n(A)$当作事件$A$发生的概率的近似值,即当$n$较大时,有

$$P(A) \approx \frac{m}{n} \tag{5-1}$$

用仪器测量某个指标,由于仪器本身存在着各种偶然误差,观察时还有观察误差,因此每次测量不一定能够测准该指标的真值$\mu$,如果对该指标进行$n$次重复独立的测量,获得$n$个测量值$x_1,x_2,\cdots,x_n$,则实际经验表明,当测量次数增多时,人们往往用各次测量值的算术平均值当作该指标真值$\mu$的近似值,即

$$\mu \approx \frac{1}{n}(x_1 + x_2 + \cdots + x_n) \tag{5-2}$$

概率论中所谓的大数定律,就是给上述这类关于大量随机现象平均结果的稳定性问题以理论上的论证,它指出式(5-1)和式(5-2)在什么意义下成立,以及在什么条件下这些关系式能够成立.

大量的试验结果又表明,用仪器测量所产生的误差是正态随机变量;电子元件电路由于电子热骚动而引起的噪声电压值也是服从正态分布的,等等.

概率论中所谓的中心极限定理,就是给上述这类问题以理论上的证明,它指出在什么条件下,怎样的随机变量可以视作或近似视作正态变量. 当然,中心极限定理还有其更广泛的含义,由于篇幅所限,本书不研究这些问题.

本章主要介绍大数定律和中心极限定理的几个常见定理.

# 5.1　大　数　定　律

本节介绍几个关于大数定律的定理,它的主要基础是切比雪夫不等式.

**切比雪夫(Chebyshev)不等式**　设随机变量 $X$ 具有数学期望 $E(X) = \mu$ 及方差 $D(X) = \sigma^2$,则对于任意的正数 $\varepsilon$,有

$$P\{|X - \mu| \geqslant \varepsilon\} \leqslant \frac{\sigma^2}{\varepsilon^2}$$

或

$$P\{|X - \mu| < \varepsilon\} \geqslant 1 - \frac{\sigma^2}{\varepsilon^2}$$

成立,上式称为切比雪夫不等式.

**证明**　我们只对连续型随机变量的情况加以证明,对离散型随机变量的情况,留给读者做练习.

设随机变量 $X$ 的概率密度为 $f(x)$,此时有

$$P\{|X - \mu| \geqslant \varepsilon\} = \int_{|X-\mu| \geqslant \varepsilon} f(x)\mathrm{d}x \leqslant \int_{|X-\mu| \geqslant \varepsilon} \frac{|x-\mu|^2}{\varepsilon^2} f(x)\mathrm{d}x$$

$$\leqslant \frac{1}{\varepsilon^2} \int_{-\infty}^{+\infty} (x-\mu)^2 f(x)\mathrm{d}x = \frac{\sigma^2}{\varepsilon^2}$$

若取 $\varepsilon = 3\sigma$,则 $P\{|X - \mu| \geqslant 3\sigma\} \leqslant \frac{1}{9}$;取 $\varepsilon = 4\sigma$,则 $P\{|X - \mu| < 4\sigma\} \geqslant \frac{15}{16}$.

**评注**　切比雪夫不等式给出了在随机变量 $X$ 的分布未知的情况下,求事件 $\{|X - \mu| \geqslant \varepsilon\}$ 或 $\{|X - \mu| < \varepsilon\}$ 概率的一种估计方法.

**例1**　设电站供电网有 10 000 盏电灯,夜晚每一盏灯开灯的概率都是 0.7,而假定开、关时间彼此独立,估计夜晚同时开着的灯数在 6 800 与 7 200 之间的概率.

**解**　设 $X$ 表示在夜晚同时开着的灯的数目,它服从参数为 $n = 10\ 000, p = 0.7$ 的二项分布. 若要准确计算,应该用伯努利公式:

$$P\{6\ 800 < X < 7\ 200\} = \sum_{k=6\ 801}^{7\ 199} \mathrm{C}_{10\ 000}^{k} \times 0.7^k \times 0.3^{10\ 000-k}$$

如果用切比雪夫不等式估计:

$$E(X) = np = 10\ 000 \times 0.7 = 7\ 000$$
$$D(X) = npq = 10\ 000 \times 0.7 \times 0.3 = 2\ 100$$

$$P\{6\ 800 < X < 7\ 200\} = P\{|X - 7\ 000| < 200\} \geqslant 1 - \frac{2\ 100}{200^2} \approx 0.95$$

可见,虽然有 10 000 盏灯,但是只要有供应 7 200 盏灯的电力就能够以相当大的概率保证

够用. 事实上, 切比雪夫不等式的估计只说明概率大于 0.95, 后面将具体求出这个概率约为 0.999 99. 切比雪夫不等式在理论上具有重大意义, 但估计的精确度不高.

切比雪夫不等式作为一个理论工具, 在大数定律证明中可使证明非常简洁.

**定义 1** 对随机变量 $X_1, X_2, \cdots, X_n, \cdots$, 若存在常数 $a$, 使得对任意的 $\varepsilon > 0$, 有

$$\lim_{n \to \infty} P\{|X_n - a| < \varepsilon\} = 1$$

成立, 则称序列 $X_1, X_2, \cdots, X_n, \cdots$ 依概率收敛(Convergence in probability) 于 $a$, 记为 $X_n \overset{P}{\longrightarrow} a$.

此外, 在以后各章节中, 我们要用到序列依概率收敛的下列性质:

(1) 若 $X_n \overset{P}{\longrightarrow} a$, $g(x)$ 在点 $x = a$ 连续, 则 $g(X_n) \overset{P}{\longrightarrow} g(a)$;

(2) 若 $X_n \overset{P}{\longrightarrow} a$, $Y_n \overset{P}{\longrightarrow} b$, $g(x, y)$ 在点 $(a, b)$ 连续, 则 $g(X_n, Y_n) \overset{P}{\longrightarrow} g(a, b)$.

**定义 2** 设 $X_1, X_2, \cdots$ 是随机变量序列, 令 $Y_n = \dfrac{1}{n} \sum_{k=1}^{n} X_k$, 若存在常数序列 $a_1, a_2, \cdots$, 对于任意的正数 $\varepsilon$, 有

$$\lim_{n \to \infty} P\{|Y_n - a_n| < \varepsilon\} = 1$$

称序列 $\{X_n\}$ 服从大数定律(Law of large numbers).

**定理 1**(切比雪夫大数定律) 设 $\{X_k\}(k = 1, 2, \cdots)$ 为两两相互独立的随机变量序列, 且数学期望 $E(X_k)$ 存在, 方差 $D(X_k) \leqslant c(k = 1, 2, \cdots)$, 则对于任意的正数 $\varepsilon$, 有

$$\lim_{n \to \infty} P\{|Y_n - E(Y_n)| < \varepsilon\} = 1$$

式中, $Y_n = \dfrac{1}{n} \sum_{k=1}^{n} X_k$, $c$ 为常数.

**证明** 由 $\{X_k\}$ 的两两相互独立性, 有

$$D(Y_n) = \frac{1}{n^2} \sum_{k=1}^{n} D(X_k) \leqslant \frac{c}{n}$$

由切比雪夫不等式, 对于任意的正数 $\varepsilon$, 有

$$P\{|Y_n - E(Y_n)| < \varepsilon\} \geqslant 1 - \frac{D(Y_n)}{\varepsilon^2} \geqslant 1 - \frac{1}{n\varepsilon^2}$$

所以

$$\lim_{n \to \infty} P\{|Y_n - E(Y_n)| < \varepsilon\} = 1$$

即

$$Y_n \overset{P}{\longrightarrow} E(Y_n)$$

**推论 1** 设随机变量序列 $X_1, X_2, \cdots$ 相互独立, 且有数学期望 $E(X_k) = \mu$, 方差 $D(X_k) = \sigma^2 (k = 1, 2, \cdots)$, 则对于任意的正数 $\varepsilon$, 有

$$\lim_{n \to \infty} P\{|Y_n - \mu| < \varepsilon\} = 1$$

即

$$Y_n \xrightarrow{P} \mu$$

其中

$$Y_n = \frac{1}{n} \sum_{k=1}^{n} X_k$$

如果我们将 $\mu$ 看作某个值的真值, $X_k$ 视为第 $k$ 次测量所获得的测量值,那么由于测量是重复独立进行的,因此可以记为 $\{X_k\}$ 相互独立. 于是上式表明, $n$ 次测量值的算术平均值与真值 $\mu$ 的偏差小于 $\varepsilon$ 的概率,当 $n$ 充分大时,它是十分接近1的. 换句话说,事件 $\{|Y_n - \mu| < \varepsilon\}$ 是几乎必然出现的. 因此我们有理由采用近似公式(5 - 2).

**定理2**(伯努利(Bernoulli)大数定律) 设在 $n$ 次重复独立的试验中,事件 $A$ 以概率 $p$ 发生了 $m$ 次,则对于任意的正数 $\varepsilon$ ,有

$$\lim_{n \to \infty} P\left\{ \left| \frac{m}{n} - p \right| < \varepsilon \right\} = 1$$

即

$$\frac{m}{n} \xrightarrow{P} p$$

**证明** 引入随机变量 $X_k$ ,且

$$X_k = \begin{cases} 1, & \text{第 } k \text{ 次试验中 } A \text{ 发生} \\ 0, & \text{第 } k \text{ 次试验中 } A \text{ 不发生} \end{cases} \quad (k = 1,2,\cdots,n)$$

$$P\{X_k = 1\} = P(A) = p, \quad P\{X_k = 0\} = P(\bar{A}) = 1 - p \quad (k = 1,2,\cdots,n)$$

于是在 $n$ 次重复独立的试验中,事件 $A$ 发生的次数为

$$m = X_1 + X_2 + \cdots + X_n$$

由假设知 $\{X_k\}$ 是两两相互独立的,且

$$E(X_k) = 1 \times p + 0 \times (1 - p) = p$$

$$D(X_k) = (1 - p)^2 \times p + (0 - p)^2 \times (1 - p) = p(1 - p)$$

均存在,对于任意的正数 $\varepsilon$ ,由切比雪夫大数定律,有

$$\lim_{n \to \infty} P\left\{ \left| \frac{1}{n} \sum_{k=1}^{n} X_k - p \right| < \varepsilon \right\} = \lim_{n \to \infty} P\left\{ \left| \frac{m}{n} - p \right| < \varepsilon \right\} = 1$$

伯努利大数定律以严格的数学形式表明频率的稳定性:大量重复独立的试验中,事件 $A$ 出现的频率依概率收敛于事件 $A$ 发生的概率,即

$$\frac{m}{n} \xrightarrow{P} p$$

因此,当试验次数 $n$ 充分大时,我们有理由采用近似公式(5 - 1).

**定理3**(辛钦(Khinchin)大数定律) 设 $X_1, X_2, \cdots$ 是独立同分布的随机变量序列,若数学期望 $E(X_k) = \mu$ 存在,则对于任意的正数 $\varepsilon$ ,有

$$\lim_{n \to \infty} P\left\{ \left| \frac{1}{n} \sum_{k=1}^{n} X_k - \mu \right| < \varepsilon \right\} = 1$$

证明略.

辛钦大数定律与前述的大数定律不同之处在于对随机变量序列要求独立同分布,而不要求方差存在.

**例2** 设 $X_1, X_2, \cdots, X_n$ 是独立同分布的随机变量序列,且数学期望 $E(X_k) = \mu$,方差 $D(X_k) = \sigma^2, k = 1, 2, \cdots$,令 $Y_n = \dfrac{2}{n(n+1)} \sum_{k=1}^{n} kX_k$. 证明:随机变量序列 $\{Y_n\}$ 依概率收敛于 $\mu$.

**证明** 因为

$$E(Y_n) = \frac{2}{n(n+1)} \sum_{k=1}^{n} kE(X_k) = \frac{2\mu}{n(n+1)} \sum_{k=1}^{n} k = \mu$$

$$D(Y_n) = \frac{4}{n^2(n+1)^2} \sum_{k=1}^{n} k^2 D(X_k) = \frac{4\sigma^2}{n^2(n+1)^2} \sum_{k=1}^{n} k^2$$

$$= \frac{4\sigma^2}{n^2(n+1)^2} \cdot \frac{n(n+1)(2n+1)}{6} = \frac{2(2n+1)\sigma^2}{3n(n+1)}$$

利用切比雪夫不等式,得

$$P\{|Y_n - E(Y_n)| \geqslant \varepsilon\} = P\{|Y_n - \mu| \geqslant \varepsilon\} \leqslant \frac{D(Y_n)}{\varepsilon^2} = \frac{2(2n+1)\sigma^2}{3n(n+1)\varepsilon^2} \to 0 (n \to \infty)$$

所以

$$Y_n \xrightarrow{P} \mu \quad (n \to \infty)$$

## 5.2  中心极限定理

在实际问题中,常常需要考虑许多随机因素所产生的总的影响. 例如,炮弹射击的偏差,受许多随机因素的影响:瞄准的误差、空气阻力所产生的误差、炮弹或炮身所产生的误差等. 我们所关心的是这些随机因素的总影响.

自从高斯指出测量误差服从正态分布之后,人们发现,正态分布在自然界中极为常见. 观察表明,如果一个结果是由大量相互独立的随机因素的影响所造成,而每一个因素在总影响中所起的作用不大,则这种量一般都服从或近似服从正态分布.

中心极限定理就是研究独立随机变量之和所特有的规律性问题. 即当 $n$ 无限大时,随机变量之和的极限分布是什么?在什么条件下极限分布是正态的?由于无穷个随机变量之和可以取 $\infty$ 为值,故这里不研究 $n$ 个随机变量之和,而考虑它的标准化的随机变量

$$Y_n = \frac{\sum\limits_{k=1}^{n} X_k - E\left(\sum\limits_{k=1}^{n} X_k\right)}{\sqrt{D\left(\sum\limits_{k=1}^{n} X_k\right)}} = \frac{\sum\limits_{k=1}^{n} X_k - n\mu}{\sqrt{n}\,\sigma}$$

的分布函数的极限. 可以证明, 在满足一定的条件下, 上述极限分布是标准正态分布.

在概率统计中, 正态分布占有极其重要的地位. 虽然各个相互独立的随机变量不一定服从正态分布, 但是大量的这些随机变量之和的分布在某种条件下却是趋于正态分布的. 习惯上, 我们将这一类定理称为中心极限定理.

**定理1**(林德贝格 – 勒维(Lindeberg-Levy)定理) 设相互独立的随机变量 $X_1, X_2, \cdots,$ $X_n, \cdots$ 服从同一分布, 且有数学期望 $E(X_k) = \mu$ 和方差 $D(X_k) = \sigma^2 \neq 0$ ($k = 1, 2, \cdots$), 记

$$Y_n = \frac{\sum\limits_{k=1}^{n} X_k - E\left(\sum\limits_{k=1}^{n} X_k\right)}{\sqrt{D\left(\sum\limits_{k=1}^{n} X_k\right)}} = \frac{\sum\limits_{k=1}^{n} X_k - n\mu}{\sqrt{n}\,\sigma}$$

则随机变量 $Y_n$ 的分布函数 $F_n(x)$ 对任意的 $x$ 满足

$$\lim_{n \to \infty} F_n(x) = \lim_{n \to \infty} P\{Y_n \leqslant x\} = \frac{1}{\sqrt{2\pi}} \int_{-\infty}^{x} e^{-\frac{t^2}{2}} dt$$

证明略.

该定理(J. W. Lindeberg 和 P. Levy 1920 年建立的结果)又称为独立同分布的中心极限定理(Independent and identically distributed central limit theorem). 在实际应用中, 只要 $n$ 充分大, 就可以把独立同分布的随机变量 $X_1, X_2, \cdots, X_n, \cdots$ 的和 $\sum\limits_{k=1}^{n} X_k$ 近似看作正态随机变量 $N(n\mu, n\sigma^2)$.

**定理2**(李雅普诺夫(Lyapunov)定理) 设随机变量 $X_1, X_2, \cdots, X_n, \cdots$ 相互独立, 且有数学期望 $E(X_k) = \mu_k$ 和方差 $D(X_k) = \sigma_k^2 \neq 0$ ($k = 1, 2, \cdots$), 若存在 $\delta > 0$, 使得

$$\lim_{n \to \infty} \frac{1}{S_n^{2+\delta}} \sum_{k=1}^{n} E\{|X_k - \mu_k|^{2+\delta}\} = 0$$

其中 $S_n^2 = \sum\limits_{k=1}^{n} \sigma_k^2$, 则随机变量

$$Y_n = \frac{\sum\limits_{k=1}^{n} X_k - E\left(\sum\limits_{k=1}^{n} X_k\right)}{\sqrt{D\left(\sum\limits_{k=1}^{n} X_k\right)}} = \frac{\sum\limits_{k=1}^{n} X_k - \sum\limits_{k=1}^{n} \mu_k}{S_n}$$

的分布函数 $F_n(x)$ 对任意的 $x$ 满足

$$\lim_{n\to\infty}F_n(x) = \lim_{n\to\infty}P\{Y_n \leqslant x\} = \frac{1}{\sqrt{2\pi}}\int_{-\infty}^{x}e^{-\frac{t^2}{2}}dt$$

证明略.

李雅普诺夫定理(A. Lyapunov 1901 年建立的结果)表明,当 $n$ 充分大时,$Y_n$ 近似服从标准正态分布 $N(0,1)$,因而随机变量的和 $\sum\limits_{k=1}^{n}X_k$ 近似服从正态分布 $N(\sum\limits_{k=1}^{n}\mu_k, S_n^2)$. 也就是说,在定理 2 的条件下,不论随机变量序列的各个随机变量服从什么样的分布,大量这种随机变量的和的分布趋向于正态分布. 这就是为什么正态随机变量在概率论与数理统计中占有相当重要地位的一个基本原因.

**定理 3**(德莫佛 - 拉普拉斯(De Moivre-Laplace)定理) 设随机变量 $\eta_n(n = 1,2,\cdots)$ 服从参数为 $n,p(0 < p < 1)$ 的二项分布,即 $\eta_n$ 服从二项分布 $B(n,p)$,则对于任意的 $x$ 有

$$\lim_{n\to\infty}P\left\{\frac{\eta_n - np}{\sqrt{np(1-p)}} \leqslant x\right\} = \frac{1}{\sqrt{2\pi}}\int_{-\infty}^{x}e^{-\frac{t^2}{2}}dt$$

**证明** 由于 $\eta_n$ 服从二项分布,故可将 $\eta_n$ 看成由 $n$ 个相互独立服从同一 $(0-1)$ 分布的随机变量 $X_1, X_2, \cdots, X_n$ 的和,即有

$$\eta_n = \sum_{k=1}^{n}X_k \quad (k = 1,2,\cdots,n)$$

其中 $X_k(k = 1,2,\cdots,n)$ 的分布律为

$$P\{X_k = i\} = p^i(1-p)^{1-i} \quad (i = 0,1)$$

并且 $X_k$ 的数学期望和方差为

$$E(X_k) = p, D(X_k) = p(1-p) \quad (k = 1,2,\cdots,n)$$

利用定理 1,对于任意的 $x$ 有

$$\lim_{n\to\infty}P\left\{\frac{\eta_n - np}{\sqrt{np(1-p)}} \leqslant x\right\} = \lim_{n\to\infty}P\left\{\frac{\sum\limits_{k=1}^{n}X_k - np}{\sqrt{np(1-p)}} \leqslant x\right\} = \frac{1}{\sqrt{2\pi}}\int_{-\infty}^{x}e^{-\frac{t^2}{2}}dt$$

定理 3(A. De Moivre 和 Laplace 18 世纪初建立的结果)表明,二项分布的极限分布就是正态分布. 即若 $X \sim B(n,p)$,当 $n$ 充分大时,可以近似认为 $X \sim N(np, np(1-p))$.

**例 1** 一船舶在某海区航行,已知每遭受一次波浪的冲击,纵摇角大于 3° 的概率为 $p = 1/3$,若船舶遭受到 90 000 次波浪冲击,问其中有 29 500 ~ 30 500 次纵摇角度大于 3° 的概率是多少?

**解** 将船舶每遭受一次波浪冲击看作一次试验,并假定各次试验是独立的. 在 90 000 次波浪冲击中纵摇角度大于 3° 的次数记为 $X$,则 $X$ 是一个随机变量,且有 $X \sim \left(90\ 000, \dfrac{1}{3}\right)$. 其分布律为

$$P\{X = k\} = \binom{90\,000}{k}\left(\frac{1}{3}\right)^k\left(\frac{2}{3}\right)^{90\,000-k}\quad(k = 0,1,\cdots,90\,000)$$

所求的概率为

$$P\{29\,500 \leqslant x \leqslant 30\,500\} = \sum_{k=29\,500}^{30\,500}\binom{90\,000}{k}\left(\frac{1}{3}\right)^k\left(\frac{2}{3}\right)^{90\,000-k}$$

要直接计算是烦琐的,我们利用德莫弗 – 拉普拉斯定理来求它的近似值,即有

$$P\{29\,500 \leqslant X \leqslant 30\,500\} = P\left\{\frac{29\,500 - np}{\sqrt{np(1-p)}} \leqslant \frac{X - np}{\sqrt{np(1-p)}} \leqslant \frac{30\,500 - np}{\sqrt{np(1-p)}}\right\}$$

$$= \Phi\left(\frac{30\,500 - np}{\sqrt{np(1-p)}}\right) - \Phi\left(\frac{29500 - np}{\sqrt{np(1-p)}}\right)$$

其中,$n = 90\,000$;$p = 1/3$. 即有

$$P\{29\,500 \leqslant X \leqslant 30\,500\} \approx \Phi(5\sqrt{2}/2) - \Phi(-5\sqrt{2}/2) = 0.999\,5$$

**例2** 设电站供电网有10 000 盏电灯,夜晚每一盏灯开灯的概率都是0.7,而假定开、关时间彼此独立,试用中心极限定理估计夜晚同时开着的灯数在6 800 与7 200 之间的概率.

**解** 设 $X$ 表示在夜晚同时开着的灯的数目,它服从参数为 $n = 10\,000$,$p = 0.7$ 的二项分布. 由中心极限定理估计:

$$P\{6\,800 \leqslant X \leqslant 7\,200\} = P\left\{\frac{6\,800 - np}{\sqrt{np(1-p)}} \leqslant \frac{X - np}{\sqrt{np(1-p)}} \leqslant \frac{7\,200 - np}{\sqrt{np(1-p)}}\right\}$$

$$= \Phi\left(\frac{7\,200 - np}{\sqrt{np(1-p)}}\right) - \Phi\left(\frac{6\,800 - np}{\sqrt{np(1-p)}}\right)$$

$$= \Phi\left(\frac{20}{\sqrt{21}}\right) - \Phi\left(\frac{-20}{\sqrt{21}}\right) \approx 0.999\,9$$

# 习 题 5

**5 – 1** 一台设备由10 个独立工作的元件组成,每一个元件在时间 $T$ 发生故障的概率为0.05,设在时间 $T$ 发生故障的元件数为随机变量 $X$,试用切比雪夫不等式估计:

(1) 概率 $P\{|X - E(X)| < 2\}$;

(2) 概率 $P\{|X - E(X)| \geqslant 2\}$.

**5 – 2** 某保险公司多年的统计资料表明,在索赔户中被盗索赔户占20%,以 $X$ 表示在随机抽查的100 个索赔户中因被盗向保险公司索赔的户数.

(1) 写出 $X$ 的分布律;

(2) 求被盗索赔户不少于14 户且不多于30 户的概率(利用中心极限定理3).

**5 – 3** 一个加法器可以同时收到20 个噪声电压 $V_k(k = 1,2,\cdots,20)$,设它们都是相互独

立同分布的随机变量,并且 $V_k(k = 1,2,\cdots,20)$ 在区间 $(0,10)$ 上服从均匀分布,记 $V = \sum_{k=1}^{20} V_k$,求 $P\{V > 105\}$ 的近似值.

5-4　假设某种电子元件的寿命服从均值为 100 h 的指数分布,并且相互独立. 现在从一批这种元件中随机地取 16 只,求这 16 只电子元件的总寿命大于 1 920 h 的概率.

5-5　计算机在进行加法时,对每个加数取整(取为最接近它的整数),设所有的取整误差是相互独立的,且它们都在 $(-0.5,0.5)$ 上服从均匀分布.

(1) 若将 1 500 个数相加,问误差总和的绝对值超过 15 的概率是多少?

(2) 几个数相加在一起使得误差总和的绝对值小于 10 的概率不小于 0.90?

5-6　在一家保险公司里有 10 000 个人参加保险,每人每年付 12 元保险费,在一年里一个人死亡的概率为 0.006,死亡时家属可向保险公司领得 1 000 元,试求:

(1) 保险公司一年的利润为 60 000 元的概率;

(2) 保险公司亏本的概率.

5-7　甲、乙两个戏院在竞争 1 000 名观众,假设每个观众完全随意地选择一个戏院,且观众之间选择戏院是彼此独立的,问每个戏院应该设有多少个座位才能保证因缺少座位而使观众离去的概率小于 1%.

5-8　某单位设置一电话总机,共有 200 个电话分机,每个电话分机是否使用外线是相互独立的,设每个时刻每个分机有 5% 的概率使用外线电话,问该单位总机至少要设多少条外线,才以 90% 以上的概率保证每台分机电话需要使用外线时不占线?

5-9　分别用切比雪夫不等式和德莫佛 - 拉普拉斯定理估计,当掷一枚均匀硬币时,需掷多少次,才能保证出现正面的频率在 0.4 ~ 0.6 之间的概率不小于 90%.

5-10　(1) 一个复杂系统由 100 个相互独立的元件组成,在系统运行期间每个元件损坏的概率为 0.10,又知为使系统正常运行,至少必须有 85 个元件工作,求系统的可靠性(即正常运行的概率)_____;

(2) 上述系统假如由 $n$ 个相互独立的元件组成,每个部件的可靠性为 0.90,而且又要求至少有 80% 的元件工作才能使整个系统正常运行,问 $n$ 至少为多大时,才能保证系统的可靠性不低于 0.95?

5-11　若对连续型随机变量 $X,E(e^{aX})(a > 0)$ 存在,试证明 $P\{X \geq t\} \leq e^{-at}E(e^{aX})$.

5-12　某宿舍有学生 500 人,每人在傍晚大概有 10% 的时间要占用一个水龙头,设每人占用水龙头是相互独立的,问宿舍应该安装多少个水龙头,才要以 95% 以上的概率保证用水需要.

5-13　每次射击若干发子弹,且每次命中目标的子弹数的数学期望和均方差均为 2,若射击 100 次,问有 $200 \pm 20$ 发子弹命中目标的概率为_____.

5-14　若每发高射炮命中飞机的概率为 0.001,则发射 10 000 发炮弹至少有 18 发命中飞机的概率为_____.

5 - 15　有一批发芽率为 95% 的种子, 从中任取 200 粒, 则发芽数超过 180 粒的概率为_____.

5 - 16　若某产品的废品率为 0.005, 则每万件产品中废品不超过 33 件的概率为_____.

5 - 17　若 100 台机器同时独立工作, 每台停机的概率为 0.5, 则有 40 ~ 60 台同时停机的概率为_____.

# 第6章　数理统计的基本概念

## 6.1　总体与样本

在概率论的讨论中,概率分布通常总是已知的,而一切计算和推理就是在这已知的基础上得出的.但在实际问题中,情况却并非如此,一个随机现象所遵循的分布是什么概型可能完全不知道;或者我们根据随机现象所反映的某些事实能断定其概型,但却不知道其分布函数中所含的参数.例如:

(1) 在一段时间内某段公路上行驶的车辆的速度服从什么概率分布是完全不知道的;

(2) 某工厂生产的一批电视机的寿命遵循何种分布也可能是不知道的;

(3) 某仪器厂从某元件厂购买一批三极管,任抽一件是次品或正品遵循的是两点分布(即分布概型已知),但是分布中的参数 $p$(即次品率) 往往是未知的.

找出一个随机现象所联系的随机变量的分布或分布中的未知参数,这就是数理统计所要解决的首要问题.以上述例子来说,我们要掌握车辆速度的分布、电视机寿命的分布和次品率 $p$ 的值,就必须对这一公路上行驶的车辆的速度、电视机的寿命及三极管中的次品做一段时间的观察或测试一部分,从而对所关心的问题做出推断.

在数理统计学中,我们总是从所要研究的对象全体中抽取一部分进行观测或试验,以取得信息,从而对我们所关心的问题做出推断和估计.于是如何抽取样本,如何合理地获取数据,如何合理地利用采集的数据资料对问题做出推断等就成为数理统计研究的问题.总之数理统计研究的内容概括起来可分为以下两大类:

(1) 试验的设计和研究,即研究如何更合理、更有效地获得观察资料;

(2) 统计推断,即研究如何更合理地利用采得的资料对所关心的问题做出尽可能好的推断.

当然这两部分是密切联系,相互兼顾的,本章主要对统计推断的有关基本概念、基本理论和方法加以介绍.

### 6.1.1　总体和个体

在统计学中,我们把所研究对象的全体构成的集合称为总体,而把组成总体的每个单元称为个体.

例如,研究某批电视机的寿命时,该批电视机的全体就组成总体,而其中每台电视机就是个体. 研究成都市男大学生的身高和体重的分布情况, 则成都市全体男大学生组成总体, 每个男大学生是个体. 然而在统计学中, 我们关心的不会是每个个体的全部特征, 而仅仅是它的某一项或某几项数量指标 $X$(一维或多维)在总体中的分布情况, 在上面所述两例中, $X$ 就表示电视机的寿命(一维)或男大学生的身高和体重(二维). 在试验中, 抽取不同的个体, 就可以得到 $X$ 的不同的值, 因而数量指标 $X$ 是一个随机变量(一维或多维).

今后我们就把前述的总体称为客观存在的总体, 而在问题的研究和讨论中, 总体则是指数量指标 $X$ 的可能取值的全体, 所谓总体的分布就是数量指标 $X$ 的分布.

### 6.1.2 样本

按机会均等的原则, 从客观存在的总体中抽取一些个体进行观测或测试指标 $X$ 的值, 这一过程称为随机抽样, 如我们抽取了 $n$ 个个体, 这 $n$ 个个体的指标 $X$ 记为 $(X_1, X_2, \cdots, X_n)$, 称之为容量为 $n$ 的样本或子样. 其中分量 $X_i$ 是与总体 $X$ 同分布的随机变量($X_i$ 表示抽取的第 $i$ 个个体的指标 $X$), 若总体 $X$ 是一维随机变量, 则容量为 $n$ 的样本 $(X_1, X_2, \cdots, X_n)$ 就是一个 $n$ 维随机向量. 在一次抽样中, 观测得到的是 $(X_1, X_2, \cdots, X_n)$ 的一组确定的值 $(x_1, x_2, \cdots, x_n)$, 称作容量为 $n$ 的样本观测值(观测数据), 它的所有可能取值的全体构成样本空间, 而样本的一组观测值 $(x_1, x_2, \cdots, x_n)$ 是样本空间的一个点.

我们抽取样本的目的是为了对总体的分布进行各种分析推断, 因而要求抽取的样本能较好地反映总体 $X$ 的特性, 这就必须对随机抽样的方法提出一定的要求, 通常提出以下两点:

(1) 代表性. 即要求样本的每个分量 $X_i$ 与总体 $X$ 同分布.

(2) 独立性. $X_1, X_2, \cdots, X_n$ 相互独立, 即要求观察结果之间互不影响.

我们称满足上述两点性质的样本为简单随机样本, 而获得简单随机样本的抽样法称为简单随机抽样法.

**例1** 某工厂为检查某车间生产的一批产品的质量, 需进行抽样验收以了解不合格品率 $p$, 这里总体 $X$ 表示任一件产品的质量指标, 且定义

$$X = \begin{cases} 1, & \text{产品为不合格品} \\ 0, & \text{产品为合格品} \end{cases}$$

现我们从这批产品中任取 $n$ 件产品, 每抽一件产品后记下其质量指标, 然后放回搅匀后再抽. 于是所得的样本 $(X_1, X_2, \cdots, X_n)$ 为简单随机样本, 每个 $X_i$ 与总体 $X$ 有相同的分布, 样本空间由一切可能的 $n$ 维向量 $(X_1, X_2, \cdots, X_n)$ 组成(其中 $X_i = 0$ 或 $1$, $i = 1, 2, \cdots, n$). 不难看出, 样本空间含 $n$ 维欧氏空间中 $2^n$ 个点. 当然, 实际放回抽样不大可能办到, 当产品总量较大, 而样本容量相对较小时, 可将不放回抽样看作有放回抽样, 这时仍视抽样为简单随机抽样.

### 6.1.3 样本的联合分布

今后，如无特殊说明，我们所说的样本都是简单随机样本，这时样本 $\boldsymbol{X} = (X_1, X_2, \cdots, X_n)$ 的分布完全由总体 $X$ 的分布所确定，比如 $X$ 的分布函数为 $F(x)$，则样本 $\boldsymbol{X} = (X_1, X_2, \cdots, X_n)$ 的联合分布函数为

$$F(x_1, x_2, \cdots, x_n) = \prod_{i=1}^{n} F(x_i)$$

若总体 $X$ 为连续型随机变量，其概率密度函数为 $f(x)$，则样本的联合概率密度为

$$f(x_1, x_2, \cdots, x_n) = \prod_{i=1}^{n} f(x_i)$$

若总体 $X$ 为离散型随机变量，其分布律为 $P\{X = a_i\} = p_i (i = 1, 2, \cdots, n)$，则样本的联合分布为

$$P\{X_1 = x_1, X_2 = x_2, \cdots, X_n = x_n\} = \prod_{i=1}^{n} P\{X_i = x_i\}$$

其中，$(x_1, x_2, \cdots, x_n)$ 为 $(X_1, X_2, \cdots, X_n)$ 的任一组可能的观察值.

**例2** 设 $(X_1, X_2, \cdots, X_6)$ 是来自服从参数为 $\lambda$ 的泊松分布 $P(\lambda)$ 的样本，试写出样本的联合分布律.

**解**
$$P\{X_1 = x_1, X_2 = x_2, \cdots, X_6 = x_6\} = \prod_{i=1}^{6} P\{X_i = x_i\}$$
$$= \prod_{i=1}^{6} e^{-\lambda} \frac{\lambda^{x_i}}{x_i!} = e^{-6\lambda} \frac{\lambda^{\sum_{i=1}^{6} x_i}}{\prod_{i=1}^{6} x_i!}$$

其中，$x_1, x_2, \cdots, x_6 = 0, 1, 2, \cdots$.

# 6.2 样 本 分 布

### 6.2.1 频数分布

我们收集的资料，如果未经组织和整理，通常是没有什么价值的，为了把这些有差异的资料组织成有用的形式，我们应该编制频数表（即频数分布表）.

**例1** 某工厂的劳资部门为了研究该厂工人的收入情况，首先收集了工人的工资资料，表 6-1 记录了该厂 30 名工人未经整理的工资数值：

表 6 – 1

| 工人序号 | 工资 / 元 | 工人序号 | 工资 / 元 | 工人序号 | 工资 / 元 |
|---|---|---|---|---|---|
| 1 | 530 | 11 | 595 | 21 | 480 |
| 2 | 420 | 12 | 435 | 22 | 525 |
| 3 | 550 | 13 | 490 | 23 | 535 |
| 4 | 455 | 14 | 485 | 24 | 605 |
| 5 | 545 | 15 | 515 | 25 | 525 |
| 6 | 455 | 16 | 530 | 26 | 475 |
| 7 | 550 | 17 | 425 | 27 | 530 |
| 8 | 535 | 18 | 530 | 28 | 640 |
| 9 | 495 | 19 | 505 | 29 | 555 |
| 10 | 470 | 20 | 525 | 30 | 505 |

以下,我们以例 1 为例介绍频数分布表的制作方法. 表 6 – 1 是 30 个工人月工资的原始资料,这些数据可以记为 $x_1, x_2, \cdots, x_{30}$,对于这些观测数据:

第一步　确定最大值 $x_{\max}$ 和最小值 $x_{\min}$,根据表 6 – 1,有

$$x_{\max} = 640, \quad x_{\min} = 420$$

第二步　分组,即确定每一收入组的界限和组数,在实际工作中,第一组下限一般取一个小于 $x_{\min}$ 的数,例如,我们取 400,最后一组上限取一个大于 $x_{\max}$ 的数,例如取 650,然后从 400 元到 650 元分成相等的若干段,比如分成 5 段,每一段就对应于一个收入组. 表 6 – 1 资料的频数分布表如表 6 – 2 所示.

表 6 – 2

| 组限 | 频数 | 累积频数 |
|---|---|---|
| 400 ~ 450 | 3 | 3 |
| 450 ~ 500 | 8 | 11 |
| 500 ~ 550 | 13 | 24 |
| 550 ~ 600 | 4 | 28 |
| 600 ~ 650 | 2 | 30 |

## 6.2.2　直方图

设 $X_1, X_2, \cdots, X_n$ 是总体 $X$ 的一个样本,又设总体具有概率密度 $f$,如何用样本来推断 $f$ 呢?注意到现在的样本是一组实数,因此一个直观的办法是将实轴划分为若干小区间,记下诸观察

值 $X_i$ 落在每个小区间中的个数,根据大数定律中频率近似概率的原理,从这些个数来推断总体在每一小区间上的密度. 具体做法如下:

（1）找出 $X_{(1)} = \min\limits_{1 \le i \le n} X_i$, $X_{(n)} = \max\limits_{1 \le i \le n} X_i$. 取 $a$ 略小于 $X_{(1)}$,$b$ 略大于 $X_{(n)}$.

（2）将 $[a,b]$ 分成 $m$ 个小区间,$m < n$,小区间长度可以不等,设分点为

$$a = t_0 < t_1 < \cdots < t_m = b$$

在分小区间时,注意每个小区间中都要有若干观察值,而且观察值不要落在分点上.

（3）记 $n_j = $ 落在小区间 $[t_{j-1}, t_j)$ 中观察值的个数（频数）,计算频率 $f_j = \dfrac{n_j}{n}$,列表分别记下各小区间的频数、频率.

（4）在直角坐标系的横轴上,标出 $t_0, t_1, \cdots,$ $t_m$ 各点,分别以 $[t_{j-1}, t_j)$ 为底边,作高为 $f_j / \Delta t_j$ 的矩形,$\Delta t_j = t_j - t_{j-1}$（$j = 1,2,\cdots,m$）,即得图 6-1 所示直方图.

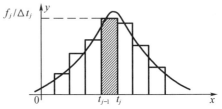

图 6-1

实际上,我们就是用直方图对应的分段函数

$$\Phi_n(x) = \frac{f_j}{\Delta t_j}, \ x \in [t_{j-1}, t_j), \ j = 1,2,\cdots,m$$

来近似总体的密度函数 $f(x)$. 这样做为什么合理呢?我们引进"唱票随机变量",对每个小区间 $[t_{j-1}, t_j)$,定义

$$X_i = \begin{cases} 1, & \text{若 } X_i \in [t_{j-1}, t_j) \\ 0, & \text{若 } X_i \notin [t_{j-1}, t_j) \end{cases} \quad (i = 1,2,\cdots,n)$$

则 $X_i$ 独立同分布于两点分布

$$P\{X_i = x\} = p^x (1-p)^{1-x}, \ x = 0 \text{ 或者 } 1$$

其中,$p = P\{X \in [t_{j-1}, t_j)\}$,由柯尔莫哥洛夫强大数定律,有

$$f_j = \frac{n_j}{n} = \frac{1}{n} \sum_{i=1}^{n} X_i \to E(X_i) = p = P\{x \in [t_{j-1}, t_j)\} = \int_{t_{j-1}}^{t_j} f(x)\,\mathrm{d}x \quad (n \to \infty)$$

以概率为 1 成立,于是当 $n$ 充分大时,就可用 $f_j$ 来近似代替上式右边以 $f(x)$（$x \in [t_{j-1}, t_j)$）为曲边的曲边梯形的面积,而且若 $m$ 充分大,$\Delta t_j$ 较小时,我们就可用小矩形的高度 $\Phi_n(x) = f_j / \Delta t_j$ 来近似取代 $f(x)$（$x \in [t_{j-1}, t_j)$）.

按照上述步骤可得表 6-2 中资料的直方图如图 6-2 所示.

上述方法我们对抽取数据加以整理,编制频数分布表,作直方图,画出频率分布曲线,这就可

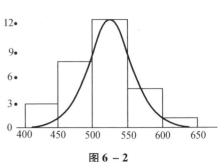

图 6-2

以直观地看到数据分布的情况,在什么范围,较大较小的各有多少,在哪些地方分布得比较集中,以及分布图形是否对称,等等,所以样本的频率分布是总体概率分布的近似. 样本是总体的反映,但是样本所含的信息不能直接用于解决我们所要研究的问题,而需要把样本所含的信息进行数学上的加工使其浓缩起来,从而解决我们的问题. 针对不同的问题构造样本的适当函数,利用这些样本的函数进行统计推断.

### 6.2.3　经验分布函数

对于总体 $X$ 的分布函数 $F$(未知),设有它的样本 $X_1, X_2, \cdots, X_n$,我们同样可以从样本出发,找到一个已知量来近似它,这就是经验分布函数 $F_n(x)$. 它的构造方法如下:

设 $X_1, X_2, \cdots, X_n$ 诸观察值按从小到大排成
$$X_{(1)} \leqslant X_{(2)} \leqslant \cdots \leqslant X_{(n)}$$
定义
$$F_n(x) = \begin{cases} 0, & x < X_{(1)} \\ \dfrac{k}{n}, & X_{(k)} \leqslant x < X_{(k+1)} \quad (k = 1, 2, \cdots, n-1) \\ 1, & x \geqslant X_{(n)} \end{cases}$$

$F_n(x)$ 只在 $x = X_{(k)}(k = 1, 2, \cdots, n)$ 处有跃度为 $1/n$ 的间断点,若有 $l$ 个观察值相同,则 $F_n(x)$ 在此观察值处的跃度为 $l/n$. 对于固定的 $x, F_n(x)$ 即表示事件 $\{X \leqslant x\}$ 在 $n$ 次试验中出现的频率,即 $F_n(x) = 1/n\{$落在$(-\infty, x]$ 中 $X_i$ 的个数$\}$. 用与直方图分析相同的方法可以论证 $F_n(x) \to F(x), (n \to \infty)$,以概率为 1 成立. 经验分布函数的图形如图 6-3 所示.

按照上述步骤可得,表 6-2 资料的经验分布函数为

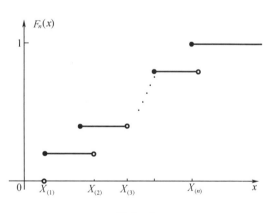

**图 6-3**

$$F_{30}(x) = \begin{cases} 0, & x < 420 \\ 3/30, & 420 \leqslant x < 450 \\ 11/30, & 450 \leqslant x < 500 \\ 24/30, & 500 \leqslant x < 550 \\ 28/30, & 550 \leqslant x < 600 \\ 29/30, & 600 \leqslant x < 640 \\ 1, & x \geqslant 640 \end{cases}$$

# 6.3 统 计 量

## 6.3.1 统计量

在利用样本推断总体时,往往不能直接利用样本,而需要对它进行一定的加工,这样才能有效地利用其中的信息,否则样本只能是一堆"杂乱无章"的数据.

例如,从某地区随机抽取 50 户农民,调查其年收入情况,得到下列数据(每户人均元):

| 924 | 800 | 916 | 704 | 870 | 1 040 | 824 | 690 | 574 | 490 |
| 972 | 988 | 1 266 | 684 | 764 | 940 | 408 | 804 | 610 | 852 |
| 602 | 754 | 788 | 962 | 704 | 712 | 854 | 888 | 768 | 848 |
| 882 | 1 192 | 820 | 878 | 614 | 846 | 746 | 828 | 792 | 872 |
| 696 | 644 | 926 | 808 | 1 010 | 728 | 742 | 850 | 864 | 738 |

试对该地区农民收入的水平和贫富悬殊程度做个大致分析. 显然,如果不进行加工,面对这一堆大小参差不齐的数据,你很难得出什么印象. 但是只要对这些数据稍稍加工,便能做出大致分析. 如记各农户的年收入数为 $X_1, X_2, \cdots, X_{50}$,则考虑

$$\overline{X} = \frac{1}{50} \sum_{i=1}^{50} X_i = 809.52$$

$$S = \sqrt{\frac{1}{50} \sum_{i=1}^{50} (X_i - \overline{X})^2} = 154.28$$

这样,我们可以从 $\overline{X}$ 得出该地区农民人均收入水平属中等,从 $S$ 可以得出该地区农民贫富悬殊不大的结论(当然还需要一些参照资料). 由此可见,对样本的加工是十分重要的.

对样本加工,主要就是构造统计量. 用数学的语言说,所谓统计量(Statistic)是一个不含未知参数的样本的已知函数. 设样本为 $X_1, X_2, \cdots, X_n$,则统计量通常记为

$$T = T(X_1, X_2, \cdots, X_n)$$

**例 1**  设 $(X_1, X_2, \cdots, X_6)$ 是来自 $(0, \theta)$ 上的均匀分布的样本,$\theta > 0$ 未知,指出下列样本函数中哪些是统计量,哪些不是.

$$T_1 = \frac{X_1 + X_2 + \cdots + X_6}{6}; \ T_2 = X_6 - \theta$$

$$T_3 = X_6 - E(X_1); \ T_4 = \max\{X_1, X_2, \cdots, X_6\}$$

**解**  $T_1$ 和 $T_4$ 是统计量,$T_2, T_3$ 不是统计量. 因为 $T_1$ 和 $T_4$ 中不含总体中的唯一未知参数 $\theta$,而 $T_2$ 和 $T_3$ 中含有未知参数 $\theta$.

### 6.3.2 几个常用的统计量 —— 样本矩

设 $X_1, X_2, \cdots, X_n$ 是来自总体 $X$ 的一个样本, $x_1, x_2, \cdots, x_n$ 是这一样本的观察值,下面我们定义一些常用的统计量.

(1) 样本均值(Sample average)

$$\bar{X} = \frac{1}{n} \sum_{i=1}^{n} X_i$$

(2) 样本方差(Sample variance)

$$S^2 = \frac{1}{n-1} \sum_{i=1}^{n} (X_i - \bar{X})^2$$

(3) 样本标准差(Sample standard variance)

$$S = \sqrt{\frac{1}{n-1} \sum_{i=1}^{n} (X_i - \bar{X})^2}$$

(4) 样本 $k$ 阶原点矩(Sample $k$ order origin moment)

$$A_k = \frac{1}{n} \sum_{i=1}^{n} X_i^k \quad (k = 1, 2, \cdots)$$

(5) 样本 $k$ 阶中心矩(Sample $k$ order central moment)

$$B_k = \frac{1}{n} \sum_{i=1}^{n} (X_i - \bar{X})^k \quad (k = 1, 2, \cdots)$$

### 6.3.3 样本矩与总体矩的关系

由样本的独立性及与总体同分布这一特性出发,运用数字特征的运算法则可知,若总体 $X$ 的期望、方差存在,即 $E(X) = \mu, D(X) = \sigma^2$,又 $(X_1, X_2, \cdots, X_n)$ 是取自总体 $X$ 的一个样本,则样本矩有如下重要性质:

(1) $E(\bar{X}) = \mu$; (2) $D(\bar{X}) = \dfrac{\sigma^2}{n}$; (3) $E(S^2) = \sigma^2$; (4) $E(B_2) = \dfrac{n-1}{n}\sigma^2$.

**证明** 只证性质(1) 和性质(3).

(1) $$E(\bar{X}) = \frac{1}{n} \sum_{i=1}^{n} E(X_i) = \frac{1}{n} \sum_{i=1}^{n} E(X) = \mu$$

(3) $$E(S^2) = \frac{1}{n-1} E\Big[ \sum_{i=1}^{n} (X_i - \bar{X})^2 \Big] = \frac{1}{n-1} E\Big[ \sum_{i=1}^{n} X_i^2 - n\bar{X}^2 \Big]$$

$$= \frac{1}{n-1} \Big[ \sum_{i=1}^{n} E(X_i^2) - nE(\bar{X}^2) \Big]$$

$$= \frac{1}{n-1} \Big[ \sum_{i=1}^{n} (\mu^2 + \sigma^2) - n\Big(\mu^2 + \frac{\sigma^2}{n}\Big) \Big] = \sigma^2$$

上述结论无论总体服从什么样的分布都正确，故它是计算任意总体，特别是非正态总体的样本均值 $\bar{X}$ 和样本方差 $S^2$ 的期望、方差的常用结论.

# 6.4　抽　样　分　布

如果能把对总体中每一个个体测量的结果罗列出来就得到总体的分布. 但在抽样的情形，无论对于有限总体还是无限总体，只要抽样的样本数小于总体中的单位数，那么可能抽取的样本就不止一个. 在一般情况下，从同一总体中抽取出的不同样本，其统计量的值是不同的. 全部可能样本的统计量的概率分布叫作抽样分布. 统计上通常用样本的分布，即抽样分布来近似总体分布. 例如，我们可以使用样本的均值和标准差来描述总体的均值和标准差的分布，使用样本的比例来描述总体比例的分布. 对于抽样分布，我们也可以使用均值和标准差来描述. 从同一总体中抽取的各个样本的均值通常并不完全相等，相互间总存在一定的差异，这种差异是随机抽样本身所固有的. 事实上，各个样本的同一统计量之间，某个样本的统计量与总体参数之间总存在着一定的差异，这种差异叫作抽样误差. 下面介绍数理统计中几个常用的抽样分布.

## 6.4.1　$\chi^2$ 分布

**定理 1**　设随机变量 $X_1, X_2, \cdots, X_n$ 相互独立，且均服从 $N(0,1)$，则随机变量

$$\chi^2 = \sum_{i=1}^{n} X_i^2$$

的概率密度为

$$f_{\chi^2}(x) = \begin{cases} \dfrac{1}{2^{\frac{n}{2}}\Gamma\left(\dfrac{n}{2}\right)} x^{\frac{n}{2}-1} \mathrm{e}^{-\frac{x}{2}}, & x > 0 \\[2mm] 0, & x \leqslant 0 \end{cases}$$

我们称随机变量 $\chi^2$ 服从自由度为 $n$ 的 $\chi^2$ 分布，记作 $\chi^2 \sim \chi^2(n)$. $\chi^2$ 分布概率密度的图像如图 6 - 4 所示.

$\chi^2$ 分布的性质如下：

（1）设 $\chi^2 \sim \chi^2(n)$，则 $E(\chi^2) = n$，$D(\chi^2) = 2n$；

（2）设 $Y_1 \sim \chi^2(n_1)$，$Y_2 \sim \chi^2(n_2)$，且 $Y_1, Y_2$ 相互独立，则有 $Y_1 + Y_2 \sim \chi^2(n_1 + n_2)$；

（3）$\chi^2 \sim \chi^2(n)$，当 $n \to +\infty$ 时，$\dfrac{\chi^2 - n}{\sqrt{2n}}$ 的分布渐进于 $N(0,1)$ 分布.

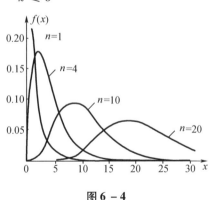

图 6 - 4

### 6.4.2　$t$ 分布

**定理 2**　设随机变量 $X$ 与 $Y$ 相互独立,$X$ 服从标准正态分布 $N(0,1)$,$Y$ 服从自由度为 $n$ 的 $\chi^2$ 分布,则随机变量

$$T = \frac{X}{\sqrt{Y/n}}$$

的概率密度为

$$f_t(x) = \frac{\Gamma\left(\dfrac{n+1}{2}\right)}{\sqrt{n\pi}\,\Gamma\left(\dfrac{n}{2}\right)}\left(1 + \frac{x^2}{n}\right)^{-\frac{n+1}{2}}$$

我们称随机变量 $T$ 服从自由度为 $n$ 的 $t$ 分布,记作 $T \sim t(n)$. $t$ 分布概率密度的图像如图 $6-5$ 所示. 显然它是 $x$ 的偶函数,图 $6-5$ 描绘了 $n=2$ 和 $n=5$ 时 $t(n)$ 的概率密度曲线,作为比较,还描绘了 $N(0,1)$ 的密度曲线.

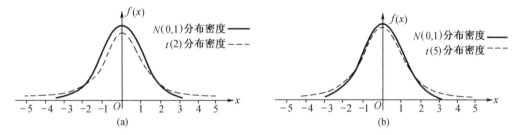

图 $6-5$

$t$ 分布的性质如下:

(1) 设 $T$ 服从自由变为 $n$ 的 $t$ 分布,则 $E(T) = 0$,$D(T) = \dfrac{n}{n-2}$　$(n>2)$;

(2) $\lim\limits_{n\to\infty} f(x) = \dfrac{1}{\sqrt{2\pi}}\mathrm{e}^{-\frac{x^2}{2}}$,这里 $f(x)$ 为 $t$ 分布的概率密度函数.

### 6.4.3　$F$ 分布

**定理 3**　设随机变量 $X$ 与 $Y$ 相互独立,分别服从自由度为 $n_1$ 与 $n_2$ 的 $\chi^2$ 分布,则随机变量

$$F = \frac{X/n_1}{Y/n_2}$$

的概率密度为

$$f_F(x) = \begin{cases} \dfrac{\Gamma\left(\dfrac{n_1 + n_2}{2}\right)}{\Gamma\left(\dfrac{n_1}{2}\right)\Gamma\left(\dfrac{n_2}{2}\right)} \dfrac{\left(\dfrac{n_1}{n_2}\right)^{\frac{n_1}{2}} x^{\frac{n_1}{2} - 1}}{\left(1 + \dfrac{n_1 x}{n_2}\right)^{\frac{n_1 + n_2}{2}}}, & x > 0 \\ 0, & x \leqslant 0 \end{cases}$$

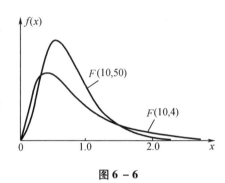

我们称随机变量 $F$ 服从自由度为 $(n_1, n_2)$ 的 $F$ 分布，记作 $F \sim F(n_1, n_2)$. 其中，$n_1$ 称为第一自由度；$n_2$ 称为第二自由度. $F$ 分布概率密度的图像如图 6 – 6 所示.

$F$ 分布的性质如下：

（1）若 $X \sim N(0,1)$，$Y \sim \chi^2(n)$，则 $\dfrac{nX^2}{Y} \sim F(1,n)$；

（2）若 $F \sim F(m,n)$，则 $\dfrac{1}{F} \sim F(n,m)$.

图 6 – 6

### 6.4.4 临界值

**定义 1** 设 $X$ 服从标准正态分布 $N(0,1)$，对给定的正数 $\alpha(0 < \alpha < 1)$，若存在实数 $z_\alpha$ 满足

$$P\{X > z_\alpha\} = \frac{1}{\sqrt{2\pi}} \int_{z_\alpha}^{+\infty} e^{-\frac{t^2}{2}} dt = \alpha$$

则称点 $z_\alpha$ 为标准正态分布 $X$ 的 $\alpha$ 临界值（或称上 $\alpha$ 分位点或分位数）.

由 $\Phi(z_\alpha) = 1 - \alpha$，若已知 $\alpha(0 \leqslant \alpha \leqslant 0.5)$，可通过反查标准正态分布表，求出 $\alpha$ 临界值 $z_\alpha$. 当 $\alpha > 0.5$ 时，表中无法查出，此时查表 $\Phi(z_{1-\alpha}) = \alpha$，再由 $z_\alpha = -z_{1-\alpha}$ 可求得临界值 $z_\alpha$.

**定义 2** 设 $\chi^2$ 服从自由度为 $n$ 的 $\chi^2$ 分布，概率密度为 $f(x)$. 对给定的数 $\alpha(0 < \alpha < 1)$，若存在实数 $\chi_\alpha^2(n)$ 满足

$$P\{\chi^2 > \chi_\alpha^2(n)\} = \int_{\chi_\alpha^2(n)}^{+\infty} f(x) dx = \alpha$$

则称数 $\chi_\alpha^2(n)$ 为 $\chi^2$ 分布的 $\alpha$ 临界值. 已知 $n$，$\alpha$，通过查 $\chi^2$ 分布表可求得 $\chi_\alpha^2(n)$. 当 $n > 45$ 时，可利用近似公式 $\chi_\alpha^2(n) \approx \dfrac{1}{2}\left(z_\alpha + \sqrt{2n - 1}\right)^2$ 计算 $\chi_\alpha^2(n)$，这里 $z_\alpha$ 是标准正态分布的临界值.

**定义 3** 设 $T \sim t(n)$，概率密度为 $f(x)$. 对给定的 $\alpha(0 < \alpha < 1)$，若存在实数 $t_\alpha(n)$ 满足

$$P\{T > t_\alpha(n)\} = \int_{t_\alpha(n)}^{+\infty} f(x) dx = \alpha$$

则称点 $t_\alpha(n)$ 为 $t$ 分布的 $\alpha$ 临界值. 已知 $n$，$\alpha$，通过查 $t$ 分布表可求得 $t_\alpha(n)$. 当 $n > 45$ 时，可利用近似公式 $t_\alpha(n) \approx z_\alpha$ 计算 $t_\alpha(n)$，这里 $z_\alpha$ 是标准正态分布的临界值.

**定义 4** 设 $F$ 服从自由度为 $(m,n)$ 的 $F$ 分布,概率密度为 $f(x)$. 对给定的 $\alpha(0 < \alpha < 1)$, 若存在实数 $F_\alpha(m,n)$ 满足

$$P\{F > F_\alpha(m,n)\} = \int_{F_\alpha(m,n)}^{+\infty} f(x)\,\mathrm{d}x = \alpha$$

则称数 $F_\alpha(m,n)$ 为 $F$ 分布的 $\alpha$ 临界值. 注意公式

$$F_{1-\alpha}(m,n) = \frac{1}{F_\alpha(n,m)}$$

### 6.4.5 正态总体样本均值和样本方差的分布

1. 单个正态总体的统计量的分布

设从总体 $X$ 中抽取容量为 $n$ 的样本 $X_1, X_2, \cdots, X_n$,则样本均值与样本方差分别是

$$\bar{X} = \frac{1}{n}\sum_{i=1}^{n} X_i,\ S^2 = \frac{1}{n-1}\sum_{i=1}^{n}(X_i - \bar{X})^2$$

**定理 4** 设总体 $X$ 服从正态分布 $N(\mu, \sigma^2)$,则样本均值 $\bar{X}$ 服从正态分布 $N\left(\mu, \dfrac{\sigma^2}{n}\right)$,即

$$\bar{X} \sim N\left(\mu, \frac{\sigma^2}{n}\right)$$

**证明** 因为随机变量 $X_1, X_2, \cdots, X_n$ 相互独立,并且与总体 $X$ 服从相同的正态分布 $N(\mu, \sigma^2)$,所以它们的线性组合 $\bar{X}$ 服从正态分布,且 $E(\bar{X}) = \mu, D(\bar{X}) = \dfrac{\sigma^2}{n}$,所以 $\bar{X} \sim N\left(\mu, \dfrac{\sigma^2}{n}\right)$.

**定理 5** 设总体 $X$ 服从正态分布 $N(\mu, \sigma^2)$,则统计量 $u = \dfrac{\bar{X} - \mu}{\sigma/\sqrt{n}}$ 服从标准正态分布 $N(0,1)$,即

$$u = \frac{\bar{X} - \mu}{\sigma/\sqrt{n}} \sim N(0,1)$$

由定理 4 结论的标准化即得到定理 5.

**定理 6** 设总体 $X$ 服从正态分布 $N(\mu, \sigma^2)$,则统计量 $\chi^2 = \dfrac{1}{\sigma^2}\sum_{i=1}^{n}(X_i - \mu)^2$ 服从自由度为 $n$ 的 $\chi^2$ 分布,即

$$\chi^2 = \frac{1}{\sigma^2}\sum_{i=1}^{n}(X_i - \mu)^2 \sim \chi^2(n)$$

**证明** 注意到 $X_i \sim N(\mu, \sigma^2)$,则

$$\frac{X_i - \mu}{\sigma} \sim N(0,1) \quad (i = 1, 2, \cdots, n)$$

又上述统计量相互独立，按照 $\chi^2$ 分布的定义可得结果.

**定理 7**　设总体 $X$ 服从正态分布 $N(\mu, \sigma^2)$，则

(1) 样本均值 $\overline{X}$ 与样本方差 $S^2$ 相互独立；

(2) 统计量 $\chi^2 = \dfrac{(n-1)S^2}{\sigma^2}$ 服从自由度为 $n-1$ 的 $\chi^2$ 分布，即

$$\chi^2 = \frac{(n-1)S^2}{\sigma^2} \sim \chi^2(n-1)$$

**定理 8**　设总体 $X$ 服从正态分布 $N(\mu, \sigma^2)$，则统计量 $T = \dfrac{\overline{X} - \mu}{S/\sqrt{n}}$ 服从自由度为 $n-1$ 的 $t$ 分布，即

$$T = \frac{\overline{X} - \mu}{S/\sqrt{n}} \sim t(n-1)$$

**证明**　由定理 5 知，统计量

$$u = \frac{\overline{X} - \mu}{\sigma/\sqrt{n}} \sim N(0,1)$$

又由定理 7 知，统计量

$$\chi^2 = \frac{(n-1)S^2}{\sigma^2} \sim \chi^2(n-1)$$

因为 $\overline{X}$ 与 $S^2$ 相互独立，所以 $u$ 与 $\chi^2$ 也相互独立，于是根据 $t$ 分布的定义得出结论.

2. 两个正态总体的统计量的分布

从总体 $X$ 中抽取容量为 $n_x$ 的样本 $X_1, X_2, \cdots, X_{n_x}$，从总体 $Y$ 中抽取容量为 $n_y$ 的样本 $Y_1$, $Y_2, \cdots, Y_{n_y}$. 假设所有的抽样都是相互独立的，由此得到的样本 $X_i(i = 1, 2, \cdots, n_x)$ 与 $Y_j(j = 1, 2, \cdots, n_y)$ 都是相互独立的随机变量. 我们把取自两个总体的样本均值分别记作

$$\overline{X} = \frac{1}{n_x} \sum_{i=1}^{n_x} X_i, \quad \overline{Y} = \frac{1}{n_y} \sum_{j=1}^{n_y} Y_j$$

样本方差分别记作

$$S_x^2 = \frac{1}{n_x - 1} \sum_{i=1}^{n_x} (X_i - \overline{X})^2, \quad S_y^2 = \frac{1}{n_y - 1} \sum_{j=1}^{n_y} (Y_j - \overline{Y})^2$$

**定理 9**　设总体 $X$ 服从正态分布 $N(\mu_x, \sigma_x^2)$，总体 $Y$ 服从正态分布 $N(\mu_y, \sigma_y^2)$，则统计量

$$U = \frac{(\bar{X} - \bar{Y}) - (\mu_x - \mu_y)}{\sqrt{\dfrac{\sigma_x^2}{n_x} + \dfrac{\sigma_y^2}{n_y}}}$$

服从标准正态分布 $N(0,1)$，即

$$U = \frac{(\bar{X} - \bar{Y}) - (\mu_x - \mu_y)}{\sqrt{\dfrac{\sigma_x^2}{n_x} + \dfrac{\sigma_y^2}{n_y}}} \sim N(0,1)$$

**证明**　由于独立的正态统计量的线性组合服从正态分布，所以

$$\bar{X} - \bar{Y} \sim N\left(\mu_x - \mu_y, \frac{\sigma_x^2}{n_x} + \frac{\sigma_y^2}{n_y}\right)$$

标准化即得结论.

当 $\sigma_x = \sigma_y = \sigma$ 时，我们有如下推论.

**推论**　设总体 $X$ 服从正态分布 $N(\mu_x, \sigma^2)$，总体 $Y$ 服从正态分布 $N(\mu_y, \sigma^2)$，则统计量

$$U = \frac{(\bar{X} - \bar{Y}) - (\mu_x - \mu_y)}{\sigma \sqrt{\dfrac{1}{n_x} + \dfrac{1}{n_y}}} \sim N(0,1)$$

**定理 10**　设总体 $X$ 服从正态分布 $N(\mu_x, \sigma^2)$，总体 $Y$ 服从正态分布 $N(\mu_y, \sigma^2)$，则统计量

$$T = \frac{(\bar{X} - \bar{Y}) - (\mu_x - \mu_y)}{S_W \sqrt{\dfrac{1}{n_x} + \dfrac{1}{n_y}}} \sim t(n_x + n_y - 2)$$

其中

$$S_W = \sqrt{\frac{(n_x - 1)S_x^2 + (n_y - 1)S_y^2}{n_x + n_y - 2}}$$

**证明**　由定理 9 的推论知，统计量

$$U = \frac{(\bar{X} - \bar{Y}) - (\mu_x - \mu_y)}{\sigma \sqrt{\dfrac{1}{n_x} + \dfrac{1}{n_y}}} \sim N(0,1)$$

又由定理 7 知

$$\frac{(n_x - 1)S_x^2}{\sigma^2} \sim \chi^2(n_x - 1)$$

$$\frac{(n_y - 1)S_y^2}{\sigma^2} \sim \chi^2(n_y - 1)$$

因为 $S_x^2$ 与 $S_y^2$ 相互独立，由 $\chi^2$ 分布的可知性知

$$V = \frac{(n_x - 1)S_x^2 + (n_y - 1)S_y^2}{\sigma^2} \sim \chi^2(n_x + n_y - 2)$$

因为 $U$ 和 $V$ 相互独立，所以由 $t$ 分布的定义可得结论．

**定理 11** 设总体 $X$ 服从正态分布 $N(\mu_x, \sigma_x^2)$，总体 $Y$ 服从正态分布 $N(\mu_y, \sigma_y^2)$，则统计量

$$F = \frac{\sum\limits_{i=1}^{n_x}(X_i - \mu_x)^2 \Big/ n_x \sigma_x^2}{\sum\limits_{j=1}^{n_y}(Y_j - \mu_y)^2 \Big/ n_y \sigma_y^2}$$

服从自由度为 $(n_x, n_y)$ 的 $F$ 分布，即

$$F = \frac{\sum\limits_{i=1}^{n_x}(X_i - \mu_x)^2 \Big/ n_x \sigma_x^2}{\sum\limits_{j=1}^{n_y}(Y_j - \mu_y)^2 \Big/ n_y \sigma_y^2} \sim F(n_x, n_y)$$

**证明** 由定理 6 知

$$\chi_x^2 = \frac{1}{\sigma_x^2}\sum_{i=1}^{n_x}(X_i - \mu_x)^2 \sim \chi^2(n_x)$$

$$\chi_y^2 = \frac{1}{\sigma_y^2}\sum_{j=1}^{n_y}(Y_j - \mu_y)^2 \sim \chi^2(n_y)$$

因为 $\chi_x^2$ 与 $\chi_y^2$ 相互独立，结合 $F$ 分布的定义可得结论．

**定理 12** 设总体 $X$ 服从正态分布 $N(\mu_x, \sigma_x^2)$，总体 $Y$ 服从正态分布 $N(\mu_y, \sigma_y^2)$，则统计量

$F = \dfrac{S_x^2/\sigma_x^2}{S_y^2/\sigma_y^2}$ 服从自由度为 $(n_x - 1, n_y - 1)$ 的 $F$ 分布，即

$$F = \frac{S_x^2/\sigma_x^2}{S_y^2/\sigma_y^2} \sim F(n_x - 1, n_y - 1)$$

**证明** 由定理 7 知

$$\chi_x^2 = \frac{(n_x - 1)S_x^2}{\sigma_x^2} \sim \chi^2(n_x - 1)$$

$$\chi_y^2 = \frac{(n_y - 1)S_y^2}{\sigma_y^2} \sim \chi^2(n_y - 1)$$

因为 $S_x^2$ 与 $S_y^2$ 相互独立，所以 $\chi_x^2$ 与 $\chi_y^2$ 独立，结合 $F$ 分布的定义可得结论．

**例 1** 设 $X_1, X_2, \cdots, X_n$ 是来自总体 $N(\mu, \sigma^2)$ 的简单随机样本，$\overline{X}_n$ 和 $S_n^2$ 是样本均值与样本方差，

又 $X_{n+1}$ 也服从 $N(\mu, \sigma^2)$ 分布，并且与 $X_1, X_2, \cdots, X_n$ 相互独立，试求统计量 $Y = \dfrac{X_{n+1} - \overline{X}_n}{S_n}\sqrt{\dfrac{n}{n+1}}$

所服从的概率分布.

**解**  依题意 $\overline{X}_n \sim N\left(\mu, \dfrac{\sigma^2}{n}\right)$，那么 $X_{n+1} - \overline{X}_n \sim N\left(0, \left(1 + \dfrac{1}{n}\right)\sigma^2\right)$，$\dfrac{X_{n+1} - \overline{X}_n}{\sigma\sqrt{\left(1 + \dfrac{1}{n}\right)}} \sim N(0,1)$，

$\dfrac{(n-1)S_n^2}{\sigma^2} \sim \chi^2(n-1)$，且 $S_n$ 与 $\overline{X}_n$ 独立，$X_{n+1}$ 与 $X_1, X_2, \cdots, X_n$ 独立，则有

$$\dfrac{\dfrac{X_{n+1} - \overline{X}_n}{\sigma\sqrt{\left(1 + \dfrac{1}{n}\right)}}}{\sqrt{\dfrac{(n-1)S_n^2}{\sigma^2(n-1)}}} \sim t(n-1)$$

即 $\dfrac{X_{n+1} - \overline{X}_n}{S_n}\sqrt{\dfrac{n}{n+1}} \sim t(n-1)$.

**例2**  设 $X_1, X_2, \cdots, X_n$ 是来自正态总体 $N(\mu, \sigma^2)$ 的简单随机样本，记

$$\overline{X}_k = \frac{1}{k}\sum_{i=1}^{k} X_i \quad (1 \leqslant k < n)$$

求统计量 $\overline{X}_{k+1} - \overline{X}_k$ 所服从的概率分布.

**解**  $\overline{X}_{k+1} - \overline{X}_k = \dfrac{1}{k+1}\sum_{i=1}^{k+1} X_i - \dfrac{1}{k}\sum_{i=1}^{k} X_i = \left(\dfrac{1}{k+1} - \dfrac{1}{k}\right)\sum_{i=1}^{k} X_i + \dfrac{1}{k+1}X_{k+1}$

由于 $X_1, X_2, \cdots, X_{k+1}$ 是独立的且服从正态分布，所以 $\overline{X}_{k+1} - \overline{X}_k$ 服从正态分布.

由于 $E(\overline{X}_{k+1}) = \mu, E(\overline{X}_k) = \mu$，则

$$E(\overline{X}_{k+1} - \overline{X}_k) = 0$$

$$D(\overline{X}_{k+1} - \overline{X}_k) = D\left[\left(\frac{1}{k+1} - \frac{1}{k}\right)\sum_{i=1}^{k} X_i + \frac{1}{k+1}X_{k+1}\right]$$

$$= \left(\frac{1}{k+1} - \frac{1}{k}\right)^2 \cdot k\sigma^2 + \left(\frac{1}{k+1}\right)^2\sigma^2$$

$$= \frac{\sigma^2}{k(k+1)}$$

所以  $$\overline{X}_{k+1} - \overline{X}_k \sim N\left(0, \frac{\sigma^2}{k(k+1)}\right)$$

**例3**  求下列分位数：

(1) $z_{0.1}$，其中 $z_\alpha$ 为 $N(0,1)$ 的 $\alpha$ 分位点；

（2）$t_{0.25}(4)$；

（3）$F_{0.9}(14,10)$.

**解**　（1）设随机变量 $X$ 服从标准正态分布 $N(0,1)$. 由上 $\alpha$ 分位点定义，有 $P\{X > z_{0.1}\} = 0.1$，即 $P\{X \leqslant z_{0.1}\} = 0.9$. 故要从标准正态分布中查找使标准正态分布函数 $\Phi(x) = 0.900\ 0$ 的 $x$，取表中接近 $0.900\ 0$ 的数应在 $0.899\ 7$ 与 $0.901\ 5$ 之间，从表头查出相应的 $z_\alpha$ 为 $1.28$ 与 $1.29$，故取 $z_{0.1} \approx 1.285$.

（2）设随机变量 $T \sim t(4)$，则 $P\{T > t_{0.25}(4)\} = 0.25$，即 $P\{X \leqslant z_{0.1}\} = 0.9$. $t$ 分布表中可查出 $t_{0.25}(4) = 0.740\ 7$.

（3）从 $F$ 分布表中查不到 $F_{0.9}(14,10)$，由于 $F_\alpha(n,n_2) = \dfrac{1}{F_{1-\alpha}(n_2,n_1)}$ 可查出 $F_{0.1}(10,14) = 2.10$，故 $F_{0.9}(14,10) = \dfrac{1}{2.10} \approx 0.476$.

# 习　题　6

**6 - 1**　设 $X_1, X_2, \cdots, X_{10}$ 为来自总体 $N(0, 0.3^2)$ 的一个简单随机样本，求 $P\{\sum\limits_{i=1}^{10} X_i^2 > 1.44\}$.（已知 $\chi_{0.1}^2(10) = 15.987$）

**6 - 2**　设总体 $X$ 服从正态分布 $N(0,4)$，从总体中抽取一组容量为9的简单随机样本 $X_1, X_2, \cdots, X_9$，并设 $Y = a(X_1 + X_2)^2 + b(X_3 + X_4 + X_5)^2 + c(X_6 + X_7 + X_8 + X_9)^2$，试求常数 $a, b, c$，使随机变量 $Y$ 服从 $\chi^2$ 分布，并求出 $\chi^2$ 分布的自由度.

**6 - 3**　在总体 $N(30,4)$ 中随机抽取一个容量为16的简单随机样本，求样本均值落在区间29 到31 之间的概率.（已知 $\Phi(2) = 0.977, \Phi\left(\dfrac{1}{2}\right) = 0.692$）

**6 - 4**　设在总体 $N(\mu,\sigma^2)$ 中抽取一个容量为16的简单随机样本，这里 $\mu, \sigma^2$ 均未知，$S^2$ 为样本方差，计算：

（1）$P\left\{\dfrac{S^2}{\sigma^2} \leqslant 2.041\right\}$；

（2）$D(S^2)$.（已知 $\chi_{0.01}^2(15) = 30.578$）

**6 - 5**　设 $X_1, X_2, \cdots, X_8$ 是取自正态总体 $N(0,1)$ 的简单随机样本，令 $U = X_1 + X_2 + X_3 + X_4$，$V = X_5 - X_6 + X_7 - X_8$，且有 $a(U^2 + V^2) \sim \chi^2(k)$，求常数 $a, k$ 的值.

**6 - 6**　设 $X_1, X_2, \cdots, X_n$ 是取自正态总体 $N(0,\sigma^2)$ 的简单随机样本，$A_2 = \dfrac{1}{n}\sum\limits_{i=1}^{n} X_i^2$ 为此样本的二阶原点矩，证明：$E(A_2) = \sigma^2, D(A_2) = \dfrac{2\sigma^4}{n}$.

6 - 7　设总体 $X$ 服从正态分布 $N(0,1)$，$X_1,X_2,\cdots,X_n$ 为样本，$\chi^2 = X_1^2 + X_2^2 + \cdots + X_n^2$，则 $\chi^2 \sim \chi^2(n)$. 证明：

(1) $E(\chi^2) = n$；

(2) $D(\chi^2) = 2n$.

6 - 8　设 $X_1,X_2,\cdots,X_n$ 是来自总体 $N(\mu,\sigma^2)$ 的样本，证明：统计量 $T = \dfrac{\sqrt{n(n-1)}(\bar{X}-\mu)}{\sqrt{\sum\limits_{i=1}^{n}(X_i-\bar{X})^2}}$ 服从自由度为 $n-1$ 的 $t$ 分布.

6 - 9　设 $X_1,X_2,\cdots,X_9$ 是来自总体 $N(\mu,\sigma^2)$ 的样本，且 $Y_1 = \dfrac{1}{6}\sum\limits_{i=1}^{6}X_i$，$Y_2 = \dfrac{1}{3}\sum\limits_{i=7}^{9}X_i$，$S^2 = \dfrac{1}{2}\sum\limits_{i=7}^{9}(X_i-Y_2)^2$，$Z = \dfrac{\sqrt{2}(Y_1-Y_2)}{S}$，证明：统计量 $Z$ 服从自由度为 2 的 $t$ 分布.

6 - 10　设 $X_1,X_2,\cdots,X_n$ 为来自总体 $N(0,1)$ 的样本，试证：$\left(\dfrac{n}{3}-1\right)\dfrac{\sum\limits_{i=1}^{3}X_i^2}{\sum\limits_{i=4}^{n}X_i^2}$ 服从自由度为 $(3,n-3)$ 的 $F$ 分布.

6 - 11　设 $X_1,X_2,X_3,X_4$ 为来自总体 $N(0,1)$ 的样本，试证：$\left(\dfrac{X_1-X_2}{X_3+X_4}\right)^2$ 服从自由度为 $(1,1)$ 的 $F$ 分布.

6 - 12　若 $F$ 服从自由度为 $(n_1,n_2)$ 的 $F$ 分布，证明：$\dfrac{1}{F}$ 服从自由度为 $(n_2,n_1)$ 的 $F$ 分布.

6 - 13　设 $X_1,X_2,\cdots,X_n$ 是来自总体 $\chi^2(10)$ 的简单随机样本，则统计量 $Y = \sum\limits_{i=1}^{n}X_i$ 服从_____分布.

6 - 14　设 $X_1,X_2,X_3,X_4$ 是来自总体 $N(0,\sigma^2)$ 的简单随机样本，则统计量 $Z = \dfrac{\sqrt{3}X_1}{\sqrt{X_2^2+X_3^2+X_4^2}}$ 服从_____分布.

6 - 15　设随机变量 $X$ 服从自由度为 $(n,n)$ 的 $F$ 分布，已知 $\alpha$ 满足条件 $P\{X>\alpha\} = 0.05$，则 $P\left\{X>\dfrac{1}{\alpha}\right\} = $ _____.

6 - 16　若总体 $X$ 与 $Y$ 相互独立，$X$ 服从正态分布 $N(0,4)$，$Y$ 服从正态分布 $N(0,9)$，设 $\bar{X} = \dfrac{1}{10}\sum\limits_{i=1}^{10}X_i$，$\bar{Y} = \dfrac{1}{15}\sum\limits_{i=1}^{15}Y_i$ 为来自总体 $X$ 与 $Y$ 的样本均值，则统计量 $\bar{X}-\bar{Y}$ 服从_____分布.

6 – 17  设 $X$ 服从正态分布 $N(\mu_1, \sigma_1^2)$，$Y$ 服从正态分布 $N(\mu_2, \sigma_2^2)$，$X$ 与 $Y$ 相互独立，$X_1$，$X_2, \cdots, X_{n_1}$ 是 $X$ 的样本，$Y_1, Y_2, \cdots, Y_{n_2}$ 是 $Y$ 的样本，则 $D(\bar{X} - \bar{Y}) = $ _____.

6 – 18  设总体 $X$ 服从正态分布 $N(\mu, \sigma^2)$，其中 $\mu, \sigma$ 为未知参数，$X_1, X_2 \cdots, X_n$ 是来自总体 $X$ 的简单随机样本，则下列结论正确的是_____.

A. $\dfrac{1}{n-1} \sum\limits_{i=1}^{n} (X_i - \mu)^2$ 服从 $\chi^2(n-1)$ 分布；

B. $\dfrac{1}{\sigma^2} \sum\limits_{i=1}^{n} (X_i - \bar{X})^2$ 服从 $\chi^2(n-1)$ 分布；

C. $\dfrac{1}{n-1} \sum\limits_{i=1}^{n} (X_i - \bar{X})^2$ 服从 $\chi^2(n-1)$ 分布；

D. $\dfrac{1}{\sigma^2} \sum\limits_{i=1}^{n} (X_i - \mu)^2$ 服从 $\chi^2(n-1)$ 分布.

6 – 19  设随机变量 $X_1, X_2, X_3, X_4$ 独立同分布，都服从正态分布 $N(1,1)$，且 $k \left( \sum\limits_{i=1}^{4} X_i - 4 \right)^2$ 服从 $\chi^2(n)$ 分布，则 $k$ 和 $n$ 分别为_____.

A. $k = \dfrac{1}{4}, n = 1$；   B. $k = \dfrac{1}{2}, n = 1$；

C. $k = \dfrac{1}{2}, n = 4$；   D. $k = \dfrac{1}{4}, n = 4$.

6 – 20  设随机变量 $X$ 服从正态分布 $N(\mu, 1)$，$Y$ 服从自由度为 $n$ 的 $\chi^2$ 分布，且 $X$ 与 $Y$ 相互独立，令 $Z = \dfrac{X - \mu}{\sqrt{Y}} \sqrt{n}$，则下列结论正确的是_____.

A. $Z \sim t(n-1)$；   B. $Z \sim t(n)$；
C. $Z \sim N(0,1)$；   D. $Z \sim F(1,n)$.

6 – 21  设随机变量 $X$ 服从自由度为 $n$ 的 $t$ 分布 $(n > 1)$，$Y = \dfrac{1}{X^2}$，则以下正确的是_____.

A. $Y \sim \chi^2(n)$；   B. $Y \sim \chi^2(n-1)$；
C. $Y \sim F(n,1)$；   D. $Y \sim F(1,n)$.

6 – 22  设总体 $X$ 的概率密度为 $f(x) = \begin{cases} 6x(1-x), & 0 < x < 1 \\ 0, & 其他 \end{cases}$，$X_1, X_2, X_3, X_4, X_5$ 是来自该总体的简单随机样本，其样本均值为 $\bar{X}$，则 $D(\bar{X}) = $ _____.

A. $\dfrac{1}{3}$；   B. $\dfrac{1}{2(20)^4}$；

C. $\dfrac{1}{18}$；   D. $\dfrac{1}{100}$.

# 第7章 参 数 估 计

统计学在研究现象的总体数量关系时,需要了解的总体对象的范围往往是很大的,有时甚至是无限的. 而由于经费、时间和精力等各种原因,以致有时在客观上只能从中观察部分单位或有限单位进行计算和分析,根据局部观察结果来推断总体. 例如,要说明一批灯泡的平均使用寿命,只能从该批灯泡中抽取一小部分进行检验,推断这批灯泡的平均使用寿命,并给出这种推断的置信程度. 这种在一定置信程度下,根据样本资料的特征,对总体的特征做出估计和预测的方法称为统计推断法. 统计推断是现代统计学的基本方法,在统计研究中得到了极为广泛的应用. 统计推断的理论是由通过样本推断整体的方法的集合构成的. 现在的研究趋势是要分辨经典方法和贝叶斯方法. 前者得出的推断严格基于样本的信息;而后者是从样本信息中未知参数的概率分布来估计一个总体参数. 我们在本章使用经典方法,通过计算随机样本的统计量和应用抽样分布理论($\chi^2$ 分布、$F$ 分布、$t$ 分布)来估计一个总体参数,如均值及方差. 而对于贝叶斯估计方法在本书中不做介绍,如果有兴趣可以参阅相关书籍.

统计推断既可以用于对总体参数的估计,也可以用作对总体某些分布特征的假设检验. 于是,统计推断分为两个主要领域:参数估计和假设检验. 为区分这两个概念,我们给出下面两个例子.

广告商想通过获得随机抽样的广告覆盖人群中的 100 人来估计出真正收到广告信息的人的比例. 在样本中表示收到广告信息的人数的比例可以看成总体广告覆盖人群的估计量. 抽样分布的知识能够建立起估计量的精确度,这是个估计领域的问题.

某人对 $A$ 品牌的电池是否比 $B$ 品牌的电池更耐用的问题很感兴趣. 他设想 $A$ 比 $B$ 好,经过适当的检验后,再验证或者推翻这个假设. 在这个例子中,我们不会去估计一个参数,而是试图得到一个关于事先假设是否正确的结论,然后再依赖抽样理论和样本数据来给出结论.

在本章中,我们介绍参数估计的理论和应用. 在第 8 章中,我们介绍假设检验.

## 7.1 点 估 计

点估计问题的一般提法是:设总体 $X$ 的分布函数 $F(x;\theta)$ 的形式已知,$\theta$ 是未知参数(未知参数的个数可以不止一个),$\theta \in \Theta$,$\Theta$ 是 $\theta$ 的可能取值范围,称为参数空间(Parameter space). 想要构造一个样本 $X_1,\cdots,X_n$ 的统计量 $T(X_1,\cdots,X_n)$ 作为参数 $\theta$ 的估计.

设总体 $X$ 的分布函数已知,为 $F(x,\theta)$,$\theta \in \Theta$,$X_1,X_2,\cdots,X_n$ 是 $X$ 的样本,称统计量 $T = T(X_1,X_2,\cdots,X_n)$ 是未知参数的点估计量(Point estimator),记为 $\hat{\theta} = T$;对样本值 $x_1,x_2,\cdots,x_n$,

称 $\hat{\theta} = T(x_1, x_2, \cdots, x_n)$ 为 $\theta$ 的估计值(Estimate value).

在不致混淆的情况下,统称估计量和估计值为估计,并都简记为 $\hat{\theta}$. 由于估计量是样本的函数,因此对于不同的样本值,$\theta$ 的估计值往往是不同的. 对参数的点估计需要解决两个问题:一是寻找一些合适的统计量作为估计量;二是建立衡量这些估计量"好坏"的标准,并利用这些标准来评价各个估计量.

下面介绍两种常用的点估计方法:矩估计法和极大似然估计法.

### 7.1.1　矩估计法

设总体 $X$ 为连续型随机变量,其概率密度函数为 $f(x; \theta_1, \theta_2, \cdots, \theta_k)$;或 $X$ 为离散型随机变量,其分布律为 $P\{X = x\} = p\{x; \theta_1, \theta_2, \cdots, \theta_k\}$,其中 $\theta_1, \theta_2, \cdots, \theta_k$ 是未知参数(待估参数),$X_1, X_2, \cdots, X_n$ 是来自总体 $X$ 的样本. 若总体 $X$ 的前 $k$ 阶矩存在,则有

$$\mu_j = E(X^j) = \mu_j(\theta_1, \theta_2, \cdots, \theta_k) \quad (j = 1, 2, \cdots, k)$$

是参数 $\theta_1, \theta_2, \cdots, \theta_k$ 的函数,如果 $\mu_j(j = 1, 2, \cdots, k)$ 已知,解关于 $\theta_1, \theta_2, \cdots, \theta_k$ 的方程组

$$\begin{cases} \mu_1(\theta_1, \theta_2, \cdots, \theta_k) = \mu_1 \\ \quad\vdots \qquad\qquad\qquad \vdots \\ \mu_k(\theta_1, \theta_2, \cdots, \theta_k) = \mu_k \end{cases}$$

便得到参数 $\theta_1, \theta_2, \cdots, \theta_k$ 的估计 $\hat{\theta}_1, \hat{\theta}_2, \cdots, \hat{\theta}_k$. 这个分析为我们提供了待估参数与某些特定统计量(矩)的关系,即若知道这些矩就可以通过求解一些特定的方程组来解出这些待估参数.

若 $X$ 为连续型随机变量,$X$ 的概率密度函数为 $f(x; \theta_1, \theta_2, \cdots, \theta_k)$,则

$$\mu_j = E(X^j) = \int_{-\infty}^{\infty} x^j f(x; \theta_1, \theta_2, \cdots, \theta_k) \mathrm{d}x$$

若 $X$ 为离散型随机变量,$X$ 的分布律为 $P\{X = x\} = p\{x; \theta_1, \theta_2, \cdots, \theta_k\}$,则

$$\mu_j = E(X^j) = \sum_{x \in R_X} x^j \cdot p(x; \theta_1, \theta_2, \cdots, \theta_k)$$

其中,$R_X$ 为 $X$ 可能取值的范围.

但是,一般来说,在进行参数估计时获得的总体信息总是特定有限的. 一方面,我们不能对总体一无所知,比如要至少知道总体的分布类型,否则就无法确定需要估计哪些参数,以及如何建立这些参数与特定统计量的关系;另一方面,对总体的数字特征又不能完全了解,否则就没有必要对总体进行估计了. 在本章所讨论的内容里我们认为总体的各阶矩 $\mu_j$ 是未知的,但样本矩 $A_j = \dfrac{1}{n} \sum_{i=1}^{n} X_i^j (j = 1, 2, \cdots, k)$ 是可以获得的. 由辛钦大数定律知,随机样本的原点矩依概率收敛于总体的原点矩,这就启发我们想到用样本矩 $A_j = \dfrac{1}{n} \sum_{i=1}^{n} X_i^j (j = 1, 2, \cdots, k)$ 替换总体矩 $\mu_j$,进而找出未知参数的估计. 基于这种思想求估计量的方法称为矩估计法(注意:用样本矩

替换总体矩是有条件的. 由"依概率收敛"的定义可知,样本矩和总体矩只有在样本容量足够大的时候才会在概率的意义下趋近).

故称方程组

$$\begin{cases} \mu_1(\theta_1,\theta_2,\cdots,\theta_k) = A_1 \\ \quad\vdots \qquad\qquad\qquad \vdots \\ \mu_k(\theta_1,\theta_2,\cdots,\theta_k) = A_k \end{cases}$$

的解 $\hat{\theta}_1,\hat{\theta}_2,\cdots,\hat{\theta}_k$ 为参数 $\theta_1,\theta_2,\cdots,\theta_k$ 的矩估计(Moment estimation). 显然, $\hat{\theta}_i = \theta_i(A_1,A_2,\cdots,A_k)$ 是各阶样本矩的函数.

我们可以看出,矩估计的实质是由总体矩建立统计量与待估参数的关系,然后用样本矩替换总体矩,其理论基础是辛钦大数定律. 矩是广泛应用的一类数字特征,一些重要分布的参数大多数是低阶矩,因此矩估计是最简单而实用的一类参数估计方法.

**例 1** 设总体 $X$ 服从指数分布,即 $X$ 的概率密度函数为

$$f(x) = \begin{cases} \lambda \mathrm{e}^{-\lambda x}, & x \geqslant 0 \\ 0, & x < 0 \end{cases} \quad (\lambda > 0)$$

$X_1,X_2,\cdots,X_n$ 是取自总体 $X$ 的简单随机样本. 试求未知参数 $\lambda$ 的矩估计.

**解** 总体一阶矩为

$$\mu_1 = \int_0^\infty \lambda x \mathrm{e}^{-\lambda x} \mathrm{d}x = \frac{1}{\lambda}$$

令

$$\mu_1 = A_1 = \frac{1}{n}\sum_{i=1}^n X_i = \overline{X}$$

即

$$\frac{1}{\lambda} = \overline{X}$$

于是

$$\hat{\lambda} = \frac{1}{\overline{X}}$$

因此参数 $\lambda$ 的矩估计量为 $\hat{\lambda} = \dfrac{1}{\overline{X}}$.

若 $x_1,x_2,\cdots,x_n$ 为样本值,则 $\lambda$ 的矩估计值为 $\hat{\lambda} = \dfrac{1}{\overline{x}}$,其中 $\overline{x} = \dfrac{1}{n}\sum_{i=1}^n x_i$.

**例 2** 设总体 $X$ 在区间 $[a,b]$ 上服从均匀分布,$a,b$ 未知. $X_1,X_2,\cdots,X_n$ 是来自总体的样本,试求 $a,b$ 的矩估计.

**解**

$$\mu_1 = E(X) = \frac{a+b}{2}$$

$$\mu_2 = E(X^2) = D(X) + [E(X)]^2 = \frac{(b-a)^2}{12} + \frac{(a+b)^2}{4}$$

令

$$\frac{(a+b)}{2} = A_1 = \frac{1}{n}\sum_{i=1}^{n}X_i$$

$$\frac{(b-a)^2}{12} + \frac{(a+b)^2}{4} = A_2 = \frac{1}{n}\sum_{i=1}^{n}X_i^2$$

解上述方程组，得到 $a,b$ 的矩估计分别为

$$\hat{a} = A_1 - \sqrt{3(A_2 - A_1^2)} = \bar{X} - \sqrt{\frac{3}{n}\sum_{i=1}^{n}(X_i - \bar{X})^2}$$

$$\hat{b} = A_1 + \sqrt{3(A_2 - A_1^2)} = \bar{X} + \sqrt{\frac{3}{n}\sum_{i=1}^{n}(X_i - \bar{X})^2}$$

**例3**　设总体 $X$ 的均值 $\mu$ 及方差 $\sigma^2$ 都存在且有 $\sigma^2 > 0$，但 $\mu,\sigma^2$ 均为未知．又设 $X_1,X_2,\cdots,$ $X_n$ 是来自总体的样本，求 $\mu,\sigma^2$ 的矩估计量．

**解**
$$\mu_1 = E(X) = \mu$$
$$\mu_2 = E(X^2) = D(X) + [E(X)]^2 = \sigma^2 + \mu^2$$

令 $\mu = A_1, \sigma^2 + \mu^2 = A_2$，解上述方程组，得到 $\mu,\sigma^2$ 的矩估计分别为

$$\hat{\mu} = A_1 = \bar{X}$$

$$\hat{\sigma}^2 = A_2 - A_1^2 = \frac{1}{n}\sum_{i=1}^{n}X_i^2 - \bar{X}^2 = \frac{1}{n}\sum_{i=1}^{n}(X_i - \bar{X})^2$$

所得结果表明，总体均值和方差的矩估计的表达式不因不同的总体分布而异．

例如，$X \sim N(\mu,\sigma^2)$，且 $\mu,\sigma^2$ 未知，则 $\mu,\sigma^2$ 的矩估计为

$$\hat{\mu} = \bar{X}, \quad \hat{\sigma}^2 = \frac{1}{n}\sum_{i=1}^{n}(X_i - \bar{X})^2$$

以上结果还表明，$\hat{\sigma}^2 = \frac{n-1}{n}S^2, S^2$ 为样本方差．

通过上面的分析我们发现，矩估计法就是利用样本矩来估计总体中未知参数的一种方法．最简单的矩估计法是用一阶样本原点矩来估计总体的期望，用二阶样本中心矩来估计总体的方差．矩估计法是由英国统计学家 Pearson 于 1894 年提出的，也是最古老的估计法之一．对于随机变量来说，矩是其最广泛、最常用的数字特征，主要有中心矩和原点矩．矩估计法原理简单、使用方便，使用时可以不知总体的分布，因此在实际问题中被广泛使用．但在寻找参数的矩估计量时，对总体原点矩不存在的分布如柯西分布等不能用．另一方面它只涉及总体的一些数字特征，并未用到总体的分布，因此矩估计量实际上只集中了总体的部分信息，这样它在体现

总体分布特征上往往性质较差,只有在样本容量 $n$ 较大时,才能保障它的优良性,因而从理论上讲,矩估计法是以大样本为应用对象的.

对于矩估计,我们一般遵循下面的步骤:

(1)针对 $n$ 个未知参数写出 $n$ 阶总体矩的含参计算公式;

(2)用样本矩代替总体矩;

(3)求出估计量,然后再根据需要算出估计值.

### 7.1.2 极大似然估计法

通常参数的估计量是人们凭直觉产生的.上面所谈的矩估计虽然为我们寻找合适的估计量提供了一种途径,但我们不能认为这种解决是终极的和完美的.显然,矩估计需要较大的样本容量,而且我们在后面会指出,由于对无偏性的考虑我们强调了 $S^2$ 作为 $\sigma^2$ 的估计量的优点.因此,我们需要学习更多不同的估计方法和思想来应付可能出现的统计问题.本节我们介绍统计推断中非常重要并且被广泛应用的极大似然法.

极大似然估计是所有统计推断中最重要的估计方法之一.本书不会详细讲解此方法的推导过程,而是尝试表达极大似然估计的思想.

极(最)大似然估计法依据极大似然原理(Maximum likelihood principle):一个随机试验有若干个可能的结果 $A,B,\cdots$,做一次试验,若 $A$ 发生,那么就认为试验条件对 $A$ 有利,使 $A$ 出现的概率最大.例如,甲、乙两人比赛射击,各打一发子弹,结果甲中靶,乙不中靶,试验判谁的技术好?恐怕绝大多数人认为甲的技术好.又例如,当机器发生故障时,有经验的修理工总是首先从易损坏部件、薄弱环节查起.这些例子尽管千差万别,但它们具有一个共同的规律,即在获得一些观测资料之后,做出一种估计,可能估计错误,但是只有做此估计,才是合乎情理的,对事件发生有利,发生的概率才可能最大.

所以,基于上面的认识,我们应该尝试了解极大似然估计的原理来源于这样的一个思想:基于样本信息的参数的合理估计量是产生获得样本的最大概率的参数值.极大似然估计,顾名思义,就是使似然函数最大化的估计方法.所以,在整个估计过程中,我们需要解决如何定义似然函数以及如何使得似然函数最大化的问题.鉴于极大似然估计的原理,这个似然函数应该能够反映样本出现的概率.考虑到样本实际上是一个 $n$ 维随机向量,所以我们一般使用联合概率分布(离散型随机变量)或者联合概率密度函数(连续型随机变量)来作为样本的似然(似然函数).通过寻找使似然函数取得最大值的参数值,来完成极大似然估计.考虑到离散型随机变量和连续型随机变量的表达形式不尽相同,所以我们分别针对离散型总体和连续型总体来论述极大似然估计的具体过程.

1.离散型总体分布中含一个未知参数

设总体 $X$ 是离散型随机变量,其分布律为 $P\{X=x\}=P(x,\theta)$,其中 $\theta$ 是未知参数,如果从总体 $X$ 中抽取样本 $X_1,X_2,\cdots,X_n$,相应的样本值为 $x_1,x_2,\cdots,x_n$,则此次试验表明事件

$\{X_1 = x_1\}$, $\{X_2 = x_2\}$, $\cdots$, $\{X_n = x_n\}$ 同时发生了. 因为随机变量 $X_1, X_2, \cdots, X_n$ 相互独立, 并且与总体同分布, 所以上述的 $n$ 个事件同时发生的概率(即 $(X_1, \cdots, X_n)$ 的联合分布律) 为

$$P\{X_1 = x_1, X_2 = x_2, \cdots, X_n = x_n\} = P\{X_1 = x_1\}P\{X_2 = x_2\}\cdots P\{X_n = x_n\}$$
$$= P\{x_1, \theta\}P\{x_2, \theta\}\cdots P\{x_n, \theta\}$$
$$= \prod_{i=1}^{n} P\{x_i, \theta\}$$

对于给定的样本值 $x_1, x_2, \cdots, x_n$, 它仅仅是未知参数 $\theta$ 的一元函数, 记作

$$L(\theta) = \prod_{i=1}^{n} P\{x_i, \theta\}$$

称 $L(\theta)$ 为似然函数(Likelihood function). 我们选取 $\theta$ 使 $L(\theta)$ 达到最大, 也就是以使样本值 $x_1, x_2, \cdots, x_n$ 出现的概率最大的 $\hat{\theta}$ 作为 $\theta$ 的估计. 设参数空间为 $\Theta$, 如果 $\hat{\theta} \in \Theta$, 使得

$$L(\hat{\theta}) = \max_{\hat{\theta} \in \Theta} L(\theta)$$

则称 $\hat{\theta}$ 为 $\theta$ 的极大似然估计值. 显然, $\hat{\theta}$ 是样本值 $x_1, x_2, \cdots, x_n$ 的函数, 即 $\hat{\theta} = \hat{\theta}(x_1, x_2, \cdots, x_n)$. 如果把样本值换为样本 $X_1, X_2, \cdots, X_n$, 则有 $\hat{\theta} = \hat{\theta}(X_1, X_2, \cdots, X_n)$, 称其为 $\theta$ 的极大似然估计量 (Maximum likelihood estimator), 简记为 M. L. E.. 这种求未知参数估计量的方法称为极大似然估计法, 又称为最大似然估计法.

求未知参数 $\theta$ 的极大似然估计值问题, 就是求似然函数 $L(\theta)$ 的极大值点的问题. 当 $L(\theta)$ 可导且不单调时, 要使 $L(\theta)$ 取得极大值, 由高等数学一元函数的极值知识可知 $\theta$ 必须满足方程

$$\frac{\mathrm{d}L(\theta)}{\mathrm{d}\theta} = 0$$

且

$$\frac{\mathrm{d}^2 L(\theta)}{\mathrm{d}\theta^2} < 0$$

由于对数函数 $\ln x$ 是单调增加函数, $L(\theta)$ 与 $\ln L(\theta)$ 在 $\theta$ 的同一值处取得极大值, 因此可由方程

$$\frac{\mathrm{d}}{\mathrm{d}\theta} \ln L(\theta) = 0$$

求得 $\theta$ 的极大似然估计值, 这个方程称为似然方程(Likelihood equation).

**例 4** 设总体 $X \sim (0,1)$ 分布, $X_1, X_2, \cdots, X_n$ 是来自 $X$ 的一个样本, 试求参数 $p$ 的极大似然估计.

**解** 设 $x_1, x_2, \cdots, x_n$ 是样本 $X_1, X_2, \cdots, X_n$ 的一个样本值, $X$ 的分布律为 $P\{X = x\} = p^x (1-p)^{1-x}, x = 0,1.$

故似然函数为

$$L(p) = \prod_{i=1}^{n} p^{x_i} (1-p)^{1-x_i} = p^{\sum_{i=1}^{n} x_i} (1-p)^{n-\sum_{i=1}^{n} x_i}$$

$$\ln L(p) = \left( \sum_{i=1}^{n} x_i \right) \ln p + \left( n - \sum_{i=1}^{n} x_i \right) \ln (1-p)$$

似然方程为

$$\frac{\mathrm{d}}{\mathrm{d}p} L(p) = \frac{\sum_{i=1}^{n} x_i}{p} - \frac{n - \sum_{i=1}^{n} x_i}{1-p} = 0$$

解得 $p$ 的极大似然估计

$$\hat{p} = \frac{1}{n} \sum_{i=1}^{n} x_i = \bar{x}$$

因为 $p$ 是 $(0-1)$ 分布的均值,样本的平均数当然看起来像是一个合理的估计量.

例如,从一大批产品中随机抽取 $n$ 件产品,发现其中有 $k$ 件次品,用极大似然估计法估计这批产品的次品率. 设这批产品的次品率为 $p$,从这批产品中随机地抽取一件产品,对这件产品的检验结果可以用随机变量

$$X = \begin{cases} 0, & 产品是合格品 \\ 1, & 产品是次品 \end{cases}$$

表示,则 $X$ 服从 $(0-1)$ 分布,由例4知 $\hat{p} = \bar{x}$. 由于 $\sum_{i=1}^{n} X_i = k$,所以这批产品的次品率的极大似然估计值为 $\hat{p} = \frac{k}{n}$,如果 $n = 100, k = 9$,则 $\hat{p} = \frac{k}{n} = 0.09$. 实际上,数 $0.09$ 是在 $100$ 次抽样试验中抽得次品的频率. 用频率来估计概率无疑是合理的.

**2. 连续型总体分布中只含一个未知参数**

设总体 $X$ 是连续型随机变量,概率密度函数为 $f(x, \theta)$,其中 $\theta$ 是未知参数,如果从总体 $X$ 中抽取样本 $X_1, X_2, \cdots, X_n$,相应的样本值为 $x_1, x_2, \cdots, x_n$,则随机点 $X_i$ 落在点 $x_i$ 的长度为 $\Delta x_i$ 的邻域内的概率近似等于 $f(x_i, \theta) \Delta x_i (i = 1, 2, \cdots, n)$,而随机点 $(X_1, X_2, \cdots, X_n)$ 落在点 $(x_1, x_2, \cdots, x_n)$ 的边长分别为 $\Delta x_1, \Delta x_2, \cdots, \Delta x_n$ 的 $n$ 维矩形邻域内的概率近似等于 $\prod_{i=1}^{n} f(x_i, \theta) \Delta x_i$. 由极大似然原理,应选择参数 $\theta$ 的估计值 $\hat{\theta} \in \Theta$,使得概率 $\prod_{i=1}^{n} f(x_i, \theta) \Delta x_i$ 在 $\hat{\theta}$ 处取得极大值. 由于 $f(x_i, \theta)$ 非负,且 $\Delta x_i$ 与 $\theta$ 无关,因此取似然函数为

$$L(\theta) = \prod_{i=1}^{n} f(x_i, \theta)$$

当 $L(\theta)$ 可导时,$\theta$ 必须满足方程

$$\frac{\mathrm{d}L(\theta)}{\mathrm{d}\theta} = 0 \quad 或 \quad \frac{\mathrm{d}}{\mathrm{d}\theta} \ln L(\theta) = 0$$

解方程,可求得 $\theta$ 的极大似然估计值或极大似然估计量.

**例5** 已知总体 $X$ 的概率密度函数为

$$f(x) = \begin{cases} \dfrac{1}{\theta}\mathrm{e}^{-\frac{x}{\theta}}, & x \geqslant 0 \\ 0, & x < 0 \end{cases}$$

其中,未知参数 $\theta \geqslant 0$, $X_1, X_2, \cdots, X_n$ 是来自 $X$ 的一个样本,试求参数 $\theta$ 的极大似然估计.

**解** 设 $x_1, x_2, \cdots, x_n$ 是相应于样本 $X_1, X_2, \cdots, X_n$ 的一个样本值,故似然函数为

$$L(\theta) = \begin{cases} \dfrac{1}{\theta^n}\mathrm{e}^{-\frac{n\bar{x}}{\theta}}, & x_1, x_2, \cdots, x_n \text{ 均大于 } 0 \\ 0, & \text{其他} \end{cases}$$

当 $x_1, x_2, \cdots, x_n > 0$ 时, $\ln L(\theta) = -n\ln\theta - \dfrac{n\bar{x}}{\theta}$. 似然方程为

$$\frac{\mathrm{d}\ln L(\theta)}{\mathrm{d}\theta} = -\frac{n}{\theta} + \frac{n\bar{x}}{\theta^2} = 0$$

解得的极大似然估计为 $\hat{\theta} = \bar{x}$. 通过计算似然函数的二阶导数是负值,可以肯定该估计结果.

**3. 总体分布中含多个未知参数**

当总体分布中含多个未知参数 $\theta_1, \theta_2, \cdots, \theta_k$ 时,似然函数 $L(\theta)$ 是这些未知参数的函数. 似然方程为

$$\frac{\partial}{\partial\theta_i}L(\theta_1, \theta_2, \cdots, \theta_k) = 0 \ \text{或} \ \frac{\partial}{\partial\theta_i}\ln L(\theta_1, \theta_2, \cdots, \theta_k) = 0 \quad (i = 1, 2, \cdots, k)$$

解上述 $k$ 个似然方程,即可得到各未知参数 $\theta_i(i = 1, 2, \cdots, k)$ 的极大似然估计 $\hat{\theta}_i$.

**例6** 设总体 $X \sim N(\mu, \sigma^2)$, $\mu, \sigma^2$ 是未知参数, $X_1, X_2, \cdots, X_n$ 是来自 $X$ 的一个样本,求 $\mu$, $\sigma^2$ 的极大似然估计.

**解** $X$ 的概率密度函数为

$$f(x; \mu, \sigma^2) = \frac{1}{\sqrt{2\pi}\sigma}\mathrm{e}^{-\frac{(x-\mu)^2}{2\sigma^2}}$$

似然函数为

$$L(\mu, \sigma^2) = \prod_{i=1}^{n}\frac{1}{\sqrt{2\pi}\sigma}\exp\left[-\frac{1}{2\sigma^2}(x_i - \mu)^2\right]$$

而

$$\ln L = -\frac{n}{2}\ln(2\pi) - \frac{n}{2}\ln\sigma^2 - \frac{1}{2\sigma^2}\sum_{i=1}^{n}(x_i - \mu)^2$$

似然方程组为

$$\begin{cases} \dfrac{\partial}{\partial\mu}\ln L = \dfrac{1}{\sigma^2}\Big(\sum_{i=1}^{n} x_i - n\mu\Big) = 0 \\[3mm] \dfrac{\partial}{\partial\sigma^2}\ln L = -\dfrac{n}{2\sigma^2} + \dfrac{1}{2(\sigma^2)^2}\sum_{i=1}^{n}(x_i - \mu)^2 = 0 \end{cases}$$

解得 $\hat{\mu} = \dfrac{1}{n}\sum_{i=1}^{n} x_i = \bar{x}$, $\sigma^2 = \dfrac{1}{n}\sum_{i=1}^{n}(x_i - \bar{x})^2$. 因此得 $\mu,\sigma^2$ 的极大似然估计分别为

$$\hat{\mu} = \bar{X}, \quad \hat{\sigma}^2 = \dfrac{1}{n}\sum_{i=1}^{n}(X_i - \bar{X})^2$$

它们与相应的矩估计相同.

**例7** 设总体 $X$ 在 $[a,b]$ 上服从均匀分布, $a,b$ 未知, $x_1,x_2,\cdots,x_n$ 是取自 $X$ 的一个样本, 求 $a,b$ 的极大似然估计量.

**解** $X$ 的概率密度函数为

$$f(x;a,b) = \begin{cases} \dfrac{1}{b-a}, & a \leqslant x \leqslant b \\[2mm] 0, & 其他 \end{cases}$$

记 $x_{(1)} = \min\{x_1,x_2,\cdots,x_n\}$, $x_{(n)} = \max\{x_1,x_2,\cdots,x_n\}$, 由于 $a \leqslant x_1,x_2,\cdots,x_n \leqslant b$, 等价于 $a \leqslant x_{(1)}$, $x_{(n)} \leqslant b$. 似然函数为

$$L(a,b) = \begin{cases} \dfrac{1}{(b-a)^n}, & a \leqslant x_{(1)} \leqslant x_{(n)} \leqslant b \\[2mm] 0, & 其他 \end{cases}$$

故对于满足 $a \leqslant x_{(1)} \leqslant x_{(n)} \leqslant b$ 的任意 $a,b$ 有

$$L(a,b) = \dfrac{1}{(b-a)^n} \leqslant \dfrac{1}{(x_{(n)} - x_{(1)})^n}$$

即 $L(a,b)$ 在 $a = x_{(1)}, b = x_{(n)}$ 时取到最大值. 故 $a,b$ 的极大似然估计值为

$$\hat{a} = x_{(1)} = \min\{x_1,x_2,\cdots,x_n\}$$

$$\hat{b} = x_{(n)} = \max\{x_1,x_2,\cdots,x_n\}$$

$a,b$ 的极大似然估计量为

$$\hat{a} = X_{(1)} = \min\{X_1,X_2,\cdots,X_n\}$$

$$\hat{b} = X_{(n)} = \max\{X_1,X_2,\cdots,X_n\}$$

本例若用矩估计法可得(见本书 155 页例 2)

$$\hat{a} = \bar{X} - \sqrt{\dfrac{3}{n}\sum_{i=1}^{n}(X_i - \bar{X})^2}$$

$$\hat{b} = \bar{X} + \sqrt{\dfrac{3}{n}\sum_{i=1}^{n}(X_i - \bar{X})^2}$$

此例告诉我们,极大似然估计并不总是用解似然方程(组)的方法得到,而且点估计结果有时不唯一.

4. 极大似然估计的性质

设 $\theta$ 的函数 $u = u(\theta)$, $\theta \in \Theta$ 具有单值反函数 $\theta = \theta(u)$, 又设 $\hat{\theta}$ 是 $X$ 的概率函数 $f(x;\theta)$ ($f$ 形式已知) 中参数 $\theta$ 的极大似然估计,则 $\hat{u} = u(\hat{\theta})$ 是 $u(\theta)$ 的极大似然估计. 这一性质称为极大似然估计的不变性.

例如,例 6 中已知得到 $\sigma^2$ 的极大似然估计为

$$\hat{\sigma}^2 = \frac{1}{n} \sum_{i=1}^{n} (X_i - \bar{X})^2$$

函数 $u = u(\sigma^2) = \sqrt{\sigma^2}$ 有单值反函数 $\sigma^2 = u^2 (u \geq 0)$, 根据上述性质得到标准差 $\sigma$ 的极大似然估计为

$$\hat{\sigma} = \sqrt{\hat{\sigma}^2} = \sqrt{\frac{1}{n} \sum_{i=1}^{n} (X_i - \bar{X})^2}$$

求极大似然估计,我们一般遵循下面的步骤:
(1) 写出似然函数;
(2) 列出似然方程,并求解;
(3) 求出估计值,然后再根据需要写出估计量.

### 7.1.3　点估计量的评选标准

从前面的讨论可以看到,对于同一个参数,用不同的方法求出的估计量可能不相同(例 2 与例 7),而且原则上任何统计量都可能作为未知参数的估计量,采用哪一个估计量好呢? 这就涉及用什么样的标准来评判估计量的问题. 最常用的标准有三个,即无偏性、有效性和一致性.

1. 无偏性

**定义 1**　若估计量 $\hat{\theta} = \hat{\theta}(X_1, X_2, \cdots, X_n)$ 的数学期望存在,且对任意 $\theta \in \Theta$ 有

$$E(\hat{\theta}) = \theta$$

则称 $\hat{\theta}$ 为 $\theta$ 的无偏估计量(Unbiased estimator),简称无偏估计,否则称为有偏估计量(Biased estimator).

估计量是随机变量,对于不同的样本值就会得到不同的估计值. 我们总是希望估计值在未知参数真值附近随机摆动,估计量的数学期望等于这个参数正是表达了这样的含义. 在科学技术中 $E(\hat{\theta}) - \theta$ 称为以 $\hat{\theta}$ 作为 $\theta$ 的估计的系统误差,无偏估计的实际意义就是无系统误差,所以无偏性可以作为衡量一个估计量好坏的标准之一.

**例 8**　设总体 $X$ 的 $k$ 阶矩 $\mu_k = E(X^k)(k \geq 1)$ 存在,又设 $X_1, X_2, \cdots, X_n$ 是 $X$ 的样本,试证

明不论总体服从什么分布,$k$ 阶样本矩 $A_k = \dfrac{1}{n} \displaystyle\sum_{i=1}^{n} X_i^k$ 是 $k$ 阶总体矩 $\mu_k$ 的无偏估计.

**证明** 因为 $X_1, X_2, \cdots, X_n$ 与 $X$ 同分布,故有

$$E(X_i^k) = E(X^k) = \mu_k \quad (i = 1, 2, \cdots, n)$$

即有

$$E(A_k) = \frac{1}{n} \sum_{i=1}^{n} E(X_i^k) = \mu_k$$

特别地,不论总体 $X$ 服从什么分布,只要它的数学期望存在,$\bar{X}$ 总是总体 $X$ 的数学期望 $\mu_1 = E(X)$ 的无偏估计.

**例 9** 对于均值 $\mu$,方差 $\sigma^2 > 0$ 都存在的总体,若 $\mu, \sigma^2$ 均未知,则 $\sigma^2$ 的估计量 $\hat{\sigma}^2 = \dfrac{1}{n} \displaystyle\sum_{i=1}^{n} (X_i - \bar{X})^2$ 是有偏的.

**证明** $\hat{\sigma}^2 = \dfrac{1}{n} \displaystyle\sum_{i=1}^{n} (X_i - \bar{X})^2 = \dfrac{1}{n} \displaystyle\sum_{i=1}^{n} X_i^2 - \bar{X}^2 = A_2 - \bar{X}^2$

由于

$$E(A_2) = \mu_2 = \sigma^2 + \mu^2$$

$$E(\bar{X}^2) = D(\bar{X}) + [E(\bar{X})]^2 = \frac{\sigma^2}{n} + \mu^2$$

故

$$E(\hat{\sigma}^2) = E(A_2 - \bar{X}^2) = E(A_2) - E(\bar{X}^2) = \frac{n-1}{n}\sigma^2 \neq \sigma^2$$

所以 $\hat{\sigma}^2$ 是有偏的.

而

$$E\left(\frac{n}{n-1}\hat{\sigma}^2\right) = \frac{n}{n-1}E(\hat{\sigma}^2) = \sigma^2$$

由于

$$\frac{n}{n-1}\hat{\sigma}^2 = \frac{n}{n-1} \cdot \frac{1}{n} \sum_{i=1}^{n} (X_i - \bar{X})^2 = \frac{1}{n-1} \sum_{i=1}^{n} (X_i - \bar{X})^2 = S^2$$

这就是说,$S^2$ 是 $\sigma^2$ 的无偏估计. 因此,一般选择样本方差 $S^2$ 作为总体方差 $\sigma^2$ 的估计量.

由例 9 可知,二阶以上的样本中心矩,一般不再是总体方差(或中心矩)的无偏估计.

2. 有效性

在样本容量相同的情况下,如果某参数的估计量的观察值相对于另外一个估计量的观察值更密集地分布在真值附近,则我们认为该估计量更理想. 由于方差是随机变量取值与其数学期望的偏离程度的度量,所以对于期望相同的无偏估计量来说,方差小的无偏估计被认为其观察值更密集地分布在真值附近,于是认为一旦把样本值带入这样的估计量则会更有效地反映

待估参数的真值.

**定义 2** 设 $\hat{\theta}_1 = \hat{\theta}_1(X_1, X_2, \cdots, X_n)$ 与 $\hat{\theta}_2 = \hat{\theta}_2(X_1, X_2, \cdots, X_n)$ 都是 $\theta$ 的无偏估计,若有

$$D(\hat{\theta}_1) < D(\hat{\theta}_2)$$

则称 $\hat{\theta}_1$ 较 $\hat{\theta}_2$ 有效.

**例 10** 设 $X_1, X_2$ 是来自正态总体 $N(\mu, 1)$ 的一个样本,下列三个无偏估计量

$$\hat{\mu}_1 = \frac{2}{3}X_1 + \frac{1}{3}X_2$$

$$\hat{\mu}_2 = \frac{1}{4}X_1 + \frac{3}{4}X_2$$

$$\hat{\mu}_3 = \frac{1}{2}X_1 + \frac{1}{2}X_2$$

哪一个有效?

**解** 易知 $\hat{\mu}_1, \hat{\mu}_2, \hat{\mu}_3$ 都是参数 $\mu$ 的无偏估计,而

$$D(\hat{\mu}_1) = D\left(\frac{2}{3}X_1 + \frac{1}{3}X_2\right) = D\left(\frac{2}{3}X_1\right) + D\left(\frac{1}{3}X_2\right) = \frac{5}{9}$$

$$D(\hat{\mu}_2) = \frac{5}{8}$$

$$D(\hat{\mu}_3) = \frac{1}{2}$$

其中,$D(\hat{\mu}_3)$ 最小,所以 $\hat{\mu}_3$ 比 $\hat{\mu}_2$ 和 $\hat{\mu}_1$ 有效,即 $\hat{\mu}_3$ 是三个估计量中最好的一个.

从图 7 - 1 可以看出,在 $\theta$ 的三种不同的估计量 $\hat{\theta}_1, \hat{\theta}_2, \hat{\theta}_3$ 中,只有 $\hat{\theta}_1, \hat{\theta}_2$ 是无偏的,这是因为它们的分布都集中在 $\theta$ 上. $\hat{\theta}_2$ 的方差小于 $\hat{\theta}_1$ 的方差,所以更有效. 于是,在估计 $\theta$ 的三个备选估计量中,我们选择 $\hat{\theta}_2$.

**3. 一致性**

无偏性和有效性都是在样本容量固定的前提下讨论估计量的判别标准,以期得到更好的估计量. 而样本固定的前提是自然的,否则我们有理由认为大样本的估计通常比小样本的估计更好,从而无法得出统计特性的不同对统计量优劣判断的意义. 但作为一个估计量,认为大样本的估计通常比小样本的估计更好是合理的,因为作为一种极端的例子,如果样本容量不断增大以至于等于或者接近总体容量,那么我们必然要求估计量针对该样本的估计值稳定于待估参数的真值. 这其实是要求当样本容量趋于

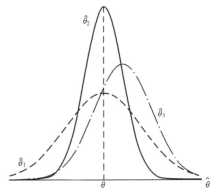

**图 7 - 1 $\theta$ 的不同估计量的抽样分布**

无限的时候,样本和总体具有一致性.这样我们对估计量又有下述的一致性要求.

**定义3** 设 $\hat{\theta} = \hat{\theta}(X_1, X_2, \cdots, X_n)$ 为参数 $\theta$ 的估计量,若对任意 $\theta \in \Theta$,当 $n \to +\infty$ 时,$\hat{\theta}$ 依概率收敛于 $\theta$,则称 $\hat{\theta}$ 为 $\theta$ 的一致估计量(Uniform estimator).

一致性(或称相容性)是对一个估计量的基本要求.若估计量不具有一致性,即无论样本容量多大,都不能将待估参数估计得足够准确,那么这样的估计量是不可取的.

# 7.2 区 间 估 计

本章的以上部分介绍了参数的点估计,这一估计方法是用一个统计量 $\hat{\theta}$ 作为未知参数 $\theta$ 的估计,一旦给定了样本观测值就能算出 $\theta$ 的估计值,在使用中颇为方便,这个做法本身也相当直观,这是点估计的优点.但是,点估计也有明显的缺点,就是没有提供关于估计精度的任何信息.即便最有效的无偏估计量也不可能精确估计总体参数;即便在大样本中精确度会不断上升,但是仍无法期望所给样本的点估计与待估参数完全相等.不但如此,对于连续型随机变量,点估计量对于特定样本取到真值的概率为零.这就需要我们不但要了解未知参数的点估计量,更要了解某个范围包含参数真值的可信程度.这样的范围通常以区间的形式给出,这种形式的估计称为区间估计,这样的区间即所谓的置信区间.

**定义1** 设总体 $X$ 的分布函数 $F(x;\theta)$ 含有一个未知参数 $\theta$,对于给定值 $\alpha$ $(0 < \alpha < 1)$,若由样本 $X_1, X_2, \cdots, X_n$ 确定两个统计量 $\underline{\theta} = \underline{\theta}(X_1, X_2, \cdots, X_n)$ 和 $\overline{\theta} = \overline{\theta}(X_1, X_2, \cdots, X_n)$,使

$$P\{\underline{\theta} < \theta < \overline{\theta}\} = 1 - \alpha$$

则称随机区间 $(\underline{\theta}, \overline{\theta})$ 是参数 $\theta$ 的置信度(Confidence limit)为 $1 - \alpha$ 的置信区间(Confidence interval).$\underline{\theta}$ 称为置信下限(Confidence lower interval),$\overline{\theta}$ 称为置信上限(Confidence upper interval).

求置信区间的过程叫作区间估计.因为 $\underline{\theta}$ 和 $\overline{\theta}$ 是随机变量,所以随机区间 $(\underline{\theta}, \overline{\theta})$ 以概率 $1 - \alpha$ 包含参数 $\theta$.点估计和区间估计代表不同的方法以获取参数的信息,在某种意义上两者相关,我们将看到置信区间的估计主要取决于统计量的抽样分布的信息.

这里只讨论正态总体均值与方差的区间估计.

## 7.2.1 单个总体 $N(\mu, \sigma^2)$ 的情况

设已给定置信度为 $1 - \alpha$ $(0 < \alpha < 1)$,$X_1, X_2, \cdots, X_n$ 为总体 $N(\mu, \sigma^2)$ 的样本,$\overline{X}, S^2$ 分别

是样本均值与样本方差.

1. 均值 $\mu$ 的置信度为 $1 - \alpha$ 的置信区间

（1）$\sigma^2$ 为已知

我们知道 $\bar{X}$ 是 $\mu$ 的无偏估计，且有 $\bar{X} \sim N\left(\mu, \dfrac{\sigma^2}{n}\right)$，因此

$$\frac{\bar{X} - \mu}{\sigma / \sqrt{n}} \sim N(0,1)$$

而 $N(0,1)$ 是不依赖于未知参数 $\mu$ 的. 由标准正态分布的上 $\alpha$ 分位点的定义（图 7 - 2），有

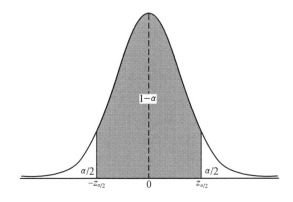

图 7 - 2

$$P\left\{\left|\frac{\bar{X} - \mu}{\sigma / \sqrt{n}}\right| < z_{\frac{\alpha}{2}}\right\} = P\left\{-z_{\frac{\alpha}{2}} < \frac{\bar{X} - \mu}{\sigma / \sqrt{n}} < z_{\frac{\alpha}{2}}\right\} = 1 - \alpha$$

即

$$P\left\{\bar{X} - \frac{\sigma}{\sqrt{n}} z_{\frac{\alpha}{2}} < \mu < \bar{X} + \frac{\sigma}{\sqrt{n}} z_{\frac{\alpha}{2}}\right\} = 1 - \alpha$$

由定义可知，$\mu$ 的置信度为 $1 - \alpha$ 的置信区间为 $\left(\bar{X} - \dfrac{\sigma}{\sqrt{n}} z_{\frac{\alpha}{2}}, \ \bar{X} + \dfrac{\sigma}{\sqrt{n}} z_{\frac{\alpha}{2}}\right)$.

例如，若 $\sigma = 1, n = 16$，取 $\alpha = 0.05$，则 $1 - \alpha = 0.95$，查附表 2 得 $z_{\frac{\alpha}{2}} = z_{0.025} = 1.96$，于是得到一个置信度为 0.95 的置信区间 $(\bar{X} - 0.49, \bar{X} + 0.49)$.

又若由样本值算得 $\bar{x} = 5.20$，则得到一个区间 $(4.71, 5.69)$.

因为这是我们所涉及的第一个区间估计，所以我们将以此为例做出以下的分析，其分析结果对后面的区间估计也是适用的.

① 显然 $(4.71, 5.69)$ 已经不是随机区间了，但我们仍称它为置信度为 0.95 的置信区间.

其含义是,若反复抽样多次,则每个样本值($n = 16$)按($\overline{X} - 0.49, \overline{X} + 0.49$)确定一个区间,用频率来解释就是在这么多的区间中,包含了$\mu$的约占95%,不包含$\mu$的约占5%,现在抽样得区间$(4.71, 5.69)$,则该区间属于那些包含了$\mu$的区间的可信程度为95%,或"该区间包含$\mu$"这一事实的可信度为95%.

通过图7-3我们可以看到,对于同一个$\mu$进行估计,不同样本产生不同的$\overline{x}$值,从而产生了参数$\mu$的不同的区间估计. 每个区间中部的圆点表示每个随机样本所确定的$\overline{x}$值的位置. 从图中我们可以看到,大多数区间包含$\mu$,但并非每个案例都是如此,这个概率取决于置信度. 另外,一旦$\overline{x}$确定,所有的这些区间的宽度都相同,因为它们的宽度只取决于$z_{\frac{\alpha}{2}}$的选择. $z_{\frac{\alpha}{2}}$的值越大(此时$\alpha$越小),区间越宽,那么我们对于所选样本生成包含未知参数$\mu$的区间就更加确信.

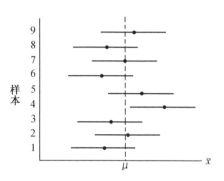

图 7 - 3 对不同样本$\mu$的区间估计

② 对于上述问题,置信度为$1 - \alpha$的置信区间并不是唯一的. 如给定$\alpha = 0.05$,则

$$P\left\{ - z_{0.04} < \frac{\overline{X} - \mu}{\sigma / \sqrt{n}} < z_{0.01} \right\} = 0.95$$

也是$\mu$的置信度为$0.95$的置信区间. 易知,对概率密度函数的图形是单峰且对称的情况,当$n$固定时,形如$\left( \overline{X} - \frac{\sigma}{\sqrt{n}} z_{\frac{\alpha}{2}}, \overline{X} + \frac{\sigma}{\sqrt{n}} z_{\frac{\alpha}{2}} \right)$的区间长度最短. 我们自然选择它. 设$L = \frac{2\sigma}{\sqrt{n}} z_{\frac{\alpha}{2}}$,有

$n = \left( \frac{2\sigma}{L} z_{\frac{\alpha}{2}} \right)^2$,于是我们可以确定样本容量$n$,使置信区间具有预先给定的长度.

③ 根据中心极限定理我们知道,$\overline{X}$的抽样分布逼近正态分布,故当样本容量很大且总体方差已知时,我们依然可以用上面的方法来对非正态总体的大样本进行区间估计.

④ 通过分析上面的过程,我们可以总结寻求未知参数$\theta$的置信区间的主要步骤如下:

a. 寻求一个$X_1, X_2, \cdots, X_n$的函数(可从$\theta$的点估计着手考虑)

$$Z = Z(X_1, X_2, \cdots, X_n; \theta)$$

它包含待估参数$\theta$,而不含其他未知参数,并且$Z$的分布已知且不依赖于任何未知参数.

b. 对于给定的置信度$1 - \alpha (0 < \alpha < 1)$,给定两个常数$a, b$,使$P\{a < Z(X_1, X_2, \cdots, X_n; \theta) < b\} = 1 - \alpha$.

c. 若能以$a < Z(X_1, X_2, \cdots, X_n; \theta) < b$得到等价的不等式$\underline{\theta} < \theta < \overline{\theta}$,其中$\underline{\theta}, \overline{\theta}$都是统计

量,那么$(\underline{\theta},\bar{\theta})$就是$\theta$的一个置信度为$1-\alpha$的置信区间.

⑤ 我们假设$\sigma^2$已知,然后来估计总体均值$\mu$.这个设想简单却不现实.显然,如果$\mu$未知,$\sigma^2$也不可能已知.但我们依旧这样做的原因是区间估计的机制在技术上允许这样做.同时有些随机试验是保方差的,即实验$A$与实验$B$的$\mu$不同,但$\sigma^2$相同,且实验$A$的$\sigma^2$已知,这样我们来估计实验$B$的$\mu$时就可以认为$\sigma^2$已知.

（2）$\sigma^2$未知

由于$S^2$是$\sigma^2$的无偏估计,由第6章6.4.5节的内容,统计量

$$\frac{\bar{X}-\mu}{S/\sqrt{n}} \sim t(n-1)$$

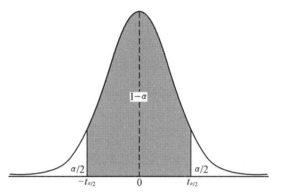

图 7 - 4

由$t$分布的上$\alpha$分位点的定义（图7 - 4）,对于$0 < \alpha < 1$,有

$$P\left\{-t_{\frac{\alpha}{2}}(n-1) < \frac{\bar{X}-\mu}{S/\sqrt{n}} < t_{\frac{\alpha}{2}}(n-1)\right\} = 1-\alpha$$

即

$$P\left\{\bar{X} - \frac{S}{\sqrt{n}}t_{\frac{\alpha}{2}}(n-1) < \mu < \bar{X} + \frac{S}{\sqrt{n}}t_{\frac{\alpha}{2}}(n-1)\right\} = 1-\alpha$$

故$\mu$的置信度为$1-\alpha$的置信区间为

$$\left(\bar{X} - \frac{S}{\sqrt{n}}t_{\frac{\alpha}{2}}(n-1), \ \bar{X} + \frac{S}{\sqrt{n}}t_{\frac{\alpha}{2}}(n-1)\right)$$

**例1** 有一大批袋装糖果,现随机抽取16袋,称得质量（以$g$计）如下:
$$506,508,499,503,504,510,497,512,$$
$$514,505,493,496,506,502,509,496$$
设袋装糖果的质量近似服从正态分布,试求总体均值$\mu$的置信度为$0.95$的置信区间.

**解** 这里$1-\alpha = 0.95(\alpha = 0.05)$,$\frac{\alpha}{2} = 0.025$,$n-1 = 15$,$t_{0.025}(15) = 2.131\ 5$,由给出的数据算得$\bar{x} = 503.75$,$S = 6.202\ 2$,于是均值$\mu$的置信度为$0.95$的置信区间为

$$\left(503.75 - \frac{6.202\ 2}{\sqrt{16}} \times 2.131\ 5, \ 503.75 + \frac{6.202\ 2}{\sqrt{16}} \times 2.131\ 5\right)$$

即$(500.4,507.1)$,若以区间内任一值作为$\mu$的近似值,其误差不大于

$$\frac{6.202\,2}{\sqrt{16}} \times 2.131\,5 \times 2 = 6.61\ \text{g}$$

则这个误差估计的可信度为95%.

对于总体方差 $\sigma^2$ 未知的情况,可以用 $T = \dfrac{\overline{X} - \mu}{S/\sqrt{n}} \sim t(n-1)$ 建立 $\mu$ 的置信区间. 计算过程与 $\sigma^2$ 已知的情况相同,只是由 $S$ 取代了 $\sigma$,同时标准正态分布由 $t$ 分布取代. 通过和 $\sigma^2$ 已知的情况进行对比我们发现,当 $\sigma^2$ 已知时,我们可以对非正态总体的大样本用针对正态总体的方法进行区间估计,而这时我们使用了中心极限定理. 当 $\sigma^2$ 未知时,我们采用了 $t$ 分布,而这基于正态分布抽样的假设,也就是说,只要分布是近似钟形的,即便 $\sigma^2$ 未知,也可以用 $t$ 分布来计算出置信区间.

可是如果不能假设总体服从正态分布,且 $\sigma^2$ 未知,统计学家通常只建议对大样本使用上述的区间估计方法. 一般情况下,当样本容量大于30,总体分布曲线不太倾斜,$S$ 将会与 $\sigma$ 的真实值十分接近,那么此时可以使用中心极限定理进行运算. 需要强调的是,这仅仅是一个逼近,而且当样本容量变大时,这种逼近才更精确.

2. 方差 $\sigma^2$ 的置信度为 $1 - \alpha$ 的置信区间

由于样本方差 $S^2$ 为 $\sigma^2$ 的无偏估计,根据第6章6.4.5的内容,统计量

$$\frac{(n-1)S^2}{\sigma^2} \sim \chi^2(n-1)$$

由 $\chi^2$ 分布的上 $\alpha$ 分位点的定义(图 7 – 5),给定 $0 < \alpha < 1$,有

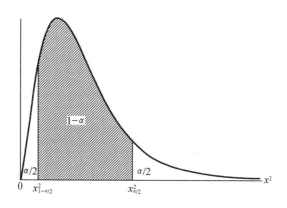

图 7 – 5

$$P\left\{\chi^2_{1-\frac{\alpha}{2}}(n-1) < \frac{(n-1)S^2}{\sigma^2} < \chi^2_{\frac{\alpha}{2}}(n-1)\right\} = 1 - \alpha$$

即

$$P\left\{\frac{(n-1)S^2}{\chi^2_{\frac{\alpha}{2}}(n-1)} < \sigma^2 < \frac{(n-1)S^2}{\chi^2_{1-\frac{\alpha}{2}}(n-1)}\right\} = 1-\alpha$$

此时可得方差 $\sigma^2$ 的置信度为 $1-\alpha$ 的置信区间为

$$\left(\frac{(n-1)S^2}{\chi^2_{\frac{\alpha}{2}}(n-1)}, \frac{(n-1)S^2}{\chi^2_{1-\frac{\alpha}{2}}(n-1)}\right)$$

不难得到标准差 $\sigma$ 的置信度为 $1-\alpha$ 的置信区间为

$$\left(\frac{\sqrt{n-1}\,S}{\sqrt{\chi^2_{\frac{\alpha}{2}}(n-1)}}, \frac{\sqrt{n-1}\,S}{\sqrt{\chi^2_{1-\frac{\alpha}{2}}(n-1)}}\right)$$

**评注** 在概率密度函数不对称时,如 $\chi^2$ 分布和 $F$ 分布,习惯上仍取"对称"的分位点来确定置信区间.

**例2** 求例1中总体标准差 $\sigma$ 的置信度为 0.95 的置信区间.

**解** $\frac{\alpha}{2} = 0.025, 1-\frac{\alpha}{2} = 0.975, n-1 = 15$,查附表5得 $\chi^2_{0.025}(15) = 27.488, \chi^2_{0.975}(15) = 6.262$,又 $S = 6.2022$,故得所求的标准差 $\sigma$ 的置信度为 0.95 的置信区间为 $(4.58, 9.60)$.

在上面的推导中我们并不要求总体期望 $\mu$ 已知,但如果我们了解 $\mu$ 的信息,则问题会变得简单,同时更容易理解上面统计量的选取. 我们知道,当 $\mu$ 已知时,可以由极大似然估计求出 $\sigma^2$ 的估计量为 $\hat{\sigma}^2 = \frac{1}{n}\sum_{i=1}^{n}(X_i-\mu)^2$,且有

$$\frac{\sum_{i=1}^{n}(X_i-\mu)^2}{\sigma^2} \sim \chi^2(n)$$

给定 $0 < \alpha < 1$,得到

$$P\left\{\chi^2_{1-\frac{\alpha}{2}}(n) < \frac{\sum_{i=1}^{n}(X_i-\mu)^2}{\sigma^2} < \chi^2_{\frac{\alpha}{2}}(n)\right\} = 1-\alpha$$

即

$$P\left\{\frac{\sum_{i=1}^{n}(X_i-\mu)^2}{\chi^2_{\frac{\alpha}{2}}(n)} < \sigma^2 < \frac{\sum_{i=1}^{n}(X_i-\mu)^2}{\chi^2_{1-\frac{\alpha}{2}}(n)}\right\} = 1-\alpha$$

此时可得方差 $\sigma^2$ 的置信度为 $1-\alpha$ 的置信区间为

$$\left(\frac{\sum_{i=1}^{n}(X_i-\mu)^2}{\chi^2_{\frac{\alpha}{2}}(n)}, \frac{\sum_{i=1}^{n}(X_i-\mu)^2}{\chi^2_{1-\frac{\alpha}{2}}(n)}\right)$$

这样就能看到,当 $\mu$ 未知时,我们只需要将 $\sum_{i=1}^{n}(X_i-\mu)^2$ 用 $(n-1)S^2$ 代替即可,于是便有

$$\frac{\sum_{i=1}^{n} (X_i - \mu)^2}{\sigma^2} = \frac{(n-1)S^2}{\sigma^2} \sim \chi^2(n-1)$$

这就是我们在 $\mu$ 未知时使用的方法.

### 7.2.2 两个总体 $N(\mu_1, \sigma_1^2), N(\mu_2, \sigma_2^2)$ 的情况

在实际情况中常遇到这样的问题:已知某产品的某一质量指标服从正态分布,但由于原料、设备条件、操作人员不同,或改变工艺过程等因素,引起总体均值、总体方差有所改变,我们需要知道这些变化有多大,这就需要考虑两个正态总体均值差或方差比的估计问题.

设给定置信度为 $1 - \alpha(0 < \alpha < 1)$, $X_1, X_2, \cdots, X_{n_1}$ 是来自 $N(\mu_1, \sigma_1^2)$ 的样本, $\bar{X}, S_1^2$ 分别是样本均值与样本方差;又设 $Y_1, Y_2, \cdots, Y_{n_2}$ 是来自 $N(\mu_2, \sigma_2^2)$ 的样本, $\bar{Y}, S_2^2$ 分别是样本均值与样本方差,且 $X_1, X_2, \cdots, X_{n_1}$ 与 $Y_1, Y_2, \cdots, Y_{n_2}$ 相互独立.

1. 两个总体均值差 $\mu_1 - \mu_2$ 的置信度为 $1 - \alpha$ 的置信区间

(1) $\sigma_1^2, \sigma_2^2$ 均为已知

因为 $\bar{X}, \bar{Y}$ 分别是 $\mu_1, \mu_2$ 的无偏估计,所以 $\bar{X} - \bar{Y}$ 是 $\mu_1 - \mu_2$ 的无偏估计,由 $\bar{X}, \bar{Y}$ 的独立性及 $\bar{X} \sim N\left(\mu_1, \frac{\sigma_1^2}{n_1}\right), \bar{Y} \sim N\left(\mu_2, \frac{\sigma_2^2}{n_2}\right)$,得

$$\bar{X} - \bar{Y} \sim N\left(\mu_1 - \mu_2, \frac{\sigma_1^2}{n_1} + \frac{\sigma_2^2}{n_2}\right)$$

故

$$\frac{\bar{X} - \bar{Y} - (\mu_1 - \mu_2)}{\sqrt{\frac{\sigma_1^2}{n_1} + \frac{\sigma_2^2}{n_2}}} \sim N(0,1)$$

于是 $\mu_1 - \mu_2$ 的一个置信度为 $1 - \alpha$ 的置信区间为

$$\left(\bar{X} - \bar{Y} - z_{\frac{\alpha}{2}}\sqrt{\frac{\sigma_1^2}{n_1} + \frac{\sigma_2^2}{n_2}}, \ \bar{X} - \bar{Y} + z_{\frac{\alpha}{2}}\sqrt{\frac{\sigma_1^2}{n_1} + \frac{\sigma_2^2}{n_2}}\right)$$

对于样本从正态总体中抽取的情况,上面的置信度是精确的.

(2) $\sigma_1^2, \sigma_2^2$ 均未知

若方差未知,两个分布近似正态时,单样本涉及 $t$ 分布;若不能假设正态,大样本(当 $n_1, n_2$ 都大于30)允许用 $S_1, S_2$ 分别代替 $\sigma_1, \sigma_2$,即可用

$$\left(\bar{X} - \bar{Y} - z_{\frac{\alpha}{2}}\sqrt{\frac{S_1^2}{n_1} + \frac{S_2^2}{n_2}}, \ \bar{X} - \bar{Y} + z_{\frac{\alpha}{2}}\sqrt{\frac{S_1^2}{n_1} + \frac{S_2^2}{n_2}}\right)$$

作为 $\mu_1 - \mu_2$ 的置信度为 $1 - \alpha$ 的近似的置信区间.

（3）$\sigma_1^2 = \sigma_2^2 = \sigma^2$，且 $\sigma_1, \sigma_2, \sigma$ 未知

对于此种情况，我们为了构建适当的统计量首先来考虑下面的两个事实：

① 在情况（1）的讨论中，统计量

$$\frac{\bar{X} - \bar{Y} - (\mu_1 - \mu_2)}{\sqrt{\dfrac{\sigma_1^2}{n_1} + \dfrac{\sigma_2^2}{n_2}}} \sim N(0,1)$$

令 $\sigma_1^2 = \sigma_2^2 = \sigma^2$，则有

$$\frac{\bar{X} - \bar{Y} - (\mu_1 - \mu_2)}{\sqrt{\sigma^2 \left( \dfrac{1}{n_1} + \dfrac{1}{n_2} \right)}} \sim N(0,1)$$

② 根据第 6 章 6.3.5 节内容，有

$$\frac{(n_1 - 1)S_1^2}{\sigma^2} \sim \chi^2(n_1 - 1), \quad \frac{(n_2 - 1)S_2^2}{\sigma^2} \sim \chi^2(n_2 - 1)$$

因为两随机样本是独立选取的，所以上述两个统计量是相互独立的 $\chi^2$ 分布. 由 $\chi^2$ 分布的性质，它们的和服从自由度为 $n_1 + n_2 - 2$ 的 $\chi^2$ 分布，即

$$\frac{(n_1 - 1)S_1^2}{\sigma^2} + \frac{(n_2 - 1)S_2^2}{\sigma^2} \sim \chi^2(n_1 + n_2 - 2)$$

根据 ① 和 ②，并注意到可以证明 ① 和 ② 中的统计量是相互独立的，故由 $t$ 分布的定义可知

$$\frac{\bar{X} - \bar{Y} - (\mu_1 - \mu_2)}{\sqrt{\sigma^2 \left( \dfrac{1}{n_1} + \dfrac{1}{n_2} \right)}} \Bigg/ \sqrt{\frac{(n_1 - 1)S_1^2 + (n_2 - 1)S_2^2}{\sigma^2(n_1 + n_2 - 2)}} \sim t(n_1 + n_2 - 2)$$

令 $S_w^2 = \dfrac{(n_1 - 1)S_1^2 + (n_2 - 1)S_2^2}{n_1 + n_2 - 2}$，$S_w = \sqrt{S_w^2}$，则

$$\frac{\bar{X} - \bar{Y} - (\mu_1 - \mu_2)}{S_w \sqrt{\left( \dfrac{1}{n_1} + \dfrac{1}{n_2} \right)}} \sim t(n_1 + n_2 - 2)$$

所以，$\mu_1 - \mu_2$ 的置信度为 $1 - \alpha$ 的置信区间为

$$\left( \bar{X} - \bar{Y} - t_{\frac{\alpha}{2}}(n_1 + n_2 - 2)S_w \sqrt{\frac{1}{n_1} + \frac{1}{n_2}}, \ \bar{X} - \bar{Y} + t_{\frac{\alpha}{2}}(n_1 + n_2 - 2)S_w \sqrt{\frac{1}{n_1} + \frac{1}{n_2}} \right)$$

2. 两个总体方差比 $\dfrac{\sigma_1^2}{\sigma_2^2}$ 的置信度为 $1-\alpha$ 的置信区间

这里仅介绍总体均值 $\mu_1,\mu_2$ 未知的情况.

由于

$$\frac{(n_1-1)S_1^2}{\sigma_1^2} \sim \chi^2(n_1-1),\ \frac{(n_2-1)S_2^2}{\sigma_2^2} \sim \chi^2(n_2-1)$$

且由假设知 $\dfrac{(n_1-1)S_1^2}{\sigma_1^2}$ 与 $\dfrac{(n_2-1)S_2^2}{\sigma_2^2}$ 相互独立,由 $F$ 分布的定义知

$$\frac{S_1^2/\sigma_1^2}{S_2^2/\sigma_2^2} \sim F(n_1-1,n_2-1)$$

由 $F$ 分布的上 $\alpha$ 分位点的定义(图 $7-6$ ),有

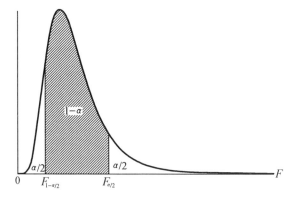

**图 $7-6$**

$$P\left\{ F_{1-\frac{\alpha}{2}}(n_1-1,n_2-1) < \frac{S_1^2/\sigma_1^2}{S_2^2/\sigma_2^2} < F_{\frac{\alpha}{2}}(n_1-1,n_2-1) \right\} = 1-\alpha$$

于是得 $\dfrac{\sigma_1^2}{\sigma_2^2}$ 的置信度为 $1-\alpha$ 的置信区间为

$$\left( \frac{S_1^2}{S_2^2} \frac{1}{F_{\frac{\alpha}{2}}(n_1-1,n_2-1)}, \frac{S_1^2}{S_2^2} \frac{1}{F_{1-\frac{\alpha}{2}}(n_1-1,n_2-1)} \right)$$

**例 3** 今有 Ⅰ,Ⅱ 两种型号的子弹,为比较它们的枪口速度,设 $X$ 表示 Ⅰ 型子弹枪口速度,$Y$ 表示 Ⅱ 型子弹枪口速度. 假定 $X$ 服从正态分布 $N(\mu_1,\sigma^2)$,$Y$ 服从正态分布 $N(\mu_2,\sigma^2)$,随机抽取 30 发子弹,其中 Ⅰ 型 10 发,Ⅱ 型 20 发,由试验数据算得

$$\bar{x} = 500 \text{ m/s}, \quad s_1 = 1.10 \text{ m/s}$$

$$\bar{y} = 496 \text{ m/s}, \quad s_2 = 1.20 \text{ m/s}$$

求 $\mu_1 - \mu_2$ 的置信度为 0.95 的置信区间.

**解**　假设两个正态总体的方差相等,且可认为两个总体的样本是相互独立的,由于

$$1 - \alpha = 0.95, \quad \frac{\alpha}{2} = 0.025, \quad n_1 = 10$$

$$n_2 = 20, \quad n_1 + n_2 - 2 = 28, \quad t_{0.025}(28) = 2.0484$$

$$S_W^2 = \frac{9 \times 1.10^2 + 19 \times 1.20^2}{28}, \quad S_W = \sqrt{S_W^2} = 1.1688$$

故所求的两总体均值差 $\mu_1 - \mu_2$ 的置信度为 0.95 的置信区间为

$$\left( \bar{x} - \bar{y} - S_W \times t_{0.025}(28)\sqrt{\frac{1}{10} + \frac{1}{20}}, \bar{x} - \bar{y} + S_W \times t_{0.025}(28)\sqrt{\frac{1}{10} + \frac{1}{20}} \right)$$

即 $(3.07, 4.93)$. 由于置信区间的下限大于零,在实际应用中我们就认为 $\mu_1$ 比 $\mu_2$ 大.

**评注**　(1) 若 $\mu_1 - \mu_2$ 的置信区间包含零,则在实际应用中我们就认为两总体的均值没有显著差别;

(2) 若 $\dfrac{\sigma_1^2}{\sigma_2^2}$ 的置信区间包含1,则在实际应用中我们就认为 $\sigma_1^2, \sigma_2^2$ 没有显著差别.

正态总体参数的置信区间如表 7 - 1 所示.

表 7 - 1

| 总体个数 | 待估参数 | 条件 | 对应随机变量 | 置信区间 |
|---|---|---|---|---|
| 一个 | $\mu$ | $\sigma$ 已知 | $\dfrac{\bar{X} - \mu}{\sigma/\sqrt{n}} \sim N(0,1)$ | $\left( \bar{X} - z_{\frac{\alpha}{2}} \dfrac{\sigma}{\sqrt{n}}, \bar{X} + z_{\frac{\alpha}{2}} \dfrac{\sigma}{\sqrt{n}} \right)$ |
| | | $\sigma$ 未知 | $\dfrac{\bar{X} - \mu}{S/\sqrt{n}} \sim t(n-1)$ | $\left( \bar{X} - t_{\frac{\alpha}{2}}(n-1) \dfrac{S}{\sqrt{n}}, \bar{X} + t_{\frac{\alpha}{2}}(n-1) \dfrac{S}{\sqrt{n}} \right)$ |
| | $\sigma^2$ | $\mu$ 未知 | $\dfrac{(n-1)S^2}{\sigma^2} \sim \chi^2(n-1)$ | $\left( \dfrac{(n-1)S^2}{\chi_{\frac{\alpha}{2}}^2(n-1)}, \dfrac{(n-1)S^2}{\chi_{1-\frac{\alpha}{2}}^2(n-1)} \right)$ |

表 7 - 1(续)

| 总体<br>个数 | 待估<br>参数 | 条件 | 对应随机变量 | 置信区间 |
|---|---|---|---|---|
| 两<br>个 | $\mu_1 - \mu_2$ | $\sigma_1,\sigma_2$<br>已知 | $\dfrac{(\bar{X} - \bar{Y}) - (\mu_1 - \mu_2)}{\sqrt{\dfrac{\sigma_1^2}{n_1} + \dfrac{\sigma_2^2}{n_2}}} \sim$<br><br>$N(0,1)$ | $\left(\bar{X} - \bar{Y} - z_{\frac{\alpha}{2}}\sqrt{\dfrac{\sigma_1^2}{n_1} + \dfrac{\sigma_2^2}{n_2}},\right.$<br><br>$\left.\bar{X} - \bar{Y} + z_{\frac{\alpha}{2}}\sqrt{\dfrac{\sigma_1^2}{n_1} + \dfrac{\sigma_2^2}{n_2}}\right)$ |
| | | $\sigma_1,\sigma_2$<br>未知,但<br>$\sigma_1 = \sigma_2$ | $\dfrac{(\bar{X} - \bar{Y}) - (\mu_1 - \mu_2)}{S_W\sqrt{\dfrac{1}{n_1} + \dfrac{1}{n_2}}} \sim$<br><br>$t(n_1 + n_2 - 2)$<br><br>$S_W = \sqrt{\dfrac{(n_1-1)S_1^2 + (n_2-1)S_2^2}{(n_1 + n_2 - 2)}}$ | $\left(\bar{X} - \bar{Y} - t_{\frac{\alpha}{2}}(n_1 + n_2 - 2)S_W\sqrt{\dfrac{1}{n_1} + \dfrac{1}{n_2}},\right.$<br><br>$\left.\bar{X} - \bar{Y} + t_{\frac{\alpha}{2}}(n_1 + n_2 - 2)S_W\sqrt{\dfrac{1}{n_1} + \dfrac{1}{n_2}}\right)$ |
| | $\dfrac{\sigma_1^2}{\sigma_2^2}$ | | $\dfrac{\dfrac{S_1^2}{S_2^2}}{\dfrac{\sigma_1^2}{\sigma_2^2}} \sim F(n_1 - 1, n_2 - 1)$ | $\left(\dfrac{S_1^2}{S_2^2}\dfrac{1}{F_{\frac{\alpha}{2}}(n_1 - 1, n_2 - 1)},\right.$<br><br>$\left.\dfrac{S_1^2}{S_2^2}\dfrac{1}{F_{1-\frac{\alpha}{2}}(n_1 - 1, n_2 - 1)}\right)$ |

### 7.2.3 单侧置信区间

前面所谈到的置信区间其实是给出在一定的置信水平下包含未知参数的上界和下界.

**定义 1** 对于给定值 $\alpha(0 < \alpha < 1)$,若由样本 $X_1, X_2, \cdots, X_n$ 确定的统计量 $\underline{\theta} = \underline{\theta}(X_1, X_2, \cdots, X_n)$ 满足

$$P(\underline{\theta} < \theta) = 1 - \alpha$$

则称随机区间 $(\underline{\theta}, + \infty)$ 是 $\theta$ 的置信度为 $1 - \alpha$ 的单侧置信区间(One-sided confidence interval),$\underline{\theta}$ 称为单侧置信下限(One-sided confidence lower limit).

又若统计量 $\bar{\theta} = \bar{\theta}(X_1, X_2, \cdots, X_n)$ 满足

$$P(\theta < \bar{\theta}) = 1 - \alpha$$

则称随机区间 $(- \infty, \bar{\theta})$ 是 $\theta$ 的置信度为 $1 - \alpha$ 的单侧置信区间,$\bar{\theta}$ 称为单侧置信上限(One-sided confidence upper limit).

例如,对于正态总体 $X$ 服从正态分布 $N(\mu, \sigma^2)$,若均值 $\mu$,方差 $\sigma^2$ 均未知,$X_1, X_2, \cdots, X_n$ 为

来自 $X$ 的样本，则有

$$\frac{\overline{X} - \mu}{S / \sqrt{n}} \sim t(n-1)$$

根据 $t$ 分布的概率密度函数图像，如图 7-7 所示，有

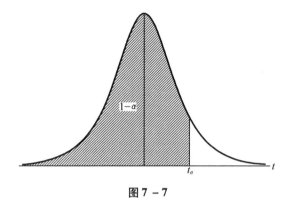

图 7-7

$$P\left\{\frac{\overline{X} - \mu}{S / \sqrt{n}} < t_\alpha(n-1)\right\} = 1 - \alpha$$

即

$$P\left\{\mu > \overline{X} - \frac{S}{\sqrt{n}}t_\alpha(n-1)\right\} = 1 - \alpha$$

于是，得到 $\mu$ 的一个置信度为 $1-\alpha$ 的单侧置信区间为

$$\left(\overline{X} - \frac{S}{\sqrt{n}}t_\alpha(n-1), +\infty\right)$$

又由

$$\frac{(n-1)S^2}{\sigma^2} \sim \chi^2(n-1)$$

根据 $\chi^2$ 分布的概率密度函数图像，如图 7-8 所示，有

$$P\left\{\frac{(n-1)S^2}{\sigma^2} > \chi^2_{1-\alpha}(n-1)\right\} = 1 - \alpha$$

即

$$P\left\{\sigma^2 < \frac{(n-1)S^2}{\chi^2_{1-\alpha}(n-1)}\right\} = 1 - \alpha$$

于是，得到 $\sigma^2$ 的一个置信度为 $1-\alpha$ 的单侧置信区间为

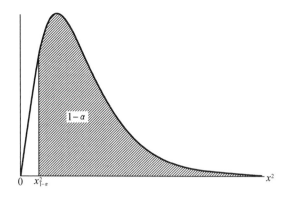

图 7 - 8

$$\left(0,\frac{(n-1)S^2}{\chi^2_{1-\alpha}(n-1)}\right)$$

**例 4** 从一批灯泡中随机地抽取 5 只做寿命测试,测得数据(单位:h) 为

1 050  1 100  1 120  1 250  1 280

设灯泡寿命服从正态分布,求灯泡寿命平均值的置信度为 0.95 的单侧置信下限.

**解** 已知

$$1 - \alpha = 0.95, \quad \alpha = 0.05, \quad n = 5$$

$$t_\alpha(n-1) = t_{0.05}(4) = 2.131\,8, \bar{x} = 1\,160, s^2 = 950$$

所求单侧置信下限为

$$\bar{x} - \frac{s}{\sqrt{n}}t_\alpha(n-1) = 1\,065$$

# 习　题　7

7 - 1 设总体 $X$ 服从正态分布 $N(\mu,\sigma^2)$,$X_1,X_2,\cdots,X_n$ 为取自 $X$ 的样本,试求:

(1)$\mu,\sigma^2$ 的矩估计;

(2)$\mu,\sigma^2$ 的极大似然估计.

7 - 2 设 $X_1,X_2$ 是取自总体 $N(\mu,1)$($\mu$ 未知)的一个样本. 试证如下三个估计量都是 $\mu$ 的无偏估计量,并确定最有效的一个:

$$\hat{\mu}_1 = \frac{2}{3}X_1 + \frac{1}{3}X_2$$

$$\hat{\mu}_2 = \frac{1}{4}X_1 + \frac{3}{4}X_2$$

$$\hat{\mu}_3 = \frac{1}{2}X_1 + \frac{1}{2}X_2$$

7 – 3　设 $X_1, X_2, \cdots, X_n$ 是总体 $N(\mu, \sigma^2)$ 的一个样本,试适当选择常数 $C$,使 $C \sum\limits_{i=1}^{n-1} (X_{i+1} - X_i)^2$ 为 $\sigma^2$ 的无偏估计.

7 – 4　设总体 $X$ 的方差为 1,据来自 $X$ 的容量为 100 的简单随机样本测得均值为 5,则 $X$ 的期望的置信度近似等于 0.95 的置信区间为多少?

7 – 5　设总体 $X$ 的分布律为

$$P(X = k) = (1 - p)^{k-1} p \quad (k = 1, 2, \cdots)$$

其中 $p$ 为未知参数,$X_1, X_2, \cdots, X_n$ 为取自总体 $X$ 的样本,试求 $p$ 的矩估计和极大似然估计.

7 – 6　设 $X$ 服从 $(0, \theta)$ $(\theta > 0)$ 上的均匀分布,$X_1, X_2, \cdots, X_n$ 是取自总体 $X$ 的样本,求 $\theta$ 的矩估计和极大似然估计.

7 – 7　设随机变量 $X$ 的概率密度函数为

$$f(x) = \frac{1}{2\sigma} e^{-\frac{|x|}{\sigma}} \quad (-\infty < x < +\infty)$$

$x_1, x_2, \cdots, x_n$ 为 $X$ 的 $n$ 次观测值,试求 $\sigma$ 的极大似然估计.

7 – 8　已知某种白炽灯泡寿命服从正态分布,在某个星期所生产的该种灯泡中随机抽取 10 只,测得其寿命(单位:h) 为

1 067, 919, 1 196, 785, 1 126, 936, 918, 1 156, 920, 948

设总体参数均未知,试用极大似然估计法估计该星期生产的灯泡中能使用 1 300 h 以上的概率.

7 – 9　设总体 $X$ 的概率密度函数为

$$f(x) = \begin{cases} (\theta + 1) x^\theta, & 0 < x < 1 \\ 0, & \text{其他} \end{cases}$$

其中 $\theta > -1$ 是未知参数,$X_1, X_2, \cdots, X_n$ 为来自总体 $X$ 的一个容量为 $n$ 的简单随机样本. 分别用矩估计法和极大似然估计法求 $\theta$ 的估计量.

7 – 10　设总体 $X$ 的概率密度函数为

$$f(x) = \begin{cases} \dfrac{1}{\theta} e^{-(x-\mu)/\theta}, & x \geq \mu \\ 0, & \text{其他} \end{cases}$$

其中 $\theta > 0, \theta, \mu$ 是未知参数,$X_1, X_2, \cdots, X_n$ 为来自 $X$ 的样本. 试求 $\theta, \mu$ 的极大似然估计量.

7 - 11　设 $Z = \ln X$ 服从正态分布 $N(\mu, \sigma^2)$, $X_1, X_2, \cdots, X_n$ 为取自 $X$ 的样本. 试求 $E(X)$ 的极大似然估计.

7 - 12　设总体 $X$ 的概率分布为

| $X$ | 0 | 1 | 2 | 3 |
|-----|------|------------------|------------|-----------|
| $P$ | $\theta^2$ | $2\theta(1-\theta)$ | $\theta^2$ | $1-2\theta$ |

其中 $\theta\left(0 < \theta < \dfrac{1}{2}\right)$ 是未知参数, 利用总体 $X$ 的如下样本值:

$$3, \quad 1, \quad 3, \quad 0, \quad 3, \quad 1, \quad 2, \quad 3$$

求 $\theta$ 的矩估计值和极大似然估计值.

7 - 13　设 $X_1, X_2, \cdots, X_n$ 是随机变量 $X$ 的一个样本, 试证: 估计量 $\overline{X} = \dfrac{1}{n} \sum\limits_{i=1}^{n} X_i$, $W = \sum\limits_{i=1}^{n} \alpha_i X_i (\alpha_i \geqslant 0$ 为常数, $\sum\limits_{i=1}^{n} \alpha_i = 1)$ 都是 $E(X)$ 的无偏估计, 且 $\overline{X}$ 的方差不超过 $W$ 的方差.

7 - 14　设从均值为 $\mu$, 方差为 $\sigma^2 (\sigma^2 > 0)$ 的总体中分别抽取容量为 $n_1, n_2$ 的两个独立样本, 样本均值分别记为 $\overline{X}_1, \overline{X}_2$. 试证: 对于任意满足 $a + b = 1$ 的常数 $a$ 和 $b$, $T = a\overline{X}_1 + b\overline{X}_2$ 都是 $\mu$ 的无偏估计. 当 $a, b$ 为多少时, $D(T)$ 达到最小?

7 - 15　设总体 $X$ 的概率密度函数为

$$f(x) = \begin{cases} \dfrac{6x}{\theta^3}(\theta - x), & 0 < x < \theta \\ 0, & \text{其他} \end{cases}$$

$X_1, X_2, \cdots, X_n$ 是取自 $X$ 的简单随机样本.

(1) 求 $\theta$ 的矩估计量 $\hat{\theta}$;

(2) 求 $\hat{\theta}$ 的方差 $D(\hat{\theta})$;

(3) 讨论 $\hat{\theta}$ 的无偏性和一致性(相合性).

7 - 16　从一批钉子中随机抽取 16 枚, 测得其长度(单位:cm) 为

$$2.14, 2.10, 2.13, 2.15, 2.13, 2.12, 2.13, 2.10,$$
$$2.15, 2.12, 2.14, 2.10, 2.13, 2.11, 2.14, 2.11$$

假设钉子的长度 $X$ 服从正态分布 $N(\mu, \sigma^2)$, 在下列两种情况下分别求总体均值 $\mu$ 的置信度为 90% 的置信区间.

(1) 已知 $\sigma = 0.01$;

(2) $\sigma$ 未知.

7 - 17　随机地取某种炮弹 9 发做试验, 测得炮口速度的样本标准差 $S = 11$ m/s. 设炮口

速度 $X$ 服从正态分布 $N(\mu,\sigma^2)$，求这种炮弹的炮口速度的标准差 $\sigma$ 的 95% 的置信区间.

7-18 假设 0.50,1.25,0.80,2.00 是来自总体 $X$ 的简单随机样本值，已知 $Y = \ln X$ 服从正态分布 $N(\mu,1)$.

（1）求 $X$ 的数学期望 $E(X)$（记 $E(X)$ 为 $b$）；

（2）求 $\mu$ 的置信度为 0.95 的置信区间；

（3）利用上述结果求 $b$ 的置信度为 0.95 的置信区间.

7-19 设 $X_1,X_2,\cdots,X_{2n}$ 为来自正态总体 $N(\mu_1,18)$ 的样本，$Y_1,Y_2,\cdots,Y_n$ 是来自正态总体 $N(\mu_2,16)$ 的样本，要使 $\mu_1-\mu_2$ 的 95% 置信区间的长度不超过 $l$，问 $n$ 至少要取多大？

# 第8章 假设检验

参数估计(Parameter estimation)和假设检验(Hypothesis testing)是统计推断的两个重要的组成部分,它们都是利用样本对总体进行某种推断,但是推断的角度不同.参数估计讨论的是用样本统计量估计总体参数的方法,总体参数在估计前是未知的.而在假设检验中,则是先提出一个假设,然后利用样本信息去检验这个假设是否成立.如果成立,我们就接受这个假设;如果不成立,就放弃它.也可以说,本章讨论的内容是如何利用样本信息对假设成立与否做出判断.

## 8.1 假设检验的基本思想及步骤

在科学实践中,人们需要探索和了解未知总体的某些指标特性及其变化规律.假设检验就是其中的一种方法,它是先对研究总体做出某种假设,然后通过样本的观察来决定假设是否成立.为了对假设检验有一个直观的认识,不妨先看下面的例子.

### 8.1.1 问题的提出

**例1** 已知某炼铁厂的铁水含碳量 $X$ 在某种工艺条件下服从正态分布 $N(4.55, 0.108 2)$. 现改变了工艺条件,又测了五炉铁水,其含碳量分别为

$$4.28 \quad 4.40 \quad 4.42 \quad 4.35 \quad 4.37$$

根据以往的经验,总体的方差 $\sigma^2 = 0.108 2$ 一般不会改变.试问工艺改变后,铁水含碳量的均值有无改变?

显然,这里需要解决的问题是,如何根据样本判断现在冶炼的铁水的含碳量是服从 $\mu \neq 4.55$ 的正态分布,还是与过去一样仍然服从 $\mu = 4.55$ 的正态分布.若是前者,可以认为新工艺对铁水的含碳量有显著的影响;若是后者,则认为新工艺对铁水的含碳量没有显著影响.通常选择其中之一作为假设后,再利用样本检验假设的真伪.

**例2** 从2000年的新生儿中随机抽取30个,测得其平均体重为 3 210 g,而根据1999年的统计资料,新生儿的平均体重为 3 190 g,问2000年的新生儿与1999年相比,体重有无显著差异.

从直观上看,2000年新生儿体重略高,但这种差异可能是由于抽样的随机性带来的,而事实上这两年新生儿的体重也许并没有显著差异.究竟是否存在显著差异,可以先设立一个假设,不妨为"假设这两年新生儿的体重没有显著差异",然后根据样本检验这个假设能否成立.

这也是一个假设检验问题.

由上面的例子可以看出,假设检验是对我们所关心的却又是未知的总体参数先做出假设,然后抽取样本,利用样本提供的信息对假设的正确性进行判断的过程.

这种对总体(随机变量)的参数或总体分布形式做出一个假设,然后利用样本信息做出否定或接受假设的判断通常称为假设检验. 假设检验可分为参数假设检验(Parametric test)和非参数假设检验(Nonparametric test). 当总体分布形式已知,只对总体 $X$ 的某些参数做出假设,进而做出的检验为参数假设检验;对其他假设做出的检验为非参数假设检验.

### 8.1.2　假设检验的基本思想

下面通过一个实例说明假设检验的基本思想.

**例3**　某工厂生产一种电子元件,在正常情况下电子元件的使用寿命 $X$(单位:h) 服从正态分布 $N(2\,500,120^2)$. 某日从该厂生产的一批电子元件中随机抽取 16 个,测得样本均值 $\bar{x} = 2\,435$,假定电子元件寿命的方差不变,能否认为该日生产的这批电子元件的寿命均值 $\mu = 2\,500$.

**解**　已知电子元件的使用寿命 $X \sim N(\mu,\sigma^2)$,且电子元件寿命的方差不变,即

$$\sigma^2 = \sigma_0^2 = 120^2$$

若认为该日生产的这批电子元件的寿命均值 $\mu = 2\,500$,那么就相当于提出了下面的假设:

$$H_0 : \mu = \mu_0 = 2\,500$$

与 $H_0$ 对立的假设为

$$H_1 : \mu \neq \mu_0$$

通常称 $H_0$ 假设为原假设,称 $H_1$ 假设为备择假设,检验的目的就是要在原假设 $H_0$ 与备择假设 $H_1$ 之间选择其中之一,若认为原假设 $H_0$ 是正确的,则接受 $H_0$;若认为原假设 $H_0$ 是不正确的,则拒绝 $H_0$ 而接受备择假设 $H_1$.

从抽样检查的结果知样本均值 $\bar{x} = 2\,435$,显然样本均值 $\bar{x}$ 与假设的总体均值 $\mu_0$ 之间存在差异,对于 $\bar{x}$ 与 $\mu_0$ 之间出现的差异可以有两种不同的解释:

(1)原假设 $H_0$ 是正确的,即总体均值 $\mu = \mu_0 = 2\,500$,由于抽样的随机性,$\bar{x}$ 与 $\mu_0$ 之间出现某些差异是完全可以接受的;

(2)原假设 $H_0$ 是不正确的,即总体均值 $\mu \neq \mu_0$,因此 $\bar{x}$ 与 $\mu_0$ 之间出现的差异不是随机性的,即 $\bar{x}$ 与 $\mu_0$ 之间存在实质性、显著性的差异.

上述两种解释哪一种较合理呢? 回答这个问题的依据是小概率事件的实际不可能性原理,在原假设 $H_0$ 正确的条件下,合理地构造小概率事件 $A$,根据一次试验的结果考查 $A$ 有没有发生. 若 $A$ 发生,则说明 $H_0$ 不正确;若 $A$ 没有发生,则没有理由认为 $H_0$ 不正确.

假设原假设 $H_0$ 正确,即

$$X \sim N(\mu_0, \sigma_0^2)$$

则统计量

$$U = \frac{\overline{X} - \mu_0}{\sigma_0 / \sqrt{n}} \sim N(0,1)$$

考虑小概率事件 $A$ 发生的概率

$$P(A) = P\{|U| > z_{\frac{\alpha}{2}}\} = P\left\{\frac{|\overline{X} - \mu_0|}{\sigma_0 / \sqrt{n}} > z_{\frac{\alpha}{2}}\right\} = \alpha$$

数 $\alpha$ 称为检验的显著性水平(Significance level),通常 $\alpha$ 取较小的值,如 0.05 或 0.01,当显著性水平 $\alpha = 0.05$ 时,查表得

$$z_{\frac{\alpha}{2}} = z_{0.025} = 1.96$$

则

$$P(A) = P\{|U| > 1.96\} = P\left\{\frac{|\overline{X} - \mu_0|}{\sigma_0 / \sqrt{n}} > 1.96\right\} = 0.05$$

因为 $\alpha = 0.05$ 很小,所以事件 $|U| > 1.96$ 是小概率事件,根据小概率事件的实际不可能性原理,可以认为在原假设 $H_0$ 正确的条件下这样的事件实际上是不可能发生的,但现在抽样检查的结果是

$$|U| = \frac{|2\ 435 - 2\ 500|}{120 / \sqrt{16}} = 2.17 > 1.96$$

上述小概率事件竟然发生了,这表明抽样检查的结果与原假设 $H_0$ 不相符合,即样本均值 $\overline{x}$ 与假设的总体均值 $\mu_0$ 之间存在显著差异,因此应当拒绝原假设 $H_0$,接受备择假设 $H_1$,即认为该日生产的这批电子元件的寿命均值 $\mu \neq 2\ 500$ h.

应当指出,上述结论是取显著性水平 $\alpha = 0.05$ 时得到的,若改取显著性水平 $\alpha = 0.01$,则

$$z_{\frac{\alpha}{2}} = z_{0.005} = 2.58$$

从而有

$$P\{|U| > 2.58\} = 0.01$$

因为抽样检查的结果是 $|U| = 2.17 < 2.58$,可见小概率事件 $|U| > 2.58$ 没有发生,所以没有理由拒绝原假设 $H_0$,就应当接受 $H_0$,即可以认为该日生产的这批电子元件的寿命均值 $\mu = 2\ 500$ h. 由此可见,假设检验的结论与选取的显著性水平 $\alpha$ 有密切的关系,因此必须说明假设检验的结论是在怎样的显著性水平 $\alpha$ 下做出的. 所选取的统计量

$$U = \frac{\overline{X} - \mu_0}{\sigma_0 / \sqrt{n}}$$

称为检验统计量,$z_{\frac{\alpha}{2}}$ 称为统计量 $U$ 的临界值.

### 8.1.3 假设检验可能犯的两类错误

假设检验是根据小概率事件的实际不可能性原理做出判断的一种"反证法",但这种"反证法"使用的不是纯数学中的逻辑推理,而仅仅是根据小概率事件的实际不可能性原理来推断的.而无论小概率事件 $A$ 发生的概率如何小,它还是有可能发生的,因此假设检验可能做出以下两类错误的判断:

(1) 第一类错误 ——"弃真",即原假设 $H_0$ 实际上是正确的,但却错误地拒绝了 $H_0$,由于小概率事件 $A$ 发生时才会拒绝 $H_0$,所以犯第一类错误的概率记为 $\alpha$,即

$$\alpha = P(拒绝 H_0 \mid H_0 为真)$$

(2) 第二类错误 ——"取伪",即原假设 $H_0$ 实际上是不正确的,但却错误地接受了 $H_0$,犯第二类错误的概率记为 $\beta$,即

$$\beta = P(接受 H_0 \mid H_0 不真)$$

当然人们希望犯这两类错误的概率越小越好,但对于一定的样本容量 $n$ ,不可能同时做到减小犯这两类错误的概率.如果减小 $\alpha$,就会增大 $\beta$;若减小 $\beta$,就会增大 $\alpha$.当然,使 $\alpha,\beta$ 同时变小的办法也有,这就是增大样本容量.但样本容量不可能没有限制,否则就会使抽样调查失去意义.因此在假设检验中,就有一个对两类错误进行控制的问题.

一般地说,哪一类错误所带来的后果越严重,危害越大,在假设检验中就应当把这类错误作为首要的控制目标.但在假设检验中,大家都在执行这样一个原则,即首先控制犯 $\alpha$ 错误原则.这样做的原因主要有两点:一个是大家都遵循一个统一的原则,讨论问题就比较方便;从实用的观点看,原假设是什么常常是明确的,而备择假设是什么则常常是模糊的.

### 8.1.4 双侧假设检验与单侧假设检验

在上述关于假设 $H_0:\mu = \mu_0 = 2\,500$,与假设 $H_1:\mu \neq \mu_0$ 的检验中,当统计量 $U$ 的观测值的绝对值大于临界值 $z_{\frac{\alpha}{2}}$ 时,则拒绝原假设 $H_0$,这时 $U$ 的观测值可能落在区间 $(-\infty, -z_{\frac{\alpha}{2}})$ 或 $(z_{\frac{\alpha}{2}}, +\infty)$ 内,称这样的区间为关于原假设 $H_0$ 的拒绝域,记为

$$W = \left\{ x \ \middle| \ \left| \frac{\bar{x} - \mu_0}{\sigma_0/\sqrt{n}} \right| \geq z_{\frac{\alpha}{2}} \right\}$$

如图 8 - 1 所示.

由于这里的拒绝域分别位于两侧,因此称这类假设检验为双侧假设检验,而把拒绝域只位于

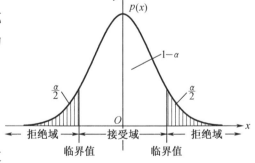

图 8 - 1

一侧的假设检验称为单侧假设检验. 双侧假设检验的共同特点是,将检验统计量的观察值与临界值比较,无论是偏大还是偏小,都应否定 $H_0$,接受 $H_1$. 但在某些实际问题中,例如对于设备、元件的寿命来说,寿命越长越好,而产品的废品率当然越低越好,同时均方差越小也是我们所希望的. 在例 3 中实际上我们关心的是电子元件的寿命均值 $\mu$ 不应太低,所以把问题改为"是否可以认为该日生产的这批电子元件的寿命均值 $\mu$ 不小于 2 500?" 似乎更合理,这样就是要求检验如下的假设:

$$H_0 : \mu \leqslant \mu_0 = 2\ 500\ 与\ H_1 : \mu > \mu_0$$

或

$$H_0 : \mu \geqslant \mu_0 = 2\ 500\ 与\ H_1 : \mu < \mu_0$$

该检验的拒绝域分别如图 8 - 2(a),(b) 所示.

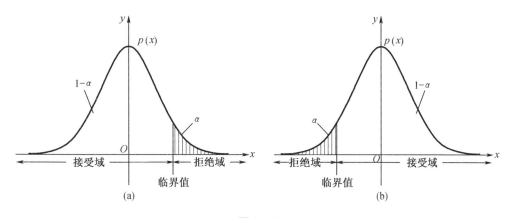

图 8 - 2

上述两个假设检验为单侧假设检验.

### 8.1.5 假设检验的步骤

(1) 根据实际问题提出原假设 $H_0$ 与备择假设 $H_1$,即指出需要检验的假设的具体内容;

(2) 选取适当的统计量,并在原假设 $H_0$ 成立的条件下确定该统计量的分布;

(3) 根据问题的需要适当选取显著性水平 $\alpha$($\alpha$ 的值一般比较小),并根据统计量的分布查表确定对应于 $\alpha$ 的临界值;

(4) 根据样本观测值计算统计量的观测值,与临界值比较,做出拒绝或接受原假设 $H_0$ 的判断.

# 8.2 正态总体参数的假设检验

本节将要讨论正态总体参数的假设检验问题,其中分为正态总体均值的假设检验和正态总体方差的假设检验两大部分.

### 8.2.1 单个正态总体参数的假设检验

1. 单个正态总体均值的假设检验

设总体 $X \sim N(\mu,\sigma^2)$ ,从中抽取容量为 $n$ 的样本 $X_1,X_2,\cdots,X_n$ ,样本均值及样本方差分别为

$$\bar{X} = \frac{1}{n}\sum_{i=1}^{n}X_i, S^2 = \frac{1}{n-1}\sum_{i=1}^{n}(X_i-\bar{X})^2$$

考虑关于未知参数 $\mu$ 的假设检验.

(1) $\sigma^2 = \sigma_0^2$ 已知

① 提出假设

$$H_0:\mu = \mu_0 \text{ 与 } H_1:\mu \neq \mu_0(\mu_0 \text{ 已知})$$

② 检验统计量

$$U = \frac{\bar{X} - \mu_0}{\sigma_0 / \sqrt{n}} \sim N(0,1)(H_0 \text{ 为真})$$

③ 求临界值

对水平 $\alpha$ ,查附表 2,得 $z_{\frac{\alpha}{2}}$ ,使

$$P\left\{\left|\frac{\bar{X} - \mu_0}{\sigma_0 / \sqrt{n}}\right| \geqslant z_{\frac{\alpha}{2}}\right\} = \alpha$$

④ 求统计量的值

根据样本值 $x_1,x_2,\cdots,x_n$ ,先计算 $\bar{x} = \frac{1}{n}\sum_{i=1}^{n}x_i$ ,再计算统计量 $\frac{\bar{x} - \mu_0}{\sigma_0 / \sqrt{n}}$ .

⑤ 做出判断

若 $\left|\frac{\bar{x} - \mu_0}{\sigma_0 / \sqrt{n}}\right| < z_{\frac{\alpha}{2}}$ ,则接受原假设 $H_0$ ,认为 $\mu = \mu_0$ .

若 $\left|\frac{\bar{x} - \mu_0}{\sigma_0 / \sqrt{n}}\right| \geqslant z_{\frac{\alpha}{2}}$ ,则拒绝原假设 $H_0:\mu = \mu_0$ ,接受备择假设 $H_1:\mu \neq \mu_0$ ,认为总体均值 $\mu$ 与 $\mu_0$ 有显著差异,得双边拒绝域为

$$W = \left\{ x \left| \left| \frac{\bar{x} - \mu_0}{\sigma_0 / \sqrt{n}} \right| \geqslant z_{\frac{\alpha}{2}} \right. \right\}$$

这种检验法用的统计量记为 $U$,故称为 $U$ 检验.

（2）方差 $\sigma^2$ 未知

① 提出假设

$$H_0 : \mu = \mu_0 \ \text{与} \ H_1 : \mu \neq \mu_0 (\mu_0 \ \text{已知})$$

② 检验统计量

$$T = \frac{\bar{X} - \mu_0}{S / \sqrt{n}} \sim t_{\frac{\alpha}{2}}(n - 1) \ (H_0 \ \text{为真})$$

③ 求临界值

对水平 $\alpha$,查 $t$ 分布表,得 $t_{\frac{\alpha}{2}}$,使

$$P\left\{ \left| \frac{\bar{X} - \mu_0}{S / \sqrt{n}} \right| \geqslant t_{\frac{\alpha}{2}}(n - 1) \right\} = \alpha$$

④ 求统计量的值

根据样本值 $x_1, x_2, \cdots, x_n$,先计算 $\bar{x} = \dfrac{1}{n} \sum\limits_{i=1}^{n} x_i$,再计算统计量 $\dfrac{\bar{x} - \mu_0}{s / \sqrt{n}}$.

⑤ 做出判断

若 $\left| \dfrac{\bar{x} - \mu_0}{s / \sqrt{n}} \right| < t_{\frac{\alpha}{2}}$,则接受原假设 $H_0$,认为 $\mu = \mu_0$.

若 $\left| \dfrac{\bar{x} - \mu_0}{s / \sqrt{n}} \right| \geqslant t_{\frac{\alpha}{2}}$,则拒绝原假设 $H_0 : \mu = \mu_0$,接受备择假设 $H_1 : \mu \neq \mu_0$,认为总体均值 $\mu$ 与 $\mu_0$ 有显著差异,得双边拒绝域为

$$W = \left\{ x \left| \left| \frac{\bar{x} - \mu_0}{s / \sqrt{n}} \right| \geqslant t_{\frac{\alpha}{2}}(n - 1) \right. \right\}$$

这种检验法称为 $T$ 检验.

**例1** 某企业从长期实践得知,其产品直径 $X$ 服从正态分布 $N(15, 0.2^2)$,实践表明标准差比较稳定,现从某日产品中随机抽取 10 个,测得其直径（单位:cm）分别为

> 14.8　15.3　15.1　15.0　14.7　15.1　15.6　15.3　15.5　15.1

问在显著性水平 $\alpha = 0.05$ 时,该产品直径是否符合直径为 15.0 cm 的质量标准?

**解** 该题为 $\sigma^2$ 已知的情况下,对 $\mu$ 进行假设检验,依题意建立原假设

$$H_0 : \mu = 15.0$$

备择假设:

$$H_1:\mu \neq 15.0$$

选择检验统计量并计算,得

$$u = \frac{\bar{x} - \mu_0}{\sigma_0/\sqrt{n}} = \frac{15.15 - 15.0}{0.2/\sqrt{10}} = 2.37$$

若取显著性水平 $\alpha = 0.05$,则由标准正态分布表(附表2),得

$$z_{0.025} = 1.96 < 2.37$$

从而拒绝 $H_0$,即认为直径不符合质量标准.

若取显著性水平 $\alpha = 0.01$,则由标准正态分布表,得

$$z_{0.005} = 2.58 > 2.37$$

从而不能拒绝 $H_0$,即认为没有充分的理由说明直径不符合质量标准.

2. 单个正态总体方差的假设检验

(1)$\mu$ 已知,关于 $\sigma^2$ 的假设检验

设总体 $X \sim N(\mu,\sigma^2)$,$\mu$ 已知,从中抽取容量为 $n$ 的样本 $X_1,X_2,\cdots,X_n$,检验问题

$$H_0:\sigma^2 = \sigma_0^2, H_1:\sigma^2 \neq \sigma_0^2(\sigma_0^2 \text{ 已知})$$

当 $H_0$ 为真时,选择统计量

$$\chi^2 = \frac{1}{\sigma_0^2}\sum_{i=1}^{n} (X_i - \mu)^2 \sim \chi^2(n)$$

对给定的显著性水平 $\alpha$,查 $\chi^2$ 分布表,可得 $\chi_{1-\frac{\alpha}{2}}^2(n)$ 与 $\chi_{\frac{\alpha}{2}}^2(n)$,使

$$P\left\{\left\{\frac{1}{\sigma_0^2}\sum_{i=1}^{n} (X_i - \mu)^2 \leqslant \chi_{1-\frac{\alpha}{2}}^2(n)\right\} \cup \left\{\frac{1}{\sigma_0^2}\sum_{i=1}^{n} (X_i - \mu)^2 \geqslant \chi_{\frac{\alpha}{2}}^2(n)\right\}\right\} = \alpha$$

于是得拒绝域为

$$W = \left\{x \,\middle|\, \frac{1}{\sigma_0^2}\sum_{i=1}^{n} (x_i - \mu)^2 \leqslant \chi_{1-\frac{\alpha}{2}}^2(n) \text{ 或} \frac{1}{\sigma_0^2}\sum_{i=1}^{n} (x_i - \mu)^2 \geqslant \chi_{\frac{\alpha}{2}}^2(n)\right\}$$

上述检验所使用的统计量服从 $\chi^2$ 分布,故称这种检验法为 $\chi^2$ 检验.

(2)$\mu$ 未知,关于 $\sigma^2$ 的假设检验

设总体 $X \sim N(\mu,\sigma^2)$,$\mu$ 未知,从中抽取容量为 $n$ 的样本 $X_1,X_2,\cdots,X_n$,检验问题

$$H_0:\sigma^2 = \sigma_0^2, H_1:\sigma^2 \neq \sigma_0^2(\sigma_0^2 \text{ 已知})$$

当 $H_0$ 为真时,选择统计量

$$\chi^2 = \frac{(n-1)S^2}{\sigma_0^2} \sim \chi^2(n-1)$$

对给定的显著性水平 $\alpha$,查 $\chi^2$ 分布表,可得 $\chi_{1-\frac{\alpha}{2}}^2(n-1)$ 与 $\chi_{\frac{\alpha}{2}}^2(n-1)$,使

$$P\left\{\left\{\frac{(n-1)S^2}{\sigma_0^2} \leqslant \chi_{1-\frac{\alpha}{2}}^2(n-1)\right\} \cup \left\{\frac{(n-1)S^2}{\sigma_0^2} \geqslant \chi_{\frac{\alpha}{2}}^2(n-1)\right\}\right\} = \alpha$$

于是得拒绝域为

$$W = \left\{ x \; \middle| \; \frac{(n-1)s^2}{\sigma_0^2} \leqslant \chi_{1-\frac{\alpha}{2}}^2(n-1) \; 或 \; \frac{(n-1)s^2}{\sigma_0^2} \geqslant \chi_{\frac{\alpha}{2}}^2(n-1) \right\}$$

**例2** 根据设计要求,某零件的内径标准差不得超过 0.30(单位:cm),现从该产品中随机抽验了 25 件,测得样本标准差为 0.36,问检验结果是否说明该产品的标准差明显增大(显著性水平为 0.05)?

**解** 该题为 $\mu$ 未知的情况下对 $\sigma^2$ 进行假设检验,依题意建立原假设与备择假设:

$$H_0 : \sigma^2 = 0.30^2, H_1 : \sigma^2 > 0.30^2$$

选择检验统计量并依据样本计算,得

$$\chi^2 = \frac{(n-1)s^2}{\sigma_0^2} = \frac{(25-1) \times 0.36^2}{0.30^2} = 34.56$$

在显著性水平 $\alpha = 0.05$ 下,$\chi_\alpha^2(n-1) = 36.4 > 34.56$,因此不能拒绝原假设 $H_0$,即没有理由认为该产品的标准差超过了 0.30 cm.

### 8.2.2 两个正态总体参数的假设检验

1. 两个正态总体均值的假设检验

设总体 $X \sim N(\mu_1, \sigma_1^2)$ 与 $Y \sim N(\mu_2, \sigma_2^2)$ 相互独立,从中抽取容量为 $n_1$ 和 $n_2$ 的两个样本: $X_1, X_2, \cdots, X_{n_1}$ 与 $Y_1, Y_2, \cdots, Y_{n_2}$.

$X$ 与 $Y$ 样本均值及样本方差分别为

$$\bar{X} = \frac{1}{n_1} \sum_{i=1}^{n_1} X_i, \quad S_1^2 = \frac{1}{n_1 - 1} \sum_{i=1}^{n_1} (X_i - \bar{X})^2$$

$$\bar{Y} = \frac{1}{n_2} \sum_{i=1}^{n_2} Y_i, \quad S_2^2 = \frac{1}{n_2 - 1} \sum_{i=1}^{n_2} (Y_i - \bar{Y})^2$$

讨论均值 $\mu_1, \mu_2$ 的假设检验问题:

$$H_0 : \mu_1 = \mu_2, H_1 : \mu_1 \neq \mu_2$$

(1) $\sigma_1^2 = \sigma_2^2$ 已知

由于 $X$ 与 $Y$ 相互独立,则

$$U = \frac{(\bar{X} - \bar{Y}) - (\mu_1 - \mu_2)}{\sqrt{\dfrac{\sigma_1^2}{n_1} + \dfrac{\sigma_2^2}{n_2}}}$$

当 $H_0 : \mu_1 = \mu_2$ 为真时,$U$ 为检验统计量,其分布为

$$U = \frac{(\bar{X} - \bar{Y})}{\sqrt{\dfrac{\sigma_1^2}{n_1} + \dfrac{\sigma_2^2}{n_2}}} \sim N(0,1)$$

对显著性水平 $\alpha$ 取双边拒绝域为

$$W = \left\{ x \left| \left| \frac{(\bar{x} - \bar{y})}{\sqrt{\dfrac{\sigma_1^2}{n_1} + \dfrac{\sigma_2^2}{n_2}}} \right| \geqslant z_{\frac{\alpha}{2}} \right. \right\}$$

（2）$\sigma_1^2 = \sigma_2^2 = \sigma^2$ 未知

$S_1^2$ 与 $S_2^2$ 分别为 $X$ 与 $Y$ 的样本方差

$$T = \frac{(\bar{X} - \bar{Y}) - (\mu_1 - \mu_2)}{S_W \sqrt{\dfrac{1}{n_1} + \dfrac{1}{n_2}}}$$

其中

$$S_W^2 = \frac{(n_1 - 1)S_1^2 + (n_2 - 1)S_2^2}{n_1 + n_2 - 2}$$

当 $H_0 : \mu_1 = \mu_2$ 为真时，有检验统计量

$$T = \frac{(\bar{X} - \bar{Y})}{S_W \sqrt{\dfrac{1}{n_1} + \dfrac{1}{n_2}}} \sim t(n_1 + n_2 - 2)$$

对显著性水平 $\alpha$ 取双边拒绝域为

$$W = \left\{ x \left| \left| \frac{\bar{x} - \bar{y}}{s_w \sqrt{\dfrac{1}{n_1} + \dfrac{1}{n_2}}} \right| \geqslant t_{\frac{\alpha}{2}}(n_1 + n_2 - 2) \right. \right\}$$

**例3** 某废水中的镉含量服从正态分布，现用标准方法与新方法同时测定该样本中镉含量. 其中新方法测定 10 次，平均测定结果为 5.28 μg/L，标准差为 1.11 μg/L；标准方法测定 9 次，平均测定结果为 4.03 μg/L，标准差为 1.04 μg/L. 问两种测定结果有无显著性差异？

**解** 依题意建立假设

$$H_0 : \mu_1 = \mu_2, \quad H_1 : \mu_1 \neq \mu_2$$

$$s_w = \sqrt{\frac{(n_1 - 1)s_1^2 + (n_2 - 1)s_2^2}{n_1 + n_2 - 2}} = \sqrt{\frac{9 \times 1.11^2 + 8 \times 1.04^2}{10 + 9 - 2}} = \sqrt{1.16} = 1.08$$

根据检验统计量，计算

$$t = \frac{\bar{x} - \bar{y}}{s_w \sqrt{\dfrac{1}{n_1} + \dfrac{1}{n_2}}} = \frac{5.28 - 4.03}{1.08 \sqrt{\dfrac{1}{10} + \dfrac{1}{9}}} = 2.53$$

取显著性水平 $\alpha = 0.05$，查表得 $t_{0.025}(17) = 2.11 < 2.53$. 从而拒绝 $H_0$，即认为两种测定结果有显著性差异.

**2. 两个正态总体方差的假设检验**

设总体 $X \sim N(\mu_1, \sigma_1^2)$，$Y \sim N(\mu_2, \sigma_2^2)$（$\mu_1, \mu_2$ 已知），检验问题：

$$H_0: \sigma_1^2 = \sigma_2^2, H_1: \sigma_1^2 \neq \sigma_2^2$$

设 $X_1, X_2, \cdots, X_{n_1}, Y_1, Y_2, \cdots, Y_{n_2}$ 分别为 $X$ 与 $Y$ 的样本，且相互独立，$S_1^2$ 与 $S_2^2$ 分别为 $X$ 与 $Y$ 的样本方差，则有

$$\frac{S_1^2/\sigma_1^2}{S_2^2/\sigma_2^2} \sim F(n_1 - 1, n_2 - 1)$$

当 $H_0$ 为真时，选择检验统计量

$$F = \frac{S_1^2}{S_2^2} \sim F(n_1 - 1, n_2 - 1)$$

对给定的显著性水平 $\alpha$，查 $F$ 分布表，可得 $F_{1-\frac{\alpha}{2}}(n_1 - 1, n_2 - 1)$ 与 $F_{\frac{\alpha}{2}}(n_1 - 1, n_2 - 1)$，使

$$P\left\{\left\{\frac{S_1^2}{S_2^2} \leqslant F_{1-\frac{\alpha}{2}}(n_1 - 1, n_2 - 1)\right\} \cup \left\{\frac{S_1^2}{S_2^2} \geqslant F_{\frac{\alpha}{2}}(n_1 - 1, n_2 - 1)\right\}\right\} = \alpha$$

于是得拒绝域为

$$W = \left\{x \,\middle|\, \frac{s_1^2}{s_2^2} \leqslant F_{1-\frac{\alpha}{2}}(n_1 - 1, n_2 - 1) \quad \text{或} \quad \frac{s_1^2}{s_2^2} \geqslant F_{\frac{\alpha}{2}}(n_1 - 1, n_2 - 1)\right\}$$

这种检验法称为 $F$ 检验.

**例 4** 甲、乙两台机床加工产品的直径服从正态分布，现测得样本数据如下：

$$n_1 = 9, s_1^2 = 0.17$$
$$n_2 = 6, s_2^2 = 0.14$$

问这两个正态分布的方差是否相等？（$\alpha = 0.1$）

**解** 建立假设

$$H_0: \sigma_1^2 = \sigma_2^2, H_1: \sigma_1^2 \neq \sigma_2^2$$

根据检验统计量

$$F = \frac{s_1^2}{s_2^2} = \frac{0.17}{0.14} = 1.214$$

当 $\alpha = 0.1$ 时

$$F_{\frac{\alpha}{2}}(8, 5) = 4.82$$
$$F_{1-\frac{\alpha}{2}}(8, 5) = 1/F_{\frac{\alpha}{2}}(5, 8) = 1/3.69 = 0.27$$

由于 $0.27 < 1.214 < 4.82$，所以不能拒绝 $H_0$，即没有理由认为两个正态分布的方差不相等.

# 习　题　8

**8-1**　某工厂生产的固体燃料推进器的燃烧率服从正态分布 $N(\mu, \sigma^2)$，$\mu = 40\ cm/s$，$\sigma = 2\ cm/s$，现在用新方法生产了一批推进器，从中抽取 25 只，测得样本均值为 $\bar{x} = 41.25\ cm/s$. 设在新方法下总体的标准差仍为 $\sigma = 2\ cm/s$，问这批新推进器的燃烧率是否较以往生产的推进器的燃烧率有显著提高? 取显著性水平 $\alpha = 0.05$.

**8-2**　某种电子元件的使用寿命 $X$（单位:h）服从正态分布，$\mu, \sigma^2$ 未知. 现测得 16 只元件的寿命如下:

$$159\quad 280\quad 101\quad 212\quad 224\quad 379\quad 179\quad 264$$
$$222\quad 362\quad 168\quad 250\quad 149\quad 260\quad 485\quad 170$$

是否有理由认为元件的平均寿命大于 225 h（$\alpha = 0.05$）?

**8-3**　假设某种电池的工作时间 $X$（单位:h）服从正态分布，观测到 5 个电池的工作时间为

$$32\quad 41\quad 42\quad 49\quad 53$$

说明书上写明工作时间为 50 h，取 $\alpha = 0.10$.

（1）若已知标准差 $\sigma = 8.08\ h$（由长期经验得到），问这批样本是否取自均值为 50 h 的总体?

（2）若标准差未知，问这批样本是否取自均值为 50 h 的总体?

**8-4**　测定某电子元件的可靠性 15 次，计算 $\bar{x} = 0.94$ 和 $s = 0.03$. 该元件的订货合同规定可靠性的总体参数 $\mu_0 = 0.96$ 而 $\sigma_0 = 0.05$，并假定可靠性服从正态分布，试在 $\alpha = 0.05$ 下按合同标准检验总体的均值和标准差.

（1）采用双侧检验;

（2）采用适当的单侧检验.

**8-5**　某批矿砂的 5 个样品中的镍含量（%）经测定为

$$3.25\quad 3.27\quad 3.24\quad 3.26\quad 3.24$$

设测定之总体服从正态分布，问在 $a = 0.01$ 下能否接受假设:这批矿砂的镍含量均值为 3.25.

**8-6**　如果一个矩形的宽度 $w$ 与长度 $l$ 的比 $\frac{w}{l} \approx 0.618$，则称这样的矩形为黄金矩形. 这种矩形看上去具有美感，某工艺品工厂随机抽取的 20 个黄金矩形，其宽度 $w$ 与长度 $l$ 的比值为

$$0.693\quad 0.749\quad 0.654\quad 0.670\quad 0.662\quad 0.672\quad 0.615$$
$$0.606\quad 0.690\quad 0.628\quad 0.668\quad 0.611\quad 0.606\quad 0.609$$
$$0.601\quad 0.553\quad 0.570\quad 0.844\quad 0.576\quad 0.933$$

设测定值总体服从正态分布，其均值为 $\mu$，试在 $\alpha = 0.05$ 下检验假设:

（1）$H_0 : \mu = 0.618 ; H_1 : \mu \neq 0.618$.

（2）记总体的标准差为 $\sigma$，试检验假设 $H_0 : \sigma^2 = 0.11^2 ; H_1 : \sigma^2 \neq 0.11^2$.

8－7 两台自动机床加工同一种零件，比较它们的加工精度，分别取容量为 $n_1 = 10, n_2 = 8$ 的两个样本，测量取出的零件的某个指标的尺寸（假定服从正态分布），得 $\bar{x} = 1.24, \bar{y} = 1.256\ 25$，$s_1^2 = 0.018\ 87, s_2^2 = 0.012\ 49$，取 $\alpha = 0.1$，问这两台机床是否有同样的精度？

# 第9章 方差分析与回归分析

目前我们已经学习了利用概率密度函数或是概率分布函数构建有关随机变量的模型,这些模型不仅涉及未知参数,而且也会用到一些已知的变量信息. 在假设变量间存在某种线性关系的前提下,我们所构建的这些模型关系,涉及了用于分析实际问题的一大类核心的统计方法. 其中,方差分析与回归分析是得到最为广泛应用的两类统计方法.

方差分析是试验统计学的一个重要思想,其基本思想是通过考查均值的变异来分析变量间的依赖程度. 需要说明的是,方差分析关注的是均值的变异,而非方差的变异情况.

回归分析方法,特别是线性回归分析方法可能是最受欢迎的统计工具之一,在研究中有多种回归形式,如线性、非线性、单变量、多变量、参数或是非参数回归,等等.

方差分析与回归分析的相似之处就是,这两种分析方法都可被用于分析变量对其他变量的依赖性. 二者的区别就在于分析的角度不同.

## 9.1　方　差　分　析

方差分析是20世纪20年代发展起来的一种统计方法,目前已被广泛应用于心理学、医学以及人文科学等学科研究中. 本节将介绍单因素方差分析与双因素方差分析的基本原理及其在实际问题中的应用.

### 9.1.1　基本概念及相关假设

1. 基本概念

**定义1**　检验多个总体均值是否有显著差异的统计方法,称为方差分析(Analysis of variance,ANOVA).

在形式上,方差分析是通过比较多个总体的均值是否有显著差异,来说明某分类变量对因变量的影响情况,例如,是否产生了影响,影响强度如何,等等. 为了更好地说明问题,这里以一个实际问题来进行说明.

**例1**　为提高大学数学的教学效果,研究人员提出了三种不同的教学方案,现欲证明这三种不同的教学方案对教学效果的改进是否有显著差异. 这里使用的方法是,从同一年级的学生中,随机抽取接受不同教学方法的学生若干名,通过比较学期期末考试成绩,来考查三种教学方法效果的差异. 具体的成绩数据如表9 – 1所示.

表 9 – 1 接受不同教学方法的学生成绩

| 序号 | 方法 1 | 方法 2 | 方法 3 |
|------|--------|--------|--------|
| 1 | 88 | 86 | 66 |
| 2 | 96 | 78 | 63 |
| 3 | 83 | 88 | 66 |
| 4 | 75 | 89 | 92 |
| 5 | 82 | 90 | 88 |
| 6 | 68 | 92 | 69 |
| 7 | 97 | 85 | 93 |
| 8 | 92 | 65 | 85 |
| 9 | 89 | 62 | |
| 10 | 76 | | |

一般而言,学生的成绩越高,说明相应教学方法的效果越好. 我们希望了解这三种教学方法的效果是否有显著差异.

要分析这三种教学方法的效果是否有显著差异,实际上也就是要判断"教学方法"对"学生成绩"是否有显著影响,做出这种判断最终被归结为检验接受这三种教学方法的学生的平均成绩是否有较大差异. 如果他们的平均成绩没有较大差异,就意味着"教学方法"对学生成绩是没有影响的,也就是这三种教学方法的效果没有显著差异;如果平均成绩有较大差异,则意味着"教学方法"对学生成绩是有影响的,这三种教学方法的效果应该有显著差异.

为了便于表述,可以引入以下定义.

**定义 2** 在方差分析中,被检验的对象称为因素或是因子(Factor).

**定义 3** 因素所处的不同状态称为水平(Level).

**定义 4** 因素在每个水平下对应的调查结果可以称为一个"组"(Group).

在例1中,"教学方法"是被检验的对象,我们把它称为"因素"或是"因子";方法1、方法2与方法3是"教学方法",这一因素的具体表现可以被称为"水平";每一种教学方法对应的学生成绩是一组观测值. 由于这里只涉及"教学方法"这一个因素,因此对此问题的分析也可以称为单因素三水平的分析. 因素的每一个水平可以看作一个总体,例如方法1、方法2、方法3可以对应三个总体,相应的观测值可以看作从这三个总体中抽取的样本数据.

2. 基本假设

方差分析中有三个基本假设:

(1) 每个总体均服从正态分布;

(2) 各总体的方差均相同;

（3）所有的观测值是独立的.

在上述假设成立的前提下，要分析自变量对因变量是否有影响，实际上也就是要检验自变量的各个水平（总体）的均值是否相等. 在例1中，判断教学方法对学生成绩是否有显著影响，实际上就是检验具有相等方差的三个正态总体的均值（平均成绩）是否相等.

尽管总体的均值是未知的，但是正如前面所学习到的，我们可以用样本均值代替总体均值进行检验分析. 如果这三个总体的均值是相等的，那么可以预期对应的三个样本均值也会很接近. 事实上，三个样本均值越接近，推断这三个总体均值相等的证据也就越充分；反之，推断总体均值不相等的证据越充分. 换句话说，这是一个假设检验过程. 在例1中我们可以设定，原假设为三种方法对应的学生平均成绩是相等的，即 $H_0 : \mu_1 = \mu_2 = \mu_3$. 如果原假设为真，这意味着每个总体都是来自同均值（设为 $\mu$）、同方差的同一正态总体. 若设三组样本均值为 $\overline{x_1}, \overline{x_2}$ 和 $\overline{x_3}$，那么 $\overline{x_1}, \overline{x_2}$ 和 $\overline{x_3}$ 都会接近于总体均值 $\mu$，并且服从正态分布 $N\left(\mu, \dfrac{\sigma^2}{n}\right)$，如

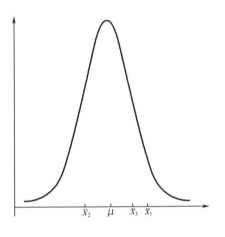

**图 9 - 1　$H_0$ 为真时 $\mu$ 与 $\overline{x}$ 的关系**

图 9 - 1 所示. 如果原假设不为真，即 $\mu_1, \mu_2$ 和 $\mu_3$ 不全相等，那么 $\overline{x_1}, \overline{x_2}$ 和 $\overline{x_3}$ 之间就不会如图 9 - 1 所示的那样接近.

一般地，设研究问题中因素有 $k$ 个水平，每个水平对应的均值分别为 $\mu_1, \mu_2, \cdots, \mu_k$，检验这 $k$ 个水平的均值是否相等，对应的假设为

$$H_0 : \mu_1 = \mu_2 = \cdots = \mu_k$$
$$H_1 : \mu_1, \mu_2, \cdots, \mu_k \text{ 不全相等}$$

### 9.1.2　单因素方差分析

**定义 5**　方差分析中只涉及一个因素时，称为单因素方差分析（Single factor analysis of variance）.

前面的例1就是一个单因素方差分析的问题. 因此，下面将具体说明单因素方差分析的分析步骤. 这里为了说明方便，用 $x_{ij}$ 表示表 9 - 1 中第 $i$ 个水平下的第 $j$ 个观测值，如表 9 - 1 中 $x_{17} = 97$.

（1）提出假设

$$H_0 : \mu_1 = \mu_2 = \cdots = \mu_k$$
$$H_1 : \mu_1, \mu_2, \cdots, \mu_k \text{ 不全相等}$$

如果不拒绝原假设 $H_0$，则不能认为因素对观测值有显著影响；如果拒绝原假设，则认为因

素对观测值有显著影响.

（2）构造检验统计量

为检验 $H_0$ 是否成立,需要构造确定的检验统计量,具体的构造过程如下.

① 计算因素的各水平(总体)的均值.

设从第 $i$ 个总体中抽取了容量为 $n_i$ 的随机样本,$\overline{x_i}$ 为第 $i$ 个总体的样本均值,即

$$\overline{x_i} = \frac{\sum\limits_{j=1}^{n_i} x_{ij}}{n_i}$$

其中,$i = 1,2,\cdots,k$.

② 计算全部观测值的总均值. 以 $\overline{\overline{x}}$ 来表示此总均值,则有

$$\overline{\overline{x}} = \frac{\sum\limits_{i=1}^{k} \sum\limits_{j=1}^{n_i} x_{ij}}{n}$$

其中,$n = n_1 + n_2 + \cdots + n_k$.

③ 计算误差平方和. 在方差分析中,需要计算三个误差平方和:总误差平方和、水平项误差平方和、误差项平方和.

总体误差平方和(Sum of Squares for Total, SST),是全部观测值 $x_{ij}$ 与总均值 $\overline{\overline{x}}$ 间的误差平方和,反映了全部观测值的离散状况. 其计算公式为

$$SST = \sum_{i=1}^{k} \sum_{j=1}^{n_i} (x_{ij} - \overline{\overline{x}})^2$$

水平项误差平方和(Sum of Squares for Factor A, SSA),是各组平均值 $\overline{x_i}$ 与总平均值 $\overline{\overline{x}}$ 间的误差平方和,反映各总体的样本均值间的差异程度,又被称为组间平方和. 其计算公式为

$$SSA = \sum_{i=1}^{k} \sum_{j=1}^{n_i} (\overline{x_i} - \overline{\overline{x}})^2 = \sum_{i=1}^{k} n_i (\overline{x_i} - \overline{\overline{x}})^2$$

误差项平方和(Sum of Squares for Error,SSE),是各水平(组)的观测值 $x_{ij}$ 与其组的平均值 $\overline{x_i}$ 间的误差平方和,又称为组内平方和. 其计算公式为

$$SSE = \sum_{i=1}^{k} \sum_{j=1}^{n_i} (x_{ij} - \overline{x_i})^2$$

这三种误差平方和的关系是

$$SST = SSA + SSE$$

④ 计算统计量.

很显然,误差平方和的大小与观测样本的数量有关,为了消除样本数量对误差平方和大小的影响,需要将其进行平均化处理,即用误差平方和除以其对应的自由度,从而得到均方(Mean square)结果.

对于上述三个平方和对应的自由度, $SST$ 的自由度为 $n-1$, $SSA$ 的自由度为 $k-1$, $SSE$ 的自由度为 $n-k$. 其中 $n$ 为全部观测样本的个数, $k$ 为因素的水平个数. 利用这些信息即可构造所需的检验统计量

$$F = \frac{\dfrac{SSA}{k-1}}{\dfrac{SSE}{n-k}}$$

并且, 当 $H_0$ 为真时, 统计量 $F$ 服从分布 $F(k-1, n-k)$.

⑤ 统计决策.

将给定显著性水平 $\alpha$ 的临界值 $F_\alpha$ 与计算得到的统计量的 $F$ 值进行比较, 就可以做出对原假设的决策. 其中 $F_\alpha = F_\alpha(k-1, n-k)$.

若 $F > F_\alpha$, 则拒绝原假设, 即认为各总体的均值不等, 从而被检验的因素对观测值有显著影响; 若 $F < F_\alpha$, 则不拒绝原假设, 不认为各总体的均值不等, 从而不能认为被检验的因素对观测值有显著影响.

根据上述分析步骤, 我们可以依据表 9-1 中的结果分析教学方法是否对学生成绩产生了影响. 首先, 提出原假设 $H_0: \mu_1 = \mu_2 = \mu_3$; 其次, 表 9-2 是相关的均值结果, 进而构建 $F$ 统计量为

$$F = \frac{\dfrac{208.62}{3-1}}{\dfrac{2\,961.9}{27-3}} = 0.85$$

对于显著性水平 $\alpha = 0.05$, 查 $F$ 分布表得到临界值 $F_{0.05}(2, 24) = 3.40$. 由于 $F = 0.85 < F_{0.05}(2, 24)$, 所以不能拒绝原假设, 认为教学方法对学生成绩没有显著差异.

表 9-2　接受不同教学方法的学生成绩的均值

| | 方法 1 | 方法 2 | 方法 3 |
|---|---|---|---|
| 样本均值 | 84.6 | 81.67 | 77.75 |
| 样本容量 | 10 | 9 | 8 |
| 总均值 | 81.59 | | |

### 9.1.3　双因素方差分析

单因素方差分析只是考查单一自变量对因变量的影响. 但在实际问题中, 有时需要我们考查多个自变量对因变量的影响, 例如, 在考查粮食收获量的影响因素时, 需要考查种子、施肥方案、土地等多个因素的影响. 在方差分析中, 研究两个因素对试验结果的影响应利用双因素方

差分析方法.

我们先看下面的例子.

**例2** 现有五种不同的种子以及三种不同的施肥方案,在15块同样面积以及质地的土地上,分别使用这五种种子和三种施肥方案搭配进行试验,当年的粮食收获量数据如表9-3所示.试分析种子的不同品种对收获量是否有显著影响?不同的施肥方案对收获量的影响是否显著?

表9-3 使用不同种子在三种施肥方案下的粮食收获量

| 种子品种 | 施肥方案1 | 施肥方案2 | 施肥方案3 |
|---|---|---|---|
| 1 | 9.7 | 12.0 | 10.4 |
| 2 | 9.6 | 13.7 | 12.4 |
| 3 | 11.1 | 14.3 | 11.4 |
| 4 | 12.0 | 14.2 | 12.5 |
| 5 | 11.4 | 14.0 | 13.1 |

在例2中,种子品种与施肥方案是两个自变量,收获量则是因变量.同时分析种子品种和施肥方案对收获量的影响,分析这两个因素产生的重要影响,是一个双因素方差分析的问题.

在双因素方差分析中,鉴于所考查的两个(自变量)因素间的关系,又可分为"无交互作用的双因素方差分析"和"有交互作用的双因素方差分析".以例2为例,如果"种子品种"因素与"施肥方案"因素对收获量的影响是相互独立的,我们则可以分别判断"种子品种"因素和"施肥方案"因素对收获量的影响,这样的方差分析就被称为"无交互作用的双因素方差分析";如果除了这两个因素对收获量的单独影响之外,这两个因素的搭配还会对收获量产生其他影响效果,例如某一品种的种子更适于在某一种施肥方案下培育等,这时的方差分析称为有交互作用的双因素方差分析.

本节仅介绍无交互作用的双因素方差分析.在无交互作用的双因素方差分析中,对于所考查的两个因素,需要将其分别置于行因素和列因素的位置.这里不妨设行因素有 $k$ 个水平,列因素有 $r$ 个水平.行因素和列因素的每一个水平均可搭配成一组进行试验,并最终得到 $kr$ 个观测试验数据,其结构如表9-4所示.表9-4中的每一个观测值 $x_{ij}$ 都可被看作由行因素的第 $i$ 个水平与列因素的第 $j$ 个水平组成的总体中随机抽取的一个容量为1的随机独立样本.

表 9 - 4　双因素方差分析的数据结构

| | | 列因素 | | | | 平均值$\overline{x_{i.}}$ |
|---|---|---|---|---|---|---|
| | | 列 1 | 列 2 | $\cdots$ | 列 $r$ | |
| 行因素 | 行 1 | $x_{11}$ | $x_{12}$ | $\cdots$ | $x_{1r}$ | $\overline{x_{1.}}$ |
| | 行 2 | $x_{21}$ | $x_{22}$ | $\cdots$ | $x_{2r}$ | $\overline{x_{2.}}$ |
| | $\vdots$ | $\vdots$ | $\vdots$ | $\vdots$ | $\vdots$ | $\vdots$ |
| | 行 $k$ | $x_{k1}$ | $x_{k2}$ | $\cdots$ | $x_{kr}$ | $\overline{x_{k.}}$ |
| 平均值$\overline{x_{.j}}$ | | $\overline{x_{.1}}$ | $\overline{x_{.2}}$ | $\cdots$ | $\overline{x_{.r}}$ | $\overline{\overline{x}}$ |

表 9 - 4 中对应了 $k \times r$ 个总体，这里假定这些总体均服从正态分布，且有相同的方差. 其中涉及了三种平均值，具体的计算公式如下：

$$\overline{x_{i.}} = \frac{\sum\limits_{j=1}^{r} x_{ij}}{r} \quad (i = 1, \cdots, k)$$

$$\overline{x_{.j}} = \frac{\sum\limits_{i=1}^{k} x_{ij}}{k} \quad (j = 1, \cdots, r)$$

$$\overline{\overline{x}} = \frac{\sum\limits_{i=1}^{k} \sum\limits_{j=1}^{r} x_{ij}}{kr}$$

具体的分析步骤如下：

（1）提出假设

为了检验两个因素是否产生了影响，需要对其分别提出假设. 对行因素提出的假设如下：

$H_0: \mu_1 = \mu_2 = \cdots = \mu_k$ 　　　行因素对因变量没有显著影响

$H_1: \mu_1, \mu_2, \cdots, \mu_k$ 不全相等 　　　行因素对因变量有显著影响

对列因素提出的假设如下：

$H_0: \eta_1 = \eta_2 = \cdots = \eta_r$ 　　　列因素对因变量没有显著影响

$H_1: \eta_1, \eta_2, \cdots, \eta_r$ 不全相等 　　　列因素对因变量有显著影响

其中，$\mu_i$ 与 $\eta_j$ 分别是行因素的第 $i$ 个水平的均值与列因素的第 $j$ 个水平的均值.

（2）构造检验统计量

首先，为了检验上述 $H_0$ 是否成立，我们需要对行因素与列因素分别构建检验统计量. 这与单因素方差分析的方法类似，仍利用误差平方和来构建检验统计量. 首先，总误差平方和（$SST$）是由全部观测值 $x_{ij}$ 与总的样本均值 $\overline{\overline{x}}$ 的差的平方和组成，并且可以被分解为三个部分，即

$$SST = \sum_{i=1}^{k} \sum_{j=1}^{r} (x_{ij} - \overline{\overline{x}})^2$$

$$= \sum_{i=1}^{k} \sum_{j=1}^{r} (\overline{x_{i.}} - \overline{\overline{x}})^2 + \sum_{i=1}^{k} \sum_{j=1}^{r} (\overline{x_{.j}} - \overline{\overline{x}})^2 + \sum_{i=1}^{k} \sum_{j=1}^{r} (x_{ij} - \overline{x_{i.}} - \overline{x_{.j}} + \overline{\overline{x}})^2$$

上式第二个等号后的分解结果中,第一个部分是由行因素产生的误差平方和,这里记为 $SSR$,即

$$SSR = \sum_{i=1}^{k} \sum_{j=1}^{r} (\overline{x_{i.}} - \overline{\overline{x}})^2$$

第二项是由列因素产生的误差平方和,记为 $SSC$,即

$$SSC = \sum_{i=1}^{k} \sum_{j=1}^{r} (\overline{x_{.j}} - \overline{\overline{x}})^2$$

第三项是由行因素与列因素之外的因素产生的,可以被称为随机误差项平方和,记为 $SSE$,即

$$SSE = \sum_{i=1}^{k} \sum_{j=1}^{r} (x_{ij} - \overline{x_{i.}} - \overline{x_{.j}} + \overline{\overline{x}})^2$$

也就是说,有关系式

$$SST = SSR + SSC + SSE$$

其次,对于上述误差平方和,其对应的自由度分别为:$SST$ 的自由度为 $kr-1$;$SSR$ 的自由度为 $k-1$;$SSC$ 的自由度为 $r-1$;$SSE$ 的自由度为 $(k-1)(r-1)$.

从而,利用这些自由度,我们可以构建所需的 $F$ 统计量.具体的检验行因素对因变量是否产生显著影响,可以利用统计量:

$$F_R = \frac{\dfrac{SSR}{k-1}}{\dfrac{SSE}{(k-1)(r-1)}} \sim F(k-1,(k-1)(r-1))$$

检验列因素对因变量是否产生显著影响,可用统计量:

$$F_C = \frac{\dfrac{SSC}{r-1}}{\dfrac{SSE}{(k-1)(r-1)}} \sim F(r-1,(k-1)(r-1))$$

（3）统计决策

对于计算得到的检验统计量的值,在给定显著性水平 $\alpha$ 的情况下,比较临界值 $F_\alpha$ 与 $F_R$,$F_C$ 的大小关系,即可对原假设是否成立做出抉择.若 $F_R > F_\alpha$,则拒绝原假设,认为行因素对因变量有显著影响;若 $F_C > F_\alpha$,则拒绝原假设,认为列因素对因变量有显著影响.

对例2中的问题进行无交互作用的双变量方差分析.首先,行因素"种子品种"对"粮食收获量"影响的检验统计量 $F_R = 6.35$,在显著性水平 $\alpha = 0.05$ 下相应的 $F$ 临界值为

$$F_{0.05}(5-1,(5-1)(3-1)) = F_{0.05}(4,8) = 3.84$$

由于 $F_R = 6.35 > F_{0.05}(4,8) = 3.84$，因此拒绝原假设，认为"种子品种"对"粮食收获量"有显著的影响；其次，列因素"施肥方案"对"粮食收获量"影响的检验统计量 $F_C = 27.67$，而在显著性水平 $\alpha = 0.05$ 下相应的 $F$ 临界值为

$$F_{0.05}(3-1,(5-1)(3-1)) = F_{0.05}(2,8) = 4.46$$

由于 $F_C = 27.67 > 4.46$，因此可以拒绝原假设，认为"施肥方案"对"粮食收获量"有显著的影响. 从而，在 $\alpha = 0.05$ 的显著性水平下，在例2的研究范畴内，"种子品种"和"施肥方案"都可被视为"粮食收获量"的显著的影响因素. 并且我们可以以此结论为依据，进一步建立以"粮食收获量"为因变量，"种子品种"和"施肥方案"为自变量的实证模型，进行三者之间量化关系的实证分析.

# 9.2　简单线性回归分析

在方差分析中，我们通过考查均值的变异，分析自变量对因变量是否产生了显著的影响. 进一步地，本节将介绍如何利用简单线性回归分析，从定量分析的角度，更好地度量自变量对因变量的影响.

### 9.2.1　线性相关性分析

考查两个变量之间的关系，最简单、直观的方法是观测它们的线性相关关系.

需要说明的是，本书的第4章已从随机变量的角度对变量间的线性相关性进行了初步的介绍，与其不同的是，本节是从样本的角度定义并说明变量间的线性相关性.

通常情况下，对两个变量 $X$ 与 $Y$ 之间的线性相关关系进行说明，可以从以下两个角度实现.

1. 绘制散点图

即在二维坐标图中绘制点 $(x_i, y_i)$，其中 $x_i, y_i$ 分别为变量 $X$ 与 $Y$ 的样本值（$i = 1, \cdots, T$）. 图 9-2 分别对正线性相关、负线性相关、不相关三种情况进行了显示. 但是值得注意的是，虽然利用散点图可以直观地了解变量间的相关关系，但这仅是初步分析，并不能在科学研究中作为可靠的研究依据.

2. 线性相关系数

利用散点图很难直观地识别 $X$ 与 $Y$ 间的线性相关关系的时候，可以计算 $X$ 与 $Y$ 间的相关系数（Correlation coefficient），进而度量二者间相关关系的强度. 样本相关系数的定义是

$$r = \frac{\sum (x_i - \bar{x})(y_i - \bar{y})}{\sqrt{\sum (x_i - \bar{x})^2 \sum (y_i - \bar{y})^2}}$$

其中，$\bar{x} = \dfrac{1}{N}\sum_{i=1}^{N} x_i$；$\bar{y} = \dfrac{1}{N}\sum_{i=1}^{N} y_i$；$N$ 是样本长度. 可以证明，相关系数的取值范围在 $-1$ 与 $1$ 之

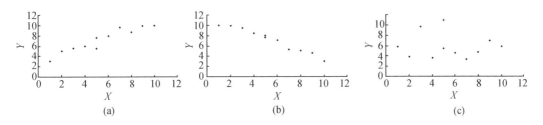

**图 9 - 2　散点图与线性相关关系**
(a) 正相关关系;(b) 负相关关系;(c) 不相关

间,即 $-1 \leqslant r \leqslant 1$. 若 $0 < r \leqslant 1$,则表明 $X$ 与 $Y$ 之间存在正线性相关关系;若 $-1 \leqslant r < 0$,则表明 $X$ 与 $Y$ 之间存在负线性相关关系;若 $r = 1$,则 $X$ 与 $Y$ 间是完全正线性相关关系;若 $r = -1$,则 $X$ 与 $Y$ 间是完全负线性相关关系;若 $r = 0$,则表明二者间不存在线性相关关系(当然,此时二者间还可能存在其他非线性相关关系). 与此同时,相关系数所描述的相关关系的强度是否显著,还需要进行相应的显著性检验.

下面以一个例子具体分析变量间的相关关系.

**例 1**　2000 年我国七个地区的人均国内生产总值以及人均消费水平的统计数据如表 9 - 5 所示. 考查两个变量间的线性相关关系.

表 9 - 5

| 地区 | 人均国内生产总值 / 元 | 人均消费水平 / 元 |
|------|------------------|----------------|
| 北京 | 22 460 | 7 326 |
| 陕西 | 4 549 | 2 045 |
| 江西 | 4 851 | 2 396 |
| 上海 | 34 547 | 11 546 |
| 辽宁 | 11 226 | 4 490 |
| 贵州 | 2 662 | 1 608 |
| 河南 | 5 444 | 2 208 |

在此例中可以设变量 $X$ 为人均国内生产总值变量,$Y$ 为人均消费水平变量. 那么,首先基于散点图的角度,$X$ 与 $Y$ 的散点图见图 9 - 3. 很显然,$X$ 与 $Y$ 之间呈现正线性相关的关系. 其次,对于线性相关的强度,可以利用相关系数来描述. 计算得到 $X$ 与 $Y$ 的线性相关系数为 0.998,因而此接近于 1 的结果表明 $X$ 与 $Y$ 之间有非常强的正线性相关关系.

### 9.2.2　一元线性回归

1. 一元线性回归模型

**定义 1**　在回归分析中,被预测或被解释的变量,称为因变量(Dependent variable);用来预测或用来解释因变量的一个或是多个变量,称为自变量(Independent variable).

只涉及一个自变量的回归分析,称为一元回归. 此时当因变量与自变量之间是线性关系时称为一元线性回归. 通常情况下,我们可以将一元线性回归模型描述为如下形式:

$$y = \beta_0 + \beta_1 x + \varepsilon$$

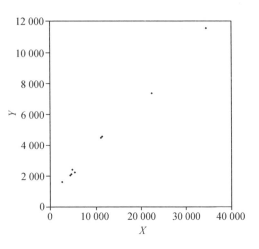

**图 9 - 3　人均 GDP($X$) 对人均
消费水平($Y$) 的二维点图**

式中,$\beta_0$ 与 $\beta_1$ 称为回归模型的参数;$\varepsilon$ 称为随机误差项. 上式将 $y$ 的变化分成了 $\beta_0 + \beta_1 x$ 与 $\varepsilon$ 两个部分. 其中,$\beta_0 + \beta_1 x$ 反映了由 $x$ 的变化而引起 $y$ 的线性变化;$\varepsilon$ 描述了除与 $y$ 线性关系之外的其他随机因素对 $y$ 的影响,是 $y$ 的变化中不能被 $\beta_0 + \beta_1 x$ 解释的部分.

对回归模型进行分析,需要在一定的理论假设下进行,通常情况下有如下三个基本假设:

(1)$E(\varepsilon) = 0$,即 $\varepsilon$ 是一个期望等于 0 的随机变量,这意味着

$$E(y) = E(\beta_0 + \beta_1 x + \varepsilon) = \beta_0 + \beta_1 x + E(\varepsilon) = \beta_0 + \beta_1 x$$

(2) 对于所有的 $x$ 值,$\varepsilon$ 的方差 $\sigma^2$ 是相同的;

(3) 误差项 $\varepsilon$ 服从正态分布,且独立,即 $\varepsilon \sim N(0, \sigma^2)$.

正如上式所示的,如果已知参数 $\beta_0$ 与 $\beta_1$ 的值,对于给定的 $x$ 值,就可以估计出相应的 $y$ 值. 但是,通常情况下,总体回归参数 $\beta_0$ 与 $\beta_1$ 都是未知的,需要利用 $x$ 与 $y$ 的样本数据进行估计,得到参数的估计值 $\hat{\beta}_0$ 与 $\hat{\beta}_1$,进而得到估计方程:

$$\hat{y} = \hat{\beta}_0 + \hat{\beta}_1 x$$

从而以 $\hat{y}$ 作为 $y$ 的估计值. 其中,上述估计直线在 $y$ 轴上的截距为 $\hat{\beta}_0$;直线的斜率为 $\hat{\beta}_1$. $\hat{\beta}_1$ 的大小表示当 $x$ 变动一个单位时,$y$ 的平均变动值.

2. 参数的最小二乘估计

对于 $x$ 与 $y$ 的 $n$ 对观测值 $(x_i, y_i)$ $(i = 1, 2, \cdots, n)$,可以描述它们之间线性关系的直线有许多条. 因此,这种直线关系的选取需要有一个明确的准则. 最直观的一种方法是,在如图 9 - 4 所示的点云中画一条直线,并使这条直线与所有的点都尽可能地接近. 依据这一思想,我们可以利用最小二乘法来估计直线的截距 $\hat{\beta}_0$ 与斜率 $\hat{\beta}_1$,从而确定此种直线关系.

**定义 2**　使得因变量的观测值 $y_i$ 与估计值 $\hat{y}_i$ 之间的离差平方和达到最小来求得估计值 $\hat{\beta}_0$

与 $\hat{\beta}_1$ 的方法, 称为最小二乘法 (Method of least squares).

由于

$$\sum_{i=1}^{n} \left[y_i - \hat{y}_i\right]^2 = \sum_{i=1}^{n} \left[y_i - (\hat{\beta}_0 + \hat{\beta}_1 x_i)\right]^2$$

测量了每组数据点到直线 $\hat{\beta}_0 + \hat{\beta}_1 x$ 的纵向距离, 并且它等于这些距离的平方和. 因而, 使其最小化的 $\hat{\beta}_0$ 与 $\hat{\beta}_1$ 即为参数 $\beta_0$ 与 $\beta_1$ 的最小二乘估计值. 令

$$Q = \sum_{i=1}^{n} (y_i - \hat{y}_i)^2$$

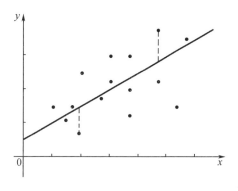

图 9-4 数据的散点图

则对于给定的样本数据点, $Q$ 是 $\hat{\beta}_0$ 与 $\hat{\beta}_1$ 的函数, 且最小值总是存在. 那么依据微积分的极值定理, 通过对 $Q$ 求关于 $\hat{\beta}_0$ 与 $\hat{\beta}_1$ 的偏导数, 并令其等于零, 即可计算出所需的 $\hat{\beta}_0$ 与 $\hat{\beta}_1$. 具体的过程是, 首先令

$$\begin{cases} \dfrac{\partial Q}{\partial \hat{\beta}_0} = -2 \sum_{i=1}^{n} \left[y_i - (\hat{\beta}_0 + \hat{\beta}_1 x_i)\right] = 0 \\ \dfrac{\partial Q}{\partial \hat{\beta}_1} = -2 \sum_{i=1}^{n} x_i\left[y_i - (\hat{\beta}_0 + \hat{\beta}_1 x_i)\right] = 0 \end{cases}$$

经化简, 得到

$$\begin{cases} \sum_{i=1}^{n} y_i = n\hat{\beta}_0 + \hat{\beta}_1 \sum_{i=1}^{n} x_i \\ \sum_{i=1}^{n} x_i y_i = \hat{\beta}_0 \sum_{i=1}^{n} x_i + \hat{\beta}_1 \sum_{i=1}^{n} x_i^2 \end{cases}$$

从而解方程组, 得到

$$\begin{cases} \hat{\beta}_1 = \dfrac{n\sum_{i=1}^{n} x_i y_i - \sum_{i=1}^{n} x_i \sum_{i=1}^{n} y_i}{n\sum_{i=1}^{n} x_i^2 - \left(\sum_{i=1}^{n} x_i\right)^2} \\ \hat{\beta}_0 = \bar{y} - \hat{\beta}_1 \bar{x} \end{cases}$$

$\hat{\beta}_0, \hat{\beta}_1$ 即为参数 $\beta_0$ 与 $\beta_1$ 的最小二乘估计值, 从而可以确定所需的直线关系. 其中, $\bar{x}$ 与 $\bar{y}$ 均为样本均值, 有

$$\bar{x} = \frac{1}{n} \sum_{i=1}^{n} x_i$$

$$\bar{y} = \frac{1}{n} \sum_{i=1}^{n} y_i$$

**例2**　根据例1中的数据，以人均国内生产总值为自变量，人均消费水平为因变量，构建一元线性回归方程：

$$y = \beta_0 + \beta_1 x + \varepsilon$$

其中，回归参数 $\beta_0$ 与 $\beta_1$ 的估计值分别为

$$\begin{cases} \hat{\beta}_1 = 0.31 \\ \hat{\beta}_0 = 737.22 \end{cases}$$

从而，人均国内生产总值对人均消费水平的估计方程为

$$\hat{y} = 737.22 + 0.31x$$

在上式中，$\hat{\beta}_1 = 0.31$ 意味着人均国内生产总值每增加 1 000 元，就会带动人均消费水平增加 310 元.

3. 估计结果的评价

上述过程仅是利用一种估计方法对线性回归模型中的参数进行估计，利用这些参数我们可以将变量间的关系描述为一条直线方程，并依据自变量的取值，对因变量进行估计及预测. 但是，用此直线描述变量间的关系是否合适，对因变量进行的估计或是预测的精度如何，这些问题则是在参数估计之后需要解释的，我们需要提供证据来说明估计结果对所分析问题的解释能力，也就是对估计结果的合理性进行评价.

对估计结果的合理性进行评价的方法有很多，本节仅从两个角度进行说明：回归直线的拟合优度和回归参数的显著性检验.

（1）回归直线的拟合优度

在一元线性回归分析中，我们总是用一条直线去描述两个变量间的相关关系. 如果全部的观测点都在直线上，我们可以认为该直线对观测数据是完全拟合的. 也就是说，观测点越接近直线，该直线对观测数据的拟合情况越好；反之则越差. 此时，我们可以将回归直线与观测数据点的接近程度称为回归直线对数据的拟合优度（Goodness of fit）.

首先，对于拟合优度的度量我们用判定系数 $R^2$ 来实现. $R^2$ 的计算公式为

$$R^2 = \frac{\sum_{i=1}^{n} (\hat{y}_i - \bar{y})^2}{\sum_{i=1}^{n} (y_i - \bar{y})^2} = 1 - \frac{\sum_{i=1}^{n} (y_i - \hat{y}_i)^2}{\sum_{i=1}^{n} (y_i - \bar{y})^2}$$

显然，如果全部观测点均落在回归直线上，则有 $\hat{y}_i = y_i$，此时 $R^2 = 1$，拟合是完全的；如果 $y$ 的变

化与 $x$ 无关,回归直线解释不了 $y$ 的变化,则有 $\hat{y}_i = \bar{y}$,此时 $R^2 = 0$. 可见,$R^2$ 的取值范围是 $[0,1]$. $R^2$ 越接近于 1,说明回归直线与观测点越接近,用 $x$ 的线性函数来解释 $y$ 的变化的能力就越强,拟合程度就越好;反之,$R^2$ 越接近于 0,回归直线的拟合程度就越差.

**例3**　对于例2中计算得到的回归方程,可以利用判定系数来度量相应回归直线的拟合优度.

**解**　由于判定系数

$$R^2 = \frac{\sum\limits_{i=1}^{n} (\hat{y}_i - \bar{y})^2}{\sum\limits_{i=1}^{n} (y_i - \bar{y})^2} = 0.99$$

这说明,在人均消费水平的变化中,有 99% 的变化可以由人均国内生产总值来描述. 并且 $R^2$ 接近于 1,说明例2中计算得到的回归直线对观测值有非常好的拟合效果.

需要说明的是,事实上拟合优度的判定系数 $R^2$ 等于我们在前文中学习的线性相关系数 $r$ 的平方. 这是因为

$$R^2 = \frac{\sum\limits_{i=1}^{n} (\hat{y}_i - \bar{y})^2}{\sum\limits_{i=1}^{n} (y_i - \bar{y})^2} = \left[ \frac{\sum\limits_{i=1}^{n} (\hat{x}_i - \bar{x})(y_i - \bar{y})}{\sqrt{\sum\limits_{i=1}^{n} (x_i - \bar{x})^2} \sqrt{\sum\limits_{i=1}^{n} (y_i - \bar{y})^2}} \right]^2 = r^2$$

可见,我们也可以利用相关系数 $r$ 直接计算出判定系数 $R^2$. 但是,若用相关系数 $r$ 来说明拟合优度要慎重. 这主要是因为,在相关系数 $r$ 处于 $|r| < 1$ 时,总是有 $r < R^2$. 例如,当 $r = 0.6$ 时,变量间有一定程度的正相关关系,但此时 $R^2 = 0.36$,此时回归直线对观测数据的拟合效果并不好.

(2) 回归参数的显著性检验

回归分析的重要目的是依据所建立的回归模型,以给定的自变量 $x$ 值估计或是预测相应的因变量 $y$ 值. 但是,我们所建立的回归模型是否可以实现这样的目的,则需要通过检验来提供证据.

在一元线性回归模型 $y = \beta_0 + \beta_1 x + \varepsilon$ 中,如果回归参数 $\beta_1 = 0$,那么此时回归直线是一条水平线,这表明因变量 $y$ 的取值不依赖于自变量 $x$ 的变化,也就是不能用 $x$ 的此种线性函数来估计或是预测 $y$ 的变化;如果 $\beta_1 \neq 0$,并且是显著不为零的,那么此时可以用 $x$ 的取值来预测 $y$ 的变化. 为此,我们需要对回归参数 $\beta_1$ 进行有关其显著性的假设检验分析,即检验回归参数 $\beta_1$ 是否显著区别于零. 具体的检验步骤如下:

① 提出原假设 $H_0 : \beta_1 = 0$,备择假设 $H_1 : \beta_1 \neq 0$.

② 计算检验统计量

$$t = \frac{\hat{\beta}_1 - \beta_1}{s_{\hat{\beta}_1}}$$

当原假设为真时，此统计量服从自由度为 $n - 2$ 的 $t$ 分布. 其中，$\hat{\beta}_1$ 是回归参数 $\beta_1$ 的估计值，且有

$$s_{\hat{\beta}_1} = \frac{s_y}{\sqrt{\sum\limits_{i=1}^{n} x_i^2 - \frac{1}{n}\left(\sum\limits_{i=1}^{n} x_i\right)^2}}$$

$s_y$ 是误差项 $\varepsilon$ 的标准差 $\sigma$ 的估计量.

（3）做出决策. 对于给定的显著性水平 $\alpha$，依据相应的临界值 $t_{\frac{\alpha}{2}}(n-2)$，比较检验统计量 $t$ 与 $t_{\frac{\alpha}{2}}(n-2)$ 的关系，即可对原假设做出决策. 若 $|t| > t_{\frac{\alpha}{2}}(n-2)$，则拒绝原假设，认为自变量 $x$ 对因变量 $y$ 有显著的影响，并意味着回归模型中的线性关系是显著的；若 $|t| < t_{\frac{\alpha}{2}}(n-2)$，则不能拒绝原假设，并且不能认为自变量与因变量间存在着显著的线性关系.

**例4** 对于例2的有关结果，检验回归参数的显著性（选取 $\alpha = 0.05$）.

**解** 首先，提出原假设 $H_0 : \beta_1 = 0$ 与备择假设 $H_1 : \beta_1 \neq 0$.

其次，当原假设为真时，计算检验统计量

$$t = \frac{\hat{\beta}_1}{s_{\hat{\beta}_1}} = 40.09$$

最后，对于显著性水平 $\alpha = 0.05$，临界值 $t_{\frac{0.05}{2}}(n-2) = 2.57$. 由于 $t = 40.09 > 2.57$，因此可以拒绝原假设，认为人均国内生产总值是影响人均消费水平的一个显著性因素.

作为回归分析的一部分，显著性检验为模型的合理性提供了实证依据，增强了回归分析的说服力. 但是需要注意的是，显著性检验仅是评价回归结果优良的一类方法. 在实际问题的分析中，研究者也经常会使用到许多其他的评价方法. 回归结果的优良还会受研究者偏好的影响.

# 9.3　利用 Excel 实现方差分析与回归分析

我们了解了方差分析与回归分析的基本原理，就可以利用计算机来输出结果并对其进行合理的解释与分析. 可被用于实现方差分析与回归分析的软件有很多，这里仅介绍读者最为熟悉的 Excel 软件. 下面将举例来说明具体的分析步骤.

**例1** 对于9.1节例1中的问题，利用 Excel 软件进行方差分析.

**解** 具体的步骤如下：

（1）在 Excel 中，选择菜单栏中的"工具"菜单.

（2）选择"数据分析"选项.

（3）在分析工具中选择"单因素方差分析"，然后选择"确定".

（4）在显示的对话框中，"输入区域"右侧的设置框中输入数据区域；在显著性水平处，将 $\alpha$ 设定为 0.05；在"输出选项"中，对输出结果的位置进行设置，如图 9 – 5 所示.

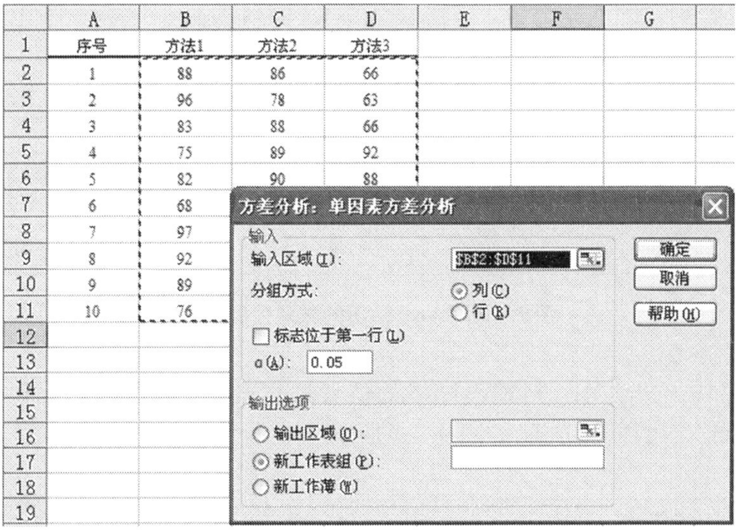

| | A | B | C | D | E | F | G |
|---|---|---|---|---|---|---|---|
| 1 | 序号 | 方法1 | 方法2 | 方法3 | | | |
| 2 | 1 | 88 | 86 | 66 | | | |
| 3 | 2 | 96 | 78 | 63 | | | |
| 4 | 3 | 83 | 88 | 66 | | | |
| 5 | 4 | 75 | 89 | 92 | | | |
| 6 | 5 | 82 | 90 | 88 | | | |
| 7 | 6 | 68 | 97 | | | | |
| 8 | 7 | 97 | | | | | |
| 9 | 8 | 92 | | | | | |
| 10 | 9 | 89 | | | | | |
| 11 | 10 | 76 | | | | | |

方差分析：单因素方差分析

输入

输入区域(I)：$B$2:$D$11

分组方式：⊙列(C)　○行(R)

□标志位于第一行(L)

α(A)：0.05

输出选项

○输出区域(O)：

⊙新工作表组(P)：

○新工作簿(W)：

确定　取消　帮助(H)

**图 9 – 5　单因素方差分析**

点击"确定"后，便可得到方差分析的输出结果.

从图 9 – 6 的结果来看，$F = 0.85 < F_{0.05}(2,24) = 3.40$，从而不能拒绝原假设，即认为三种教学方法对学生成绩的影响没有显著差异. 这一结论与 9.1 节中的分析结论是相同的. 需要说明的是，图 9 – 6 中的"P – value"是用于检验的 P 值. 特别是在不知 F 临界值的情况下，也可以利用此 P 值进行假设检验的分析. P 值描述的是因拒绝原假设而犯第一类错误的概率，读者可以在 P 值小于显著性水平 $\alpha$ 时拒绝原假设. 此例中 P 值等于 0.44，远高于 0.05 这个常用的显著性水平，因而我们不能拒绝原假设. 依据"P – value"和 F 检验得到的判断结果并不矛盾，但显然"P – value"的使用更为方便.

**例 2**　基于 9.2 节例 1 中的数据，以人均消费水平为因变量，人均国内生产总值为自变量，进行一元线性回归分析.

**解**　利用 Excel 软件进行回归分析的具体步骤如下：

（1）在 Excel 中，选择菜单栏中的"工具"菜单；

（2）选择"数据分析"选项；

（3）在分析工具中选择"回归"，然后选择"确定"；

（4）在显示的对话框中，"输入"设置区域中输入 Y 值与 X 值的输入区域；显著度设定为

| | A | B | C | D | E | F | G |
|---|---|---|---|---|---|---|---|
| 1 | 方差分析: 单因素方差分析 | | | | | | |
| 2 | | | | | | | |
| 3 | SUMMARY | | | | | | |
| 4 | 组 | 观测数 | 求和 | 平均 | 方差 | | |
| 5 | 列 1 | 10 | 846 | 84.6 | 91.15555556 | | |
| 6 | 列 2 | 9 | 735 | 81.66666667 | 122.25 | | |
| 7 | 列 3 | 8 | 622 | 77.75 | 166.2142857 | | |
| 8 | | | | | | | |
| 9 | | | | | | | |
| 10 | 方差分析 | | | | | | |
| 11 | 差异源 | SS | df | MS | F | P-value | F crit |
| 12 | 组间 | 208.6185185 | 2 | 104.3092593 | 0.845208218 | 0.441856421 | 3.402826105 |
| 13 | 组内 | 2961.9 | 24 | 123.4125 | | | |
| 14 | | | | | | | |
| 15 | 总计 | 3170.518519 | 26 | | | | |

**图 9 – 6　Excel 输出的方差分析结果**

0.95（默认）；在"输出选项"中，对输出结果的位置进行设置. 也可以利用此对话框中对"残差"与"正态分布"问题进行分析，如图 9 – 7 所示.

**图 9 – 7　回归分析**

点击"确定"后，便可得到回归分析的输出结果.

图 9 – 8 中的结果分为三个部分. 在第一部分"回归统计"中，显示了拟合优度的判定系数 $R^2$（R Square）为 0.996，修正后的 $R^2$（Adjusted R Square）是 0.996；在第三部分中，显示了两个回归参数（回归直线在 $Y$ 轴上的截距为 737.22，自变量 $X$ 的系数为 0.31）、用于检验参数显著性的 $t$ 值（t Stat）及 $P$ 值（P – value）. 显然，图 9 – 8 的结果与前文的分析结论是一致的.

| | A | B | C | D | E | F | G | H | I |
|---|---|---|---|---|---|---|---|---|---|
| 1 | SUMMARY OUTPUT | | | | | | | | |
| 2 | | | | | | | | | |
| 3 | | 回归统计 | | | | | | | |
| 4 | Multiple R | 0.99813908 | | | | | | | |
| 5 | R Square | 0.996281623 | | | | | | | |
| 6 | Adjusted R Square | 0.995537948 | | | | | | | |
| 7 | 标准误差 | 246.4938134 | | | | | | | |
| 8 | 观测值 | 7 | | | | | | | |
| 9 | | | | | | | | | |
| 10 | 方差分析 | | | | | | | | |
| 11 | | df | SS | MS | F | Significance F | | | |
| 12 | 回归分析 | 1 | 81397442 | 81397442 | 1339.672707 | 2.86642E-07 | | | |
| 13 | 残差 | 5 | 303796.0001 | 60759.20003 | | | | | |
| 14 | 总计 | 6 | 81701238 | | | | | | |
| 15 | | | | | | | | | |
| 16 | | Coefficients | 标准误差 | t Stat | P-value | Lower 95% | Upper 95% | 下限 95.0% | 上限 95.0% |
| 17 | Intercept | 737.224708 | 139.0834563 | 5.300592376 | 0.003190504 | 379.6993018 | 1094.750114 | 379.6993018 | 1094.750114 |
| 18 | X Variable 1 | 0.308592671 | 0.008431139 | 36.60153969 | 2.86642E-07 | 0.286919738 | 0.330265604 | 0.286919738 | 0.330265604 |

图 9 – 8　**Excel 输出的回归分析结果**

**阅读材料**

回归一词有着有趣的历史,它最初是在 Francis Galton 爵士的研究中出现的. Francis Galton(1822—1911)出生于英国伯明翰,他创造性地完成了16本专著和200多篇文章,并在他去世前不久获得了爵士封号. Galton 在气象学、生物学、统计学等方面都做出了重要的贡献,特别是在现代回归和相关技术研究方面的贡献尤为突出. 1875 年,Galton 利用实验来确定豌豆尺寸的遗传规律,并通过豌豆种植来比较原始的豌豆种子(父代)与新生的豌豆种子(子代)的尺寸差异. 结果他发现,子代种子的大小与父代种子的大小是不同的,并且尺寸小的豌豆会得到更大的子代,而尺寸大的豌豆却得到较小的子代. Galton 把这一现象叫作"返祖",后来被称为"向平均回归".

一个总体中在某一时期具有某一极端特征的个体在未来的某一时期将减弱它的极端性,这一趋势可以称为回归效应.

# 习　题　9

9 - 1　从3个总体中各抽取容量不同的样本数据,得到如下资料. 检验3个总体的均值之间是否有显著差异?($\alpha = 0.01$)

| 样本 1 | 样本 2 | 样本 3 |
|---|---|---|
| 158 | 153 | 169 |
| 148 | 142 | 158 |

| 样本 1 | 样本 2 | 样本 3 |
|--------|--------|--------|
| 161 | 156 | 180 |
| 154 | 149 | |
| 169 | | |

9-2    有 3 种不同品种的种子和 3 种不同的施肥方案,在 9 块同样面积的土地上,分别采用 3 种种子和 3 种施肥方案搭配进行试验,取得的收获量数据如下表:

| 品种 | 施肥方案 | | |
|------|------|------|------|
| | 1 | 2 | 3 |
| 1 | 12.0 | 9.5 | 10.4 |
| 2 | 13.7 | 11.5 | 12.4 |
| 3 | 14.3 | 12.3 | 11.4 |

检验种子的不同品种对收获量的影响是否有显著差异?不同的施肥方案对收获量的影响是否有显著差异?$(\alpha = 0.05)$

9-3    下面是 10 个品牌啤酒的广告费用和销售量的数据:

| 啤酒品牌 | 广告费/万元 | 销售量/万箱 |
|---------|-----------|-----------|
| A | 120.0 | 36.3 |
| B | 68.7 | 20.7 |
| C | 100.1 | 15.9 |
| D | 76.6 | 13.2 |
| E | 8.7 | 8.1 |
| F | 1.0 | 7.1 |
| G | 21.5 | 5.6 |
| H | 1.4 | 4.4 |
| I | 5.3 | 4.4 |
| J | 1.7 | 4.3 |

用广告费支出作自变量 $x$,销售量作因变量 $y$,求出估计的一元线性回归方程.

9-4    对于一元线性回归方程 $y = \alpha + \beta x + \varepsilon$,若根据样本 $\{x_i\}$ 与 $\{y_i\}$,采用最小二乘回归法得到的估计方程为

$$\hat{y} = \hat{\alpha} + \hat{\beta}x$$

试证明：$\hat{\beta} = \dfrac{n\sum\limits_{i=1}^{n}x_iy_i - \sum\limits_{i=1}^{n}x_i\sum\limits_{i=1}^{n}y_i}{n\sum\limits_{i=1}^{n}x_i^2 - \left(\sum\limits_{i=1}^{n}x_i\right)^2}$，且 $\hat{\alpha} = \bar{y} - \hat{\beta}\bar{x}$. 其中 $n$ 为样本容量，$\bar{y} = \dfrac{1}{n}\sum\limits_{i=1}^{n}y_i$ 与 $\bar{x} = \dfrac{1}{n}\sum\limits_{i=1}^{n}x_i$ 为样本均值.

9 - 5 对于一元线性回归方程 $y = \alpha + \beta x + \varepsilon$，若根据样本 $\{x_i\}$ 与 $\{y_i\}$，采用最小二乘回归法得到的估计方程为 $\hat{y} = \hat{\alpha} + \hat{\beta}x$，设

$$R^2 = \frac{\sum (\hat{y}_i - \bar{y})^2}{\sum (y_i - \bar{y})^2}$$

是回归的拟合优度，试证明：

$$R^2 = \left(\frac{\sum (x_i - \bar{x})(y_i - \bar{y})}{\sqrt{\sum (x_i - \bar{x})^2}\sqrt{\sum (y_i - \bar{y})^2}}\right)^2$$

# 附　录

## 附表 1　几种常用的概率分布

| 分　布 | 参　数 | 分布律或概率密度 | 数学期望 | 方　差 |
|---|---|---|---|---|
| 0−1<br>分布 | $0<p<1$ | $P\{X=k\}=p^k(1-p)^{1-k}$<br>$k=0,1$ | $p$ | $p(1-p)$ |
| 二项<br>分布 | $n\geqslant 1$<br>$0<p<1$ | $P\{X=k\}=\binom{n}{k}p^k(1-p)^{n-k}$<br>$k=0,1,\cdots,n$ | $np$ | $np(1-p)$ |
| 负二项<br>分　布 | $r\geqslant 1$<br>$0<p<1$ | $P\{X=k\}=\binom{k-1}{r-1}p^r(1-p)^{k-r}$<br>$k=r,r+1,\cdots$ | $\dfrac{r}{p}$ | $\dfrac{r(1-p)}{p^2}$ |
| 几何<br>分布 | $0<p<1$ | $P\{X=k\}=p(1-p)^{k-1}$<br>$k=1,2,\cdots$ | $\dfrac{1}{p}$ | $\dfrac{1-p}{p^2}$ |
| 超几何<br>分　布 | $N,M,n$<br>$(n\leqslant M)$ | $P\{X=k\}=\dfrac{\binom{M}{k}\binom{N-M}{n-k}}{\binom{N}{n}}$ | $\dfrac{nM}{N}$ | $\dfrac{nM}{N}\left(1-\dfrac{M}{N}\right)\left(\dfrac{N-n}{N-1}\right)$ |
| 泊松<br>分布 | $\lambda>0$ | $P\{X=k\}=\dfrac{\lambda^k e^{-\lambda}}{k!}$<br>$k=0,1,\cdots$ | $\lambda$ | $\lambda$ |
| 均匀<br>分布 | $a<b$ | $f(x)=\begin{cases}\dfrac{1}{b-a}, & a<x<b\\ 0, & \text{其他}\end{cases}$ | $\dfrac{a+b}{2}$ | $\dfrac{(b-a)^2}{12}$ |

**附表 1（续 1）**

| 分布 | 参数 | 分布律或概率密度 | 数学期望 | 方差 |
|---|---|---|---|---|
| 正态分布 | $\mu, \sigma > 0$ | $f(x) = \dfrac{1}{\sqrt{2\pi}\,\sigma} e^{-\frac{(x-\mu)^2}{2\sigma^2}}$ | $\mu$ | $\sigma^2$ |
| $\Gamma$ 分布 | $\alpha > 0$ <br> $\beta > 0$ | $f(x) = \begin{cases} \dfrac{1}{\beta^\alpha \Gamma(\alpha)} x^{\alpha-1} e^{-x/\beta}, & x > 0 \\ 0, & x \leq 0 \end{cases}$ | $\alpha\beta$ | $\alpha\beta^2$ |
| 指数分布 | $\lambda > 0$ | $f(x) = \begin{cases} \lambda e^{-\lambda x}, & x \geq 0 \\ 0, & x < 0 \end{cases}$ | $\dfrac{1}{\lambda}$ | $\dfrac{1}{\lambda^2}$ |
| $\chi^2$ 分布 | $n \geq 1$ | $f(x) = \begin{cases} \dfrac{1}{2^{n/2}\Gamma(n/2)} x^{n/2-1} e^{-\frac{x}{2}}, & x > 0 \\ 0, & x \leq 0 \end{cases}$ | $n$ | $2n$ |
| 威布尔分布 | $\eta > 0$ <br> $\beta > 0$ | $f(x) = \begin{cases} \dfrac{\beta}{\eta}\left(\dfrac{x}{\eta}\right)^{\beta-1} e^{-\left(\frac{x}{\eta}\right)\beta}, & x > 0 \\ 0, & x \leq 0 \end{cases}$ | $\eta\Gamma\left(\dfrac{1}{\beta}+1\right)$ | $\eta^2\left\{\Gamma\left(\dfrac{2}{\beta}+1\right) \right. \\ \left. -\left[\Gamma\left(\dfrac{1}{\beta}+1\right)\right]^2\right\}$ |
| 瑞利分布 | $\sigma > 0$ | $f(x) = \begin{cases} \dfrac{1}{\sigma^2} e^{-x^2/(2\sigma^2)}, & x > 0 \\ 0, & x \leq 0 \end{cases}$ | $\sqrt{\dfrac{\pi}{2}}\,\sigma$ | $\dfrac{4-\pi}{2}\sigma^2$ |

附表 1（续 2）

| 分布 | 参数 | 分布律或概率密度 | 数学期望 | 方差 |
|---|---|---|---|---|
| $\beta$ 分布 | $a>0$ <br> $\beta>0$ | $f(x)=\begin{cases}\dfrac{\Gamma(\alpha+\beta)}{\Gamma(\alpha)\Gamma(\beta)}x^{\alpha-1}(1-a)^{\beta-1}, & 0<x<1 \\ 0, & x\leqslant 0\end{cases}$ | $\dfrac{\alpha}{\alpha+\beta}$ | $\dfrac{\alpha\beta}{(\alpha+\beta)^2(\alpha+\beta+1)}$ |
| 对数<br>正态分布 | $\mu$ <br> $\sigma>0$ | $f(x)=\begin{cases}\dfrac{1}{\sqrt{2\pi}\sigma}e^{-\dfrac{(\ln a-\mu)^2}{2\sigma^2}}, & x>0 \\ 0, & x\leqslant 0\end{cases}$ | $e^{\mu+\frac{\sigma^2}{2}}$ | $e^{2\mu+\sigma^2}(e^{\sigma^2}-1)$ |
| 柯西<br>分布 | $\alpha$ <br> $\lambda>0$ | $f(x)=\dfrac{1}{\pi}\dfrac{1}{\lambda^2+(x-\alpha)^2}$ | 不存在 | 不存在 |
| $t$ 分布 | $n\geqslant 1$ | $f(x)=\dfrac{\Gamma\left(\dfrac{n+1}{2}\right)}{\sqrt{n\pi}\,\Gamma(n/2)}\left(1+\dfrac{x^2}{n}\right)^{-(n+1)/2}$ | $0$ | $\dfrac{n}{n-2},n>2$ |
| $F$ 分布 | $n_1,n_2$ | $f(x)=\begin{cases}\dfrac{\Gamma[(n_1+n_2)/2]}{\Gamma(n_1/2)\Gamma(n_2/2)}\left(\dfrac{n_1}{n_2}\right)\left(\dfrac{n_1}{n_2}x\right)^{(n_1+n_2)/2}\cdot \\ \quad\left(1+\dfrac{n_1}{n_2}x\right)^{-(n_1+n_2)/2}, & x>0 \\ 0, & x\leqslant 0\end{cases}$ | $\dfrac{n_2}{n_2-2}$ <br> $n_2>2$ | $\dfrac{2n_2^2(n_1+n_2-2)}{n_1(n_2-2)^2(n_2-4)}$ <br> $n_2>4$ |

## 附表2　标准正态分布表

$$\Phi(x) = \int_{-\infty}^{x} \frac{1}{\sqrt{2\pi}} e^{-u^2/2} du$$

$$= P(X \leq x)$$

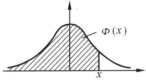

| $x$ | 0 | 1 | 2 | 3 | 4 | 5 | 6 | 7 | 8 | 9 |
|---|---|---|---|---|---|---|---|---|---|---|
| 0.0 | 0.500 0 | 0.504 0 | 0.508 0 | 0.512 0 | 0.516 0 | 0.519 9 | 0.523 9 | 0.527 9 | 0.531 9 | 0.535 9 |
| 0.1 | 0.539 8 | 0.543 8 | 0.547 8 | 0.551 7 | 0.555 7 | 0.559 6 | 0.563 9 | 0.567 5 | 0.571 4 | 0.575 3 |
| 0.2 | 0.579 3 | 0.583 2 | 0.587 1 | 0.591 0 | 0.594 8 | 0.598 7 | 0.602 6 | 0.606 4 | 0.610 3 | 0.614 1 |
| 0.3 | 0.617 9 | 0.621 7 | 0.625 5 | 0.629 3 | 0.633 1 | 0.636 8 | 0.640 6 | 0.644 3 | 0.648 0 | 0.651 7 |
| 0.4 | 0.655 4 | 0.659 1 | 0.662 8 | 0.666 4 | 0.670 0 | 0.673 6 | 0.677 2 | 0.680 8 | 0.684 4 | 0.687 9 |
| 0.5 | 0.691 5 | 0.695 0 | 0.698 5 | 0.701 9 | 0.705 4 | 0.708 8 | 0.712 3 | 0.715 7 | 0.719 0 | 0.722 4 |
| 0.6 | 0.725 7 | 0.729 1 | 0.732 4 | 0.735 7 | 0.738 9 | 0.742 2 | 0.745 4 | 0.748 6 | 0.751 7 | 0.754 9 |
| 0.7 | 0.758 0 | 0.761 1 | 0.764 2 | 0.767 3 | 0.770 3 | 0.773 4 | 0.776 4 | 0.779 4 | 0.782 3 | 0.785 2 |
| 0.8 | 0.788 1 | 0.791 0 | 0.793 9 | 0.796 7 | 0.799 5 | 0.802 3 | 0.805 1 | 0.807 8 | 0.810 6 | 0.813 3 |
| 0.9 | 0.815 9 | 0.818 6 | 0.821 2 | 0.823 8 | 0.826 4 | 0.828 9 | 0.831 5 | 0.834 0 | 0.836 5 | 0.838 9 |
| 1.0 | 0.841 3 | 0.843 8 | 0.846 1 | 0.848 5 | 0.850 8 | 0.853 1 | 0.855 4 | 0.857 7 | 0.859 9 | 0.862 1 |
| 1.1 | 0.864 3 | 0.866 5 | 0.868 6 | 0.870 8 | 0.872 9 | 0.874 9 | 0.877 0 | 0.879 0 | 0.881 0 | 0.883 0 |
| 1.2 | 0.884 9 | 0.886 9 | 0.888 8 | 0.890 7 | 0.892 5 | 0.894 4 | 0.896 2 | 0.898 0 | 0.899 7 | 0.901 5 |
| 1.3 | 0.903 2 | 0.904 9 | 0.906 6 | 0.908 2 | 0.909 9 | 0.911 5 | 0.913 1 | 0.914 7 | 0.916 2 | 0.917 7 |
| 1.4 | 0.919 2 | 0.920 7 | 0.922 2 | 0.923 6 | 0.925 1 | 0.926 5 | 0.927 8 | 0.929 2 | 0.930 6 | 0.931 9 |
| 1.5 | 0.933 2 | 0.934 5 | 0.935 7 | 0.937 0 | 0.938 2 | 0.939 4 | 0.940 6 | 0.941 8 | 0.943 0 | 0.944 1 |
| 1.6 | 0.945 2 | 0.946 3 | 0.947 4 | 0.948 4 | 0.949 5 | 0.950 5 | 0.951 5 | 0.952 5 | 0.953 5 | 0.954 5 |
| 1.7 | 0.955 4 | 0.956 4 | 0.957 3 | 0.958 2 | 0.959 1 | 0.959 9 | 0.960 8 | 0.961 6 | 0.962 5 | 0.963 3 |
| 1.8 | 0.964 1 | 0.964 8 | 0.965 6 | 0.966 4 | 0.967 1 | 0.967 8 | 0.968 6 | 0.969 3 | 0.970 0 | 0.970 6 |
| 1.9 | 0.971 3 | 0.971 9 | 0.972 6 | 0.973 2 | 0.973 8 | 0.974 4 | 0.975 0 | 0.975 6 | 0.976 2 | 0.976 7 |
| 2.0 | 0.977 2 | 0.977 8 | 0.978 3 | 0.978 8 | 0.979 3 | 0.979 8 | 0.980 3 | 0.980 8 | 0.981 2 | 0.981 7 |
| 2.1 | 0.982 1 | 0.982 6 | 0.983 0 | 0.983 4 | 0.983 8 | 0.984 2 | 0.984 6 | 0.985 0 | 0.985 4 | 0.985 7 |
| 2.2 | 0.986 1 | 0.986 4 | 0.986 8 | 0.987 1 | 0.987 5 | 0.987 8 | 0.988 1 | 0.988 4 | 0.988 7 | 0.989 0 |
| 2.3 | 0.989 3 | 0.989 6 | 0.989 8 | 0.990 1 | 0.990 4 | 0.990 6 | 0.990 9 | 0.991 1 | 0.991 3 | 0.994 6 |
| 2.4 | 0.991 8 | 0.992 0 | 0.992 2 | 0.992 5 | 0.992 7 | 0.992 9 | 0.993 1 | 0.993 2 | 0.993 4 | 0.993 6 |
| 2.5 | 0.993 8 | 0.994 0 | 0.994 1 | 0.994 3 | 0.994 5 | 0.994 6 | 0.994 8 | 0.994 9 | 0.995 1 | 0.995 2 |
| 2.6 | 0.995 3 | 0.995 5 | 0.995 6 | 0.995 7 | 0.995 9 | 0.996 0 | 0.996 1 | 0.996 2 | 0.996 3 | 0.996 4 |
| 2.7 | 0.996 5 | 0.996 6 | 0.996 7 | 0.996 8 | 0.996 9 | 0.997 0 | 0.997 1 | 0.997 2 | 0.997 3 | 0.997 4 |
| 2.8 | 0.997 4 | 0.997 5 | 0.997 6 | 0.997 7 | 0.997 7 | 0.997 8 | 0.997 9 | 0.997 9 | 0.998 0 | 0.998 1 |
| 2.9 | 0.998 1 | 0.998 2 | 0.998 2 | 0.998 3 | 0.998 4 | 0.998 4 | 0.998 5 | 0.998 5 | 0.998 6 | 0.998 6 |
| 3.0 | 0.998 7 | 0.999 0 | 0.999 3 | 0.999 5 | 0.999 7 | 0.969 8 | 0.999 8 | 0.999 9 | 0.999 9 | 1.000 0 |

注:表中末行系函数值 $\Phi(3.0),\Phi(3.1),\cdots,\Phi(3.9)$.

## 附表 3　泊松分布表

$$1 - F(x - 1) = \sum_{k=x}^{+\infty} \frac{e^{-\lambda}\lambda^k}{k!}$$

| $x$ | $\lambda = 0.2$ | $\lambda = 0.3$ | $\lambda = 0.4$ | $\lambda = 0.5$ | $\lambda = 0.6$ |
|---|---|---|---|---|---|
| 0 | 1. 000 000 0 | 1. 000 000 0 | 1. 000 000 0 | 1. 000 000 0 | 1. 000 000 0 |
| 1 | 0. 181 269 2 | 0. 259 181 8 | 0. 329 680 0 | 0. 323 469 | 0. 451 188 |
| 2 | 0. 017 523 1 | 0. 036 936 3 | 0. 061 551 9 | 0. 090 204 | 0. 121 901 |
| 3 | 0. 001 148 5 | 0. 003 599 5 | 0. 007 926 3 | 0. 014 388 | 0. 023 115 |
| 4 | 0. 000 056 8 | 0. 000 265 8 | 0. 000 776 3 | 0. 001 752 | 0. 003 358 |
| 5 | 0. 000 002 3 | 0. 000 015 8 | 0. 000 061 2 | 0. 000 172 | 0. 000 394 |
| 6 | 0. 000 000 1 | 0. 000 000 8 | 0. 000 004 0 | 0. 000 014 | 0. 000 039 |
| 7 | | | 0. 000 000 2 | 0. 000 001 | 0. 000 003 |

| $x$ | $\lambda = 0.7$ | $\lambda = 0.8$ | $\lambda = 0.9$ | $\lambda = 1.0$ | $\lambda = 1.2$ |
|---|---|---|---|---|---|
| 0 | 1. 000 000 0 | 1. 000 000 0 | 1. 000 000 0 | 1. 000 000 0 | 1. 000 000 0 |
| 1 | 0. 503 415 | 0. 550 671 | 0. 593 430 | 0. 632 121 | 0. 698 806 |
| 2 | 0. 155 805 | 0. 191 208 | 0. 227 518 | 0. 264 241 | 0. 337 373 |
| 3 | 0. 034 142 | 0. 047 423 | 0. 062 857 | 0. 080 301 | 0. 120 513 |
| 4 | 0. 005 753 | 0. 009 080 | 0. 013 459 | 0. 018 988 | 0. 033 769 |
| 5 | 0. 000 786 | 0. 001 411 | 0. 002 344 | 0. 003 660 | 0. 007 746 |
| 6 | 0. 000 090 | 0. 000 184 | 0. 000 343 | 0. 000 594 | 0. 001 500 |
| 7 | 0. 000 009 | 0. 000 021 | 0. 000 043 | 0. 000 083 | 0. 000 251 |
| 8 | 0. 000 001 | 0. 000 002 | 0. 000 005 | 0. 000 010 | 0. 000 037 |
| 9 | | | | 0. 000 001 | 0. 000 005 |
| 10 | | | | | 0. 000 001 |

| $x$ | $\lambda = 1.4$ | $\lambda = 1.6$ | $\lambda = 1.8$ | | |
|---|---|---|---|---|---|
| 0 | 1. 000 000 | 1. 000 000 | 1. 000 000 | | |
| 1 | 0. 753 403 | 0. 798 103 | 0. 834 701 | | |
| 2 | 0. 408 167 | 0. 475 069 | 0. 537 163 | | |
| 3 | 0. 166 502 | 0. 216 642 | 0. 269 379 | | |
| 4 | 0. 053 725 | 0. 078 813 | 0. 108 708 | | |
| 5 | 0. 014 253 | 0. 023 682 | 0. 036 407 | | |
| 6 | 0. 003 201 | 0. 006 040 | 0. 010 378 | | |
| 7 | 0. 000 622 | 0. 001 336 | 0. 002 569 | | |
| 8 | 0. 000 107 | 0. 000 260 | 0. 000 562 | | |
| 9 | 0. 000 016 | 0. 000 045 | 0. 000 110 | | |
| 10 | 0. 000 002 | 0. 000 007 | 0. 000 019 | | |
| 11 | | 0. 000 001 | 0. 000 003 | | |

附表3（续）

| $x$ | $\lambda = 2.5$ | $\lambda = 3.0$ | $\lambda = 3.5$ | $\lambda = 4.0$ | $\lambda = 4.5$ | $\lambda = 5.0$ |
|---|---|---|---|---|---|---|
| 0 | 1. 000 000 | 1. 000 000 | 1. 000 000 | 1. 000 000 | 1. 000 000 | 1. 000 000 |
| 1 | 0. 917 915 | 0. 950 213 | 0. 969 803 | 0. 981 684 | 0. 988 891 | 0. 993 262 |
| 2 | 0. 712 703 | 0. 800 852 | 0. 864 112 | 0. 908 422 | 0. 938 901 | 0. 959 572 |
| 3 | 0. 456 187 | 0. 576 810 | 0. 679 153 | 0. 761 897 | 0. 826 422 | 0. 875 348 |
| 4 | 0. 242 424 | 0. 352 768 | 0. 463 367 | 0. 566 530 | 0. 657 704 | 0. 734 974 |
| 5 | 0. 108 822 | 0. 184 737 | 0. 274 555 | 0. 371 163 | 0. 467 896 | 0. 559 507 |
| 6 | 0. 042 021 | 0. 083 918 | 0. 142 386 | 0. 214 870 | 0. 297 070 | 0. 384 039 |
| 7 | 0. 014 187 | 0. 033 509 | 0. 065 288 | 0. 110 674 | 0. 168 949 | 0. 237 817 |
| 8 | 0. 004 247 | 0. 011 905 | 0. 026 739 | 0. 051 134 | 0. 086 586 | 0. 133 372 |
| 9 | 0. 001 140 | 0. 003 803 | 0. 009 874 | 0. 021 363 | 0. 040 257 | 0. 068 094 |
| 10 | 0. 000 277 | 0. 001 102 | 0. 003 315 | 0. 008 132 | 0. 017 093 | 0. 031 828 |
| 11 | 0. 000 062 | 0. 000 292 | 0. 001 019 | 0. 002 840 | 0. 006 669 | 0. 013 695 |
| 12 | 0. 000 013 | 0. 000 071 | 0. 000 289 | 0. 000 915 | 0. 002 404 | 0. 005 453 |
| 13 | 0. 000 002 | 0. 000 016 | 0. 000 076 | 0. 000 274 | 0. 000 805 | 0. 002 019 |
| 14 |  | 0. 000 003 | 0. 000 019 | 0. 000 076 | 0. 000 252 | 0. 000 698 |
| 15 |  | 0. 000 001 | 0. 000 004 | 0. 000 020 | 0. 000 074 | 0. 000 226 |
| 16 |  |  | 0. 000 001 | 0. 000 005 | 0. 000 020 | 0. 000 069 |
| 17 |  |  |  | 0. 000 001 | 0. 000 005 | 0. 000 020 |
| 18 |  |  |  |  | 0. 000 001 | 0. 000 005 |
| 19 |  |  |  |  |  | 0. 000 001 |

## 附表4  *t* 分布表

$$P\{t(n) > t_\alpha(n)\} = \alpha$$

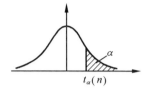

| n | α = 0.25 | 0.10 | 0.05 | 0.025 | 0.01 | 0.005 |
|---|---|---|---|---|---|---|
| 1 | 1.000 0 | 3.077 7 | 6.313 8 | 12.706 2 | 31.820 7 | 63.657 4 |
| 2 | 0.816 5 | 1.885 6 | 2.920 0 | 4.302 7 | 6.964 6 | 9.924 8 |
| 3 | 0.764 9 | 1.637 7 | 2.353 4 | 3.182 4 | 4.540 7 | 5.840 9 |
| 4 | 0.740 7 | 1.533 2 | 2.131 8 | 2.776 4 | 3.746 9 | 4.604 1 |
| 5 | 0.726 7 | 1.475 9 | 2.015 0 | 2.570 6 | 3.364 9 | 4.032 2 |
| 6 | 0.717 6 | 1.439 8 | 1.943 2 | 2.446 9 | 3.142 7 | 3.707 4 |
| 7 | 0.711 1 | 1.414 9 | 1.894 6 | 2.364 6 | 2.998 0 | 3.499 5 |
| 8 | 0.706 4 | 1.396 8 | 1.859 5 | 2.306 0 | 2.896 5 | 3.355 4 |
| 9 | 0.702 7 | 1.383 0 | 1.833 1 | 2.262 2 | 2.821 4 | 3.249 8 |
| 10 | 0.699 8 | 1.372 2 | 1.812 5 | 2.228 1 | 2.763 8 | 3.169 3 |
| 11 | 0.697 4 | 1.363 4 | 1.795 9 | 2.201 0 | 2.718 1 | 3.105 8 |
| 12 | 0.695 5 | 1.356 2 | 1.782 3 | 2.178 8 | 2.681 0 | 3.054 5 |
| 13 | 0.693 8 | 1.350 2 | 1.770 9 | 2.160 4 | 2.650 3 | 3.012 3 |
| 14 | 0.693 2 | 1.345 0 | 1.761 3 | 2.144 8 | 2.624 5 | 2.976 8 |
| 15 | 0.691 2 | 1.340 6 | 1.753 1 | 2.131 5 | 2.602 5 | 2.946 7 |
| 16 | 0.690 1 | 1.336 8 | 1.745 9 | 2.119 9 | 2.583 5 | 2.920 8 |
| 17 | 0.689 2 | 1.333 4 | 1.739 6 | 2.109 8 | 2.566 9 | 2.898 2 |
| 18 | 0.688 4 | 1.330 4 | 1.734 1 | 2.100 9 | 2.552 4 | 2.878 4 |
| 19 | 0.687 6 | 1.327 7 | 1.729 1 | 2.093 0 | 2.539 5 | 2.860 9 |
| 20 | 0.687 0 | 1.325 3 | 1.724 7 | 2.086 0 | 2.528 0 | 2.845 3 |
| 21 | 0.685 4 | 1.323 2 | 1.720 7 | 2.079 6 | 2.517 7 | 2.831 4 |
| 22 | 0.685 8 | 1.321 2 | 1.717 1 | 2.073 9 | 2.508 3 | 2.818 8 |
| 23 | 0.685 3 | 1.319 5 | 1.713 9 | 2.068 7 | 2.499 9 | 2.807 3 |
| 24 | 0.684 8 | 1.317 8 | 1.710 9 | 2.063 9 | 2.492 2 | 2.796 9 |
| 25 | 0.684 4 | 1.316 3 | 1.708 1 | 2.059 5 | 2.485 1 | 2.787 4 |
| 26 | 0.684 0 | 1.315 0 | 1.705 6 | 2.055 5 | 2.478 6 | 2.778 7 |
| 27 | 0.683 7 | 1.313 7 | 1.703 3 | 2.051 8 | 2.472 7 | 2.770 7 |
| 28 | 0.683 4 | 1.312 5 | 1.701 1 | 2.048 4 | 2.467 4 | 2.763 3 |
| 29 | 0.683 0 | 1.311 4 | 1.699 1 | 2.045 2 | 2.462 0 | 2.756 4 |
| 30 | 0.682 5 | 1.310 4 | 1.697 3 | 2.042 3 | 2.457 3 | 2.750 0 |
| 31 | 0.682 5 | 1.309 5 | 1.695 5 | 2.039 5 | 2.452 8 | 2.744 0 |
| 32 | 0.682 2 | 1.308 6 | 1.693 9 | 2.036 9 | 2.448 7 | 2.738 5 |
| 33 | 0.682 0 | 1.307 7 | 1.692 4 | 2.034 5 | 2.444 8 | 2.733 3 |
| 34 | 0.681 8 | 1.307 0 | 1.690 9 | 2.032 2 | 2.441 1 | 2.728 4 |
| 35 | 0.681 6 | 1.306 2 | 1.689 6 | 2.030 1 | 2.437 7 | 2.723 8 |
| 36 | 0.681 4 | 1.305 5 | 1.688 3 | 2.028 1 | 2.434 5 | 2.719 5 |
| 37 | 0.681 2 | 1.304 9 | 1.687 1 | 2.026 2 | 2.431 4 | 2.715 4 |
| 38 | 0.681 0 | 1.304 2 | 1.686 0 | 2.024 4 | 2.428 6 | 2.707 9 |
| 39 | 0.680 8 | 1.303 6 | 1.684 9 | 2.022 7 | 2.425 8 | 2.707 9 |
| 40 | 0.680 7 | 1.303 1 | 1.683 9 | 2.021 1 | 2.423 3 | 2.704 5 |
| 41 | 0.680 5 | 1.302 5 | 1.682 9 | 2.019 5 | 2.420 8 | 2.701 2 |
| 42 | 0.680 4 | 1.302 0 | 1.682 0 | 2.018 1 | 2.418 5 | 2.698 1 |
| 43 | 0.980 2 | 1.301 6 | 1.681 1 | 2.016 7 | 2.416 3 | 2.695 1 |
| 44 | 0.680 1 | 1.301 1 | 1.680 2 | 2.015 4 | 2.414 1 | 2.692 3 |
| 45 | 0.680 0 | 1.300 6 | 1.679 4 | 2.014 1 | 2.418 1 | 2.689 6 |

附表 5　$\chi^2$ 分布表

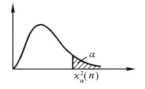

$P\{\chi^2(n) > \chi_\alpha^2(n)\} = \alpha$

| n | $\alpha = 0.995$ | 0.99 | 0.975 | 0.95 | 0.90 | 0.75 |
|---|---|---|---|---|---|---|
| 1 | — | — | 0.001 | 0.004 | 0.016 | 0.102 |
| 2 | 0.010 | 0.020 | 0.051 | 0.103 | 0.211 | 0.575 |
| 3 | 0.072 | 0.115 | 0.216 | 0.352 | 0.584 | 1.213 |
| 4 | 0.207 | 0.297 | 0.484 | 0.711 | 1.064 | 1.923 |
| 5 | 0.412 | 0.554 | 0.831 | 1.145 | 1.610 | 2.675 |
| 6 | 0.676 | 0.872 | 1.237 | 1.635 | 2.204 | 3.455 |
| 7 | 0.989 | 1.239 | 1.690 | 2.167 | 2.833 | 4.255 |
| 8 | 1.344 | 1.646 | 2.180 | 2.733 | 3.490 | 5.071 |
| 9 | 1.735 | 2.088 | 2.700 | 3.325 | 4.168 | 5.899 |
| 10 | 2.156 | 2.558 | 3.247 | 3.940 | 4.865 | 6.737 |
| 11 | 2.603 | 3.053 | 3.816 | 4.575 | 5.578 | 7.584 |
| 12 | 3.074 | 3.571 | 4.404 | 5.226 | 6.304 | 8.438 |
| 13 | 3.565 | 4.107 | 5.009 | 5.892 | 7.042 | 9.288 |
| 14 | 4.075 | 4.660 | 5.629 | 6.571 | 7.790 | 10.165 |
| 15 | 4.601 | 5.229 | 6.262 | 7.261 | 8.547 | 11.037 |
| 16 | 5.142 | 5.812 | 6.908 | 7.962 | 9.312 | 11.912 |
| 17 | 5.697 | 6.408 | 7.564 | 8.672 | 10.085 | 12.792 |
| 18 | 6.265 | 7.015 | 8.231 | 9.390 | 10.865 | 13.675 |
| 19 | 6.844 | 7.633 | 8.907 | 10.117 | 11.651 | 14.562 |
| 20 | 7.434 | 8.260 | 9.591 | 10.851 | 12.443 | 15.452 |
| 21 | 8.034 | 8.897 | 10.283 | 11.591 | 13.240 | 16.344 |
| 22 | 8.643 | 9.542 | 10.982 | 12.338 | 14.042 | 17.240 |
| 23 | 9.260 | 10.196 | 11.689 | 13.091 | 14.848 | 18.137 |
| 24 | 9.886 | 10.856 | 12.401 | 13.848 | 15.659 | 19.037 |
| 25 | 10.520 | 11.524 | 13.120 | 14.611 | 16.473 | 19.939 |
| 26 | 11.160 | 12.198 | 13.844 | 15.379 | 17.292 | 20.843 |
| 27 | 11.808 | 12.879 | 14.573 | 16.151 | 18.114 | 21.749 |
| 28 | 12.461 | 13.565 | 15.308 | 16.928 | 18.939 | 22.657 |
| 29 | 13.121 | 14.257 | 16.047 | 17.708 | 19.768 | 13.567 |
| 30 | 13.787 | 14.954 | 16.791 | 18.493 | 20.599 | 24.478 |
| 31 | 14.458 | 15.655 | 17.539 | 19.281 | 21.434 | 25.390 |
| 32 | 15.134 | 16.362 | 18.291 | 20.072 | 22.271 | 26.304 |
| 33 | 15.815 | 17.074 | 19.047 | 20.867 | 23.110 | 27.219 |
| 34 | 16.501 | 17.789 | 19.806 | 21.664 | 23.952 | 28.136 |
| 35 | 17.192 | 18.509 | 20.569 | 22.465 | 24.797 | 29.054 |
| 36 | 17.887 | 19.233 | 21.336 | 23.269 | 25.643 | 293973 |
| 37 | 18.586 | 19.960 | 22.106 | 24.075 | 26.492 | 30.893 |
| 38 | 19.289 | 20.691 | 22.878 | 24.884 | 27.343 | 31.815 |
| 39 | 19.996 | 21.426 | 23.654 | 25.695 | 28.196 | 32.737 |
| 40 | 20.707 | 22.164 | 24.433 | 26.509 | 29.051 | 33.660 |
| 41 | 21.421 | 22.906 | 25.215 | 27.326 | 29.907 | 34.585 |
| 42 | 22.138 | 23.650 | 25.999 | 28.144 | 30.765 | 35.510 |
| 43 | 22.859 | 24.398 | 26.785 | 28.965 | 31.625 | 36.436 |
| 44 | 23.584 | 25.148 | 27.575 | 29.787 | 32.487 | 37.363 |
| 45 | 24.311 | 25.901 | 28.366 | 30.612 | 33.350 | 38.291 |

$$P\{\chi^2(n) > \chi_\alpha^2(n)\} = \alpha$$

| $n$ | $\alpha = 0.25$ | 0.10 | 0.05 | 0.025 | 0.01 | 0.005 |
|---|---|---|---|---|---|---|
| 1 | 1.323 | 2.706 | 3.841 | 5.024 | 6.635 | 7.879 |
| 2 | 2.773 | 4.605 | 5.991 | 7.378 | 9.210 | 10.597 |
| 3 | 4.108 | 6.251 | 7.815 | 9.348 | 11.345 | 12.838 |
| 4 | 5.385 | 7.779 | 9.448 | 11.143 | 13.277 | 14.860 |
| 5 | 6.626 | 9.236 | 11.071 | 12.833 | 15.086 | 16.750 |
| 6 | 7.841 | 10.645 | 12.592 | 14.449 | 16.812 | 18.548 |
| 7 | 9.037 | 12.017 | 14.067 | 16.013 | 18.475 | 20.278 |
| 8 | 10.219 | 13.362 | 15.507 | 17.535 | 20.090 | 21.955 |
| 9 | 11.389 | 14.684 | 16.919 | 19.023 | 21.666 | 23.589 |
| 10 | 12.549 | 15.987 | 18.307 | 20.483 | 23.209 | 25.188 |
| 11 | 13.701 | 17.275 | 19.675 | 21.920 | 24.725 | 26.757 |
| 12 | 14.845 | 18.549 | 21.026 | 23.337 | 26.217 | 28.299 |
| 13 | 15.984 | 19.812 | 22.362 | 24.736 | 27.688 | 29.819 |
| 14 | 17.117 | 21.064 | 23.685 | 26.119 | 29.141 | 31.319 |
| 15 | 18.245 | 22.307 | 24.996 | 27.488 | 30.578 | 32.801 |
| 16 | 19.369 | 23.542 | 26.296 | 28.845 | 32.000 | 34.267 |
| 17 | 20.489 | 24.769 | 27.587 | 30.191 | 33.409 | 35.718 |
| 18 | 21.605 | 25.989 | 28.869 | 31.526 | 34.805 | 37.156 |
| 19 | 22.718 | 27.204 | 30.144 | 32.852 | 36.191 | 38.582 |
| 20 | 23.828 | 28.412 | 31.410 | 34.170 | 37.566 | 39.997 |
| 21 | 24.935 | 29.615 | 32.671 | 35.479 | 38.932 | 41.401 |
| 22 | 26.039 | 30.813 | 33.924 | 36.781 | 40.289 | 42.796 |
| 23 | 27.141 | 32.007 | 35.172 | 38.076 | 41.638 | 44.181 |
| 24 | 28.241 | 33.196 | 36.415 | 39.364 | 42.980 | 45.559 |
| 25 | 29.339 | 34.382 | 37.652 | 40.646 | 44.314 | 46.928 |
| 26 | 30.435 | 35.563 | 38.885 | 41.923 | 45.642 | 48.290 |
| 27 | 31.528 | 36.741 | 40.113 | 43.194 | 46.963 | 49.645 |
| 28 | 32.620 | 37.916 | 41.337 | 44.461 | 48.278 | 50.993 |
| 29 | 33.711 | 39.087 | 42.557 | 45.722 | 49.588 | 52.336 |
| 30 | 34.800 | 40.256 | 43.773 | 46.979 | 50.892 | 53.672 |
| 31 | 35.887 | 41.422 | 44.985 | 48.232 | 52.191 | 55.003 |
| 32 | 36.973 | 42.585 | 46.194 | 49.480 | 53.486 | 56.328 |
| 33 | 38.058 | 43.745 | 47.400 | 50.725 | 54.776 | 57.648 |
| 34 | 39.141 | 44.903 | 48.602 | 51.966 | 56.061 | 58.964 |
| 35 | 40.223 | 46.059 | 49.802 | 53.203 | 57.342 | 60.275 |
| 36 | 41.304 | 47.212 | 50.998 | 54.437 | 58.619 | 61.581 |
| 37 | 42.383 | 48.363 | 52.192 | 55.668 | 59.892 | 62.883 |
| 38 | 43.462 | 49.513 | 53.384 | 56.896 | 61.162 | 64.181 |
| 39 | 44.539 | 50.660 | 54.572 | 58.120 | 62.428 | 65.476 |
| 40 | 45.616 | 51.805 | 55.758 | 59.342 | 63.691 | 66.766 |
| 41 | 46.692 | 52.949 | 56.942 | 60.561 | 64.950 | 68.053 |
| 42 | 47.766 | 54.090 | 58.124 | 61.777 | 66.206 | 69.336 |
| 43 | 48.840 | 55.230 | 59.304 | 62.990 | 67.459 | 70.616 |
| 44 | 49.913 | 56.369 | 60.481 | 64.201 | 68.710 | 71.893 |
| 45 | 50.985 | 57.505 | 61.656 | 65.410 | 69.957 | 73.166 |

## 附表 6　F 分布表

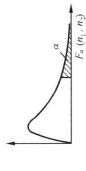

$$P\{F(n_1, n_2)\} > F_\alpha(n_1, n_2)\} = \alpha$$

$$\alpha = 0.10$$

| $n_2$ | $n_1$ 1 | 2 | 3 | 4 | 5 | 6 | 7 | 8 | 9 | 10 | 12 | 15 | 20 | 24 | 30 | 40 | 60 | 120 | $+\infty$ |
|---|---|---|---|---|---|---|---|---|---|---|---|---|---|---|---|---|---|---|---|
| 1 | 39.86 | 49.50 | 53.59 | 55.83 | 57.24 | 58.20 | 58.91 | 59.44 | 59.86 | 60.19 | 60.71 | 61.22 | 61.74 | 62.00 | 62.26 | 62.53 | 62.79 | 63.06 | 63.33 |
| 2 | 8.53 | 9.00 | 9.16 | 9.24 | 9.29 | 9.33 | 9.35 | 9.37 | 9.38 | 9.39 | 9.41 | 9.42 | 9.44 | 9.45 | 9.46 | 9.47 | 9.47 | 9.48 | 9.49 |
| 3 | 5.54 | 5.46 | 5.39 | 5.34 | 5.31 | 5.28 | 5.27 | 5.25 | 5.24 | 5.23 | 5.22 | 5.20 | 5.18 | 5.18 | 5.17 | 5.16 | 5.15 | 5.14 | 5.13 |
| 4 | 4.54 | 4.32 | 4.19 | 4.11 | 4.05 | 4.01 | 3.98 | 3.95 | 3.94 | 3.92 | 3.90 | 3.87 | 3.84 | 3.83 | 3.82 | 3.80 | 3.79 | 3.78 | 3.76 |
| 5 | 4.06 | 3.78 | 3.62 | 3.52 | 3.45 | 3.40 | 3.37 | 3.34 | 3.32 | 3.30 | 3.27 | 3.24 | 3.21 | 3.19 | 3.17 | 3.16 | 3.14 | 3.12 | 3.10 |
| 6 | 3.78 | 3.46 | 3.29 | 3.18 | 3.11 | 3.05 | 3.01 | 2.98 | 2.96 | 2.94 | 2.90 | 2.87 | 2.84 | 2.82 | 2.80 | 2.78 | 2.76 | 2.74 | 2.72 |
| 7 | 3.59 | 3.26 | 3.07 | 2.96 | 2.88 | 2.83 | 2.78 | 2.75 | 2.72 | 2.70 | 2.67 | 2.63 | 2.59 | 2.58 | 2.56 | 2.54 | 2.51 | 2.49 | 2.47 |
| 8 | 3.46 | 3.11 | 2.92 | 2.81 | 2.73 | 2.67 | 2.62 | 2.59 | 2.56 | 2.54 | 2.50 | 2.46 | 2.42 | 2.40 | 2.38 | 2.36 | 2.34 | 2.32 | 2.29 |
| 9 | 3.36 | 3.01 | 2.81 | 2.69 | 2.61 | 2.55 | 2.51 | 2.47 | 2.44 | 2.42 | 2.38 | 2.34 | 2.30 | 2.28 | 2.25 | 2.23 | 2.21 | 2.18 | 2.16 |
| 10 | 3.29 | 2.92 | 2.73 | 2.61 | 2.52 | 2.46 | 2.41 | 2.38 | 2.35 | 2.32 | 2.28 | 2.24 | 2.20 | 2.18 | 2.16 | 2.13 | 2.11 | 2.08 | 2.06 |
| 11 | 3.23 | 2.86 | 2.66 | 2.54 | 2.45 | 2.39 | 2.34 | 2.30 | 2.27 | 2.25 | 2.21 | 2.17 | 2.12 | 2.10 | 2.08 | 2.05 | 2.03 | 2.00 | 1.97 |
| 12 | 3.18 | 2.81 | 2.61 | 2.48 | 2.39 | 2.33 | 2.28 | 2.24 | 2.21 | 2.19 | 2.15 | 2.10 | 2.06 | 2.04 | 2.01 | 1.99 | 1.96 | 1.93 | 1.90 |
| 13 | 3.14 | 2.76 | 2.56 | 2.43 | 2.35 | 2.28 | 2.23 | 2.20 | 2.16 | 2.14 | 2.10 | 2.05 | 2.01 | 1.98 | 1.96 | 1.93 | 1.90 | 1.88 | 1.85 |
| 14 | 3.10 | 2.73 | 2.52 | 2.39 | 2.31 | 2.24 | 2.19 | 2.15 | 2.12 | 2.10 | 2.05 | 2.01 | 1.96 | 1.94 | 1.91 | 1.89 | 1.86 | 1.83 | 1.80 |
| 15 | 3.07 | 2.70 | 2.49 | 2.36 | 2.27 | 2.21 | 2.16 | 2.12 | 2.09 | 2.06 | 2.02 | 1.97 | 1.92 | 1.90 | 1.87 | 1.85 | 1.82 | 1.79 | 1.76 |
| 16 | 3.05 | 2.67 | 2.46 | 2.33 | 2.24 | 2.18 | 2.13 | 2.09 | 2.06 | 2.03 | 1.99 | 1.94 | 1.89 | 1.87 | 1.84 | 1.81 | 1.78 | 1.75 | 1.72 |
| 17 | 3.03 | 2.64 | 2.44 | 2.31 | 2.22 | 2.15 | 2.10 | 2.06 | 2.03 | 2.00 | 1.96 | 1.91 | 1.86 | 1.84 | 1.81 | 1.78 | 1.75 | 1.72 | 1.69 |
| 18 | 3.01 | 2.62 | 2.42 | 2.29 | 2.20 | 2.13 | 2.08 | 2.04 | 2.00 | 1.98 | 1.93 | 1.89 | 1.84 | 1.81 | 1.78 | 1.75 | 1.72 | 1.69 | 1.66 |
| 19 | 2.99 | 2.61 | 2.40 | 2.27 | 2.18 | 2.11 | 2.06 | 2.02 | 1.98 | 1.96 | 1.91 | 1.86 | 1.81 | 1.79 | 1.76 | 1.73 | 1.70 | 1.67 | 1.63 |

附表 6（续 1）

$\alpha = 0.10$

| $n_2$ | $n_1$ | | | | | | | | | | | | | | | | | | |
|---|---|---|---|---|---|---|---|---|---|---|---|---|---|---|---|---|---|---|---|
| | 1 | 2 | 3 | 4 | 5 | 6 | 7 | 8 | 9 | 10 | 12 | 15 | 20 | 24 | 30 | 40 | 60 | 120 | $+\infty$ |
| 20 | 2.97 | 2.59 | 2.38 | 2.25 | 2.16 | 2.09 | 2.07 | 2.00 | 1.96 | 1.94 | 1.89 | 1.84 | 1.79 | 1.77 | 1.74 | 1.71 | 1.68 | 1.64 | 1.61 |
| 21 | 2.96 | 2.57 | 2.36 | 2.23 | 2.14 | 2.08 | 2.02 | 1.98 | 1.95 | 1.92 | 1.87 | 1.83 | 1.78 | 1.75 | 1.72 | 1.69 | 1.66 | 1.62 | 1.59 |
| 22 | 2.95 | 2.56 | 2.35 | 2.22 | 2.13 | 2.06 | 2.01 | 1.97 | 1.93 | 1.90 | 1.86 | 1.81 | 1.76 | 1.73 | 1.70 | 1.67 | 1.64 | 1.60 | 1.57 |
| 23 | 2.94 | 2.55 | 2.34 | 2.21 | 2.11 | 2.05 | 1.99 | 1.95 | 1.92 | 1.89 | 1.84 | 1.80 | 1.74 | 1.72 | 1.69 | 1.66 | 1.62 | 1.59 | 1.55 |
| 24 | 2.93 | 2.54 | 2.33 | 2.19 | 2.10 | 2.04 | 1.98 | 1.94 | 1.91 | 1.88 | 1.83 | 1.78 | 1.73 | 1.70 | 1.67 | 1.64 | 1.61 | 1.57 | 1.53 |
| 25 | 2.92 | 2.53 | 2.32 | 2.18 | 2.09 | 2.02 | 1.97 | 1.93 | 1.89 | 1.87 | 1.82 | 1.77 | 1.72 | 1.69 | 1.66 | 1.63 | 1.59 | 1.56 | 1.52 |
| 26 | 2.91 | 2.52 | 2.31 | 2.17 | 2.08 | 2.01 | 1.96 | 1.92 | 1.88 | 1.86 | 1.81 | 1.76 | 1.71 | 1.68 | 1.65 | 1.61 | 1.58 | 1.54 | 1.50 |
| 27 | 2.90 | 2.51 | 2.30 | 2.17 | 2.07 | 2.00 | 1.95 | 1.91 | 1.87 | 1.85 | 1.80 | 1.75 | 1.70 | 1.67 | 1.64 | 1.60 | 1.57 | 1.53 | 1.49 |
| 28 | 2.89 | 2.50 | 2.29 | 2.16 | 2.06 | 2.00 | 1.94 | 1.90 | 1.87 | 1.84 | 1.79 | 1.74 | 1.69 | 1.66 | 1.63 | 1.59 | 1.56 | 1.52 | 1.48 |
| 29 | 2.89 | 2.50 | 2.28 | 2.15 | 2.06 | 1.99 | 1.93 | 1.89 | 1.86 | 1.83 | 1.78 | 1.73 | 1.68 | 1.65 | 1.62 | 1.58 | 1.55 | 1.51 | 1.47 |
| 30 | 2.88 | 2.49 | 2.28 | 2.14 | 2.05 | 1.98 | 1.93 | 1.88 | 1.85 | 1.82 | 1.77 | 1.72 | 1.67 | 1.64 | 1.61 | 1.57 | 1.54 | 1.50 | 1.46 |
| 40 | 2.84 | 2.44 | 2.23 | 2.09 | 2.00 | 1.93 | 1.87 | 1.83 | 1.79 | 1.76 | 1.71 | 1.66 | 1.61 | 1.57 | 1.54 | 1.51 | 1.47 | 1.42 | 1.38 |
| 60 | 2.79 | 2.39 | 2.18 | 2.04 | 1.95 | 1.87 | 1.82 | 1.77 | 1.74 | 1.71 | 1.66 | 1.60 | 1.54 | 1.51 | 1.48 | 1.44 | 1.40 | 1.35 | 1.29 |
| 120 | 2.75 | 2.35 | 2.13 | 1.99 | 1.90 | 1.82 | 1.77 | 1.72 | 1.68 | 1.65 | 1.60 | 1.55 | 1.48 | 1.45 | 1.41 | 1.37 | 1.32 | 1.26 | 1.19 |
| $+\infty$ | 2.71 | 2.30 | 2.08 | 1.94 | 1.85 | 1.77 | 1.72 | 1.67 | 1.63 | 1.60 | 1.55 | 1.49 | 1.42 | 1.38 | 1.34 | 1.30 | 1.24 | 1.17 | 1.00 |

$\alpha = 0.05$

| | 1 | 2 | 3 | 4 | 5 | 6 | 7 | 8 | 9 | 10 | 12 | 15 | 20 | 24 | 30 | 40 | 60 | 120 | $+\infty$ |
|---|---|---|---|---|---|---|---|---|---|---|---|---|---|---|---|---|---|---|---|
| 1 | 161.4 | 199.5 | 215.7 | 224.6 | 230.2 | 234.0 | 236.8 | 238.9 | 240.5 | 240.9 | 243.9 | 245.9 | 248.0 | 249.1 | 250.1 | 251.1 | 252.2 | 253.3 | 254.3 |
| 2 | 18.51 | 19.00 | 19.16 | 19.25 | 19.30 | 19.33 | 19.35 | 19.37 | 19.38 | 19.40 | 19.41 | 19.43 | 19.45 | 19.45 | 19.46 | 19.47 | 19.48 | 19.49 | 19.50 |
| 3 | 10.13 | 9.55 | 9.28 | 9.12 | 9.01 | 8.94 | 8.89 | 8.85 | 8.81 | 8.79 | 8.74 | 8.70 | 8.66 | 8.64 | 8.62 | 8.59 | 8.57 | 8.55 | 8.53 |
| 4 | 7.71 | 6.94 | 6.59 | 6.39 | 6.26 | 6.16 | 6.09 | 6.04 | 6.00 | 5.96 | 5.91 | 5.86 | 5.80 | 5.77 | 5.75 | 5.72 | 5.69 | 5.66 | 5.63 |
| 5 | 6.61 | 5.79 | 5.41 | 5.19 | 5.05 | 4.95 | 4.88 | 4.82 | 4.77 | 4.74 | 4.68 | 4.62 | 4.56 | 4.53 | 4.50 | 4.46 | 4.43 | 4.40 | 4.36 |
| 6 | 5.99 | 5.14 | 4.76 | 4.53 | 4.39 | 4.28 | 4.21 | 4.15 | 4.10 | 4.06 | 4.00 | 3.94 | 3.87 | 3.84 | 3.81 | 3.77 | 3.74 | 3.70 | 3.67 |
| 7 | 5.59 | 4.74 | 4.35 | 4.12 | 3.97 | 3.87 | 3.79 | 3.73 | 3.68 | 3.64 | 3.57 | 3.51 | 3.44 | 3.41 | 3.38 | 3.34 | 3.30 | 3.27 | 3.23 |
| 8 | 5.32 | 4.46 | 4.07 | 3.84 | 3.69 | 3.58 | 3.50 | 3.44 | 3.39 | 3.35 | 3.28 | 3.22 | 3.15 | 3.12 | 3.08 | 3.04 | 3.01 | 2.97 | 2.93 |
| 9 | 5.12 | 4.26 | 3.86 | 3.63 | 3.48 | 3.37 | 3.29 | 3.23 | 3.18 | 3.14 | 3.07 | 3.01 | 2.94 | 2.90 | 2.86 | 2.83 | 2.79 | 2.75 | 2.71 |

附表 6（续 2）

$\alpha = 0.05$

| $n_2$ | $n_1$ | | | | | | | | | | | | | | | | | | |
|---|---|---|---|---|---|---|---|---|---|---|---|---|---|---|---|---|---|---|---|
| | 1 | 2 | 3 | 4 | 5 | 6 | 7 | 8 | 9 | 10 | 12 | 15 | 20 | 24 | 30 | 40 | 60 | 120 | +∞ |
| 10 | 4.96 | 4.10 | 3.71 | 3.48 | 3.33 | 3.22 | 3.14 | 3.07 | 3.02 | 2.98 | 2.91 | 2.85 | 2.77 | 2.74 | 2.70 | 2.66 | 2.62 | 2.58 | 2.54 |
| 11 | 4.84 | 3.98 | 3.59 | 3.36 | 3.20 | 3.09 | 3.01 | 2.95 | 2.90 | 2.85 | 2.79 | 2.72 | 2.65 | 2.61 | 2.57 | 2.53 | 2.49 | 2.45 | 2.40 |
| 12 | 4.75 | 3.89 | 3.49 | 3.26 | 3.11 | 3.00 | 2.91 | 2.85 | 2.80 | 2.75 | 2.69 | 2.62 | 2.54 | 2.51 | 2.47 | 2.43 | 2.38 | 2.34 | 2.30 |
| 13 | 4.67 | 3.81 | 3.41 | 3.18 | 3.03 | 2.92 | 2.83 | 2.77 | 2.71 | 2.67 | 2.60 | 2.53 | 2.46 | 2.42 | 2.38 | 2.34 | 2.30 | 2.25 | 2.21 |
| 14 | 4.60 | 3.74 | 3.34 | 3.11 | 2.96 | 2.85 | 2.76 | 2.70 | 2.65 | 2.60 | 2.53 | 2.46 | 2.39 | 2.35 | 2.31 | 2.27 | 2.22 | 2.18 | 2.13 |
| 15 | 4.54 | 3.68 | 3.29 | 3.06 | 2.90 | 2.79 | 2.71 | 2.64 | 2.59 | 2.54 | 2.48 | 2.40 | 2.33 | 2.29 | 2.25 | 2.20 | 2.16 | 2.11 | 2.07 |
| 16 | 4.49 | 3.63 | 3.24 | 3.01 | 2.85 | 2.74 | 2.66 | 2.59 | 2.54 | 2.49 | 2.42 | 2.35 | 2.28 | 2.24 | 2.19 | 2.15 | 2.11 | 2.06 | 2.01 |
| 17 | 4.45 | 3.59 | 3.20 | 2.96 | 2.81 | 2.70 | 2.61 | 2.55 | 2.49 | 2.45 | 2.38 | 2.31 | 2.23 | 2.19 | 2.15 | 2.10 | 2.06 | 2.01 | 1.96 |
| 18 | 4.41 | 3.55 | 3.16 | 2.93 | 2.77 | 2.66 | 2.58 | 2.51 | 2.46 | 2.41 | 2.34 | 2.27 | 2.19 | 2.15 | 2.11 | 2.06 | 2.02 | 1.97 | 1.92 |
| 19 | 4.38 | 3.52 | 3.13 | 2.90 | 2.74 | 2.63 | 2.54 | 2.48 | 2.42 | 2.38 | 2.31 | 2.23 | 2.16 | 2.11 | 2.07 | 2.03 | 1.98 | 1.93 | 1.88 |
| 20 | 4.35 | 3.49 | 3.10 | 2.87 | 2.71 | 2.60 | 2.51 | 2.45 | 2.39 | 2.35 | 2.28 | 2.20 | 2.12 | 2.08 | 2.04 | 1.99 | 1.95 | 1.90 | 1.84 |
| 21 | 4.32 | 3.47 | 3.07 | 2.84 | 2.68 | 2.57 | 2.49 | 2.42 | 2.37 | 2.32 | 2.25 | 2.18 | 2.10 | 2.05 | 2.01 | 1.96 | 1.92 | 1.87 | 1.81 |
| 22 | 4.30 | 3.44 | 3.05 | 2.82 | 2.66 | 2.55 | 2.46 | 2.40 | 2.34 | 2.30 | 2.23 | 2.15 | 2.07 | 2.03 | 1.98 | 1.94 | 1.89 | 1.84 | 1.78 |
| 23 | 4.28 | 3.42 | 3.03 | 2.80 | 2.64 | 2.53 | 2.44 | 2.37 | 2.32 | 2.27 | 2.20 | 2.13 | 2.05 | 2.01 | 1.96 | 1.91 | 1.86 | 1.81 | 1.76 |
| 24 | 4.26 | 3.40 | 3.01 | 2.78 | 2.62 | 2.51 | 2.42 | 2.36 | 2.30 | 2.25 | 2.18 | 2.11 | 2.03 | 1.98 | 1.94 | 1.89 | 1.84 | 1.79 | 1.73 |
| 25 | 4.24 | 3.39 | 2.99 | 2.76 | 2.60 | 2.49 | 2.40 | 2.34 | 2.28 | 2.24 | 2.16 | 2.09 | 2.01 | 1.96 | 1.92 | 1.87 | 1.82 | 1.77 | 1.71 |
| 26 | 4.23 | 3.37 | 2.98 | 2.74 | 2.59 | 2.47 | 2.39 | 2.32 | 2.27 | 2.22 | 2.15 | 2.07 | 1.99 | 1.95 | 1.90 | 1.85 | 1.80 | 1.75 | 1.69 |
| 27 | 4.21 | 3.35 | 2.96 | 2.73 | 2.57 | 2.46 | 2.37 | 2.31 | 2.25 | 2.20 | 2.13 | 2.06 | 1.97 | 1.93 | 1.88 | 1.84 | 1.79 | 1.73 | 1.67 |
| 28 | 4.20 | 3.34 | 2.95 | 2.71 | 2.56 | 2.45 | 2.36 | 2.29 | 2.24 | 2.19 | 2.12 | 2.04 | 1.96 | 1.91 | 1.87 | 1.82 | 1.77 | 1.71 | 1.65 |
| 29 | 4.18 | 3.33 | 2.93 | 2.70 | 2.55 | 2.43 | 2.35 | 2.28 | 2.22 | 2.18 | 2.10 | 2.03 | 1.94 | 1.90 | 1.85 | 1.81 | 1.75 | 1.70 | 1.64 |
| 30 | 4.17 | 3.32 | 2.92 | 2.69 | 2.53 | 2.42 | 2.33 | 2.27 | 2.21 | 2.16 | 2.09 | 2.01 | 1.93 | 1.89 | 1.84 | 1.79 | 1.74 | 1.68 | 1.62 |
| 40 | 4.08 | 3.23 | 2.84 | 2.61 | 2.45 | 2.34 | 2.25 | 2.18 | 2.12 | 2.08 | 2.00 | 1.92 | 1.84 | 1.79 | 1.74 | 1.69 | 1.64 | 1.58 | 1.51 |
| 60 | 4.00 | 3.15 | 2.76 | 2.53 | 2.37 | 2.25 | 2.17 | 2.10 | 2.04 | 1.99 | 1.92 | 1.84 | 1.75 | 1.70 | 1.65 | 1.59 | 1.53 | 1.47 | 1.39 |
| 120 | 3.92 | 3.07 | 2.68 | 2.45 | 2.29 | 2.17 | 2.09 | 2.02 | 1.96 | 1.91 | 1.83 | 1.75 | 1.66 | 1.61 | 1.55 | 1.50 | 1.43 | 1.35 | 1.25 |
| +∞ | 3.84 | 3.00 | 2.60 | 2.37 | 2.21 | 2.10 | 2.01 | 1.94 | 1.88 | 1.83 | 1.75 | 1.67 | 1.57 | 1.52 | 1.46 | 1.39 | 1.32 | 1.22 | 1.00 |

附表 6（续 3）

$\alpha = 0.025$

| $n_2$ \ $n_1$ | 1 | 2 | 3 | 4 | 5 | 6 | 7 | 8 | 9 | 10 | 12 | 15 | 20 | 24 | 30 | 40 | 60 | 120 | $+\infty$ |
|---|---|---|---|---|---|---|---|---|---|---|---|---|---|---|---|---|---|---|---|
| 1 | 647.8 | 799.5 | 864.2 | 899.6 | 921.8 | 937.1 | 948.2 | 956.7 | 963.3 | 968.6 | 976.7 | 984.9 | 993.1 | 997.2 | 1001 | 1006 | 1010 | 1014 | 1018 |
| 2 | 38.51 | 39.00 | 39.17 | 39.25 | 39.30 | 39.33 | 39.36 | 39.37 | 39.39 | 39.40 | 39.41 | 39.43 | 39.45 | 39.46 | 39.46 | 39.47 | 39.48 | 39.49 | 39.50 |
| 3 | 17.44 | 16.04 | 15.44 | 15.10 | 14.88 | 14.73 | 14.62 | 14.54 | 14.47 | 14.42 | 14.34 | 14.25 | 14.17 | 14.12 | 14.08 | 14.04 | 13.99 | 13.95 | 13.90 |
| 4 | 12.22 | 10.65 | 9.98 | 9.60 | 9.36 | 9.20 | 9.07 | 8.98 | 8.90 | 8.84 | 8.75 | 8.66 | 8.56 | 8.51 | 8.46 | 8.41 | 8.36 | 8.31 | 8.26 |
| 5 | 10.01 | 8.43 | 7.76 | 7.39 | 7.15 | 6.98 | 6.85 | 6.76 | 6.68 | 6.62 | 6.52 | 6.43 | 6.33 | 6.28 | 6.23 | 6.18 | 6.12 | 6.07 | 6.02 |
| 6 | 8.81 | 7.26 | 6.60 | 6.23 | 5.99 | 5.82 | 5.70 | 5.60 | 5.52 | 5.46 | 5.37 | 5.27 | 5.17 | 5.12 | 5.07 | 5.01 | 4.96 | 4.90 | 4.85 |
| 7 | 8.07 | 6.54 | 5.89 | 5.52 | 5.29 | 5.12 | 4.99 | 4.90 | 4.82 | 4.76 | 4.67 | 4.57 | 4.47 | 4.42 | 4.36 | 4.31 | 4.25 | 4.20 | 4.14 |
| 8 | 7.57 | 6.06 | 5.42 | 5.05 | 4.82 | 4.65 | 4.53 | 4.43 | 4.36 | 4.30 | 4.20 | 4.10 | 4.00 | 3.95 | 3.89 | 3.84 | 3.78 | 3.73 | 3.67 |
| 9 | 7.21 | 5.71 | 5.08 | 4.72 | 4.48 | 4.32 | 4.20 | 4.10 | 4.03 | 3.96 | 3.87 | 3.77 | 3.67 | 3.61 | 3.56 | 3.51 | 3.45 | 3.39 | 3.33 |
| 10 | 6.94 | 5.46 | 4.83 | 4.47 | 4.24 | 4.07 | 3.95 | 3.85 | 3.78 | 3.72 | 3.62 | 3.52 | 3.42 | 3.37 | 3.31 | 3.26 | 3.20 | 3.14 | 3.08 |
| 11 | 6.72 | 5.26 | 4.63 | 4.28 | 4.04 | 3.88 | 3.76 | 3.66 | 3.59 | 3.53 | 3.43 | 3.33 | 3.23 | 3.17 | 3.12 | 3.06 | 3.00 | 2.94 | 2.88 |
| 12 | 6.55 | 5.10 | 4.47 | 4.12 | 3.89 | 3.73 | 3.61 | 3.51 | 3.44 | 3.37 | 3.28 | 3.18 | 3.07 | 3.02 | 2.96 | 2.91 | 2.85 | 2.79 | 2.72 |
| 13 | 6.41 | 4.97 | 4.35 | 4.00 | 3.77 | 3.60 | 3.48 | 3.39 | 3.31 | 3.25 | 3.15 | 3.05 | 2.95 | 2.89 | 2.84 | 2.78 | 2.72 | 2.66 | 2.60 |
| 14 | 6.30 | 4.86 | 4.24 | 3.89 | 3.66 | 3.50 | 3.38 | 3.29 | 3.21 | 3.15 | 3.05 | 2.95 | 2.84 | 2.79 | 2.73 | 2.67 | 2.61 | 2.55 | 2.49 |
| 15 | 6.20 | 4.77 | 4.15 | 3.80 | 3.58 | 3.41 | 3.29 | 3.20 | 3.12 | 3.06 | 2.96 | 2.86 | 2.76 | 2.70 | 2.64 | 2.59 | 2.52 | 2.46 | 2.40 |
| 16 | 6.12 | 4.69 | 4.08 | 3.73 | 3.50 | 3.34 | 3.22 | 3.12 | 3.05 | 2.99 | 2.89 | 2.79 | 2.68 | 2.63 | 2.57 | 2.51 | 2.45 | 2.38 | 2.32 |
| 17 | 6.04 | 4.62 | 4.01 | 3.66 | 3.44 | 3.28 | 3.16 | 3.06 | 2.98 | 2.92 | 2.82 | 2.72 | 2.62 | 2.56 | 2.50 | 2.44 | 2.38 | 2.32 | 2.25 |
| 18 | 5.98 | 4.56 | 3.95 | 3.61 | 3.38 | 3.22 | 3.10 | 3.01 | 2.93 | 2.87 | 2.77 | 2.67 | 2.56 | 2.50 | 2.44 | 2.38 | 2.32 | 2.26 | 2.19 |
| 19 | 5.92 | 4.51 | 3.90 | 3.56 | 3.33 | 3.17 | 3.05 | 2.96 | 2.88 | 2.82 | 2.72 | 2.62 | 2.51 | 2.45 | 2.39 | 2.33 | 2.27 | 2.20 | 2.13 |
| 20 | 5.87 | 4.46 | 3.86 | 3.51 | 3.29 | 3.13 | 3.01 | 2.91 | 2.84 | 2.77 | 2.68 | 2.57 | 2.46 | 2.41 | 2.35 | 2.29 | 2.22 | 2.16 | 2.09 |
| 21 | 5.83 | 4.42 | 3.82 | 3.48 | 3.25 | 3.09 | 2.97 | 2.87 | 2.80 | 2.73 | 2.64 | 2.53 | 2.42 | 2.37 | 2.31 | 2.25 | 2.18 | 2.11 | 2.04 |
| 22 | 5.79 | 4.38 | 3.78 | 3.44 | 3.22 | 3.05 | 2.93 | 2.84 | 2.76 | 2.70 | 2.60 | 2.50 | 2.39 | 2.33 | 2.27 | 2.21 | 2.14 | 2.08 | 2.00 |
| 23 | 5.75 | 4.35 | 3.75 | 3.41 | 3.18 | 3.02 | 2.90 | 2.81 | 2.73 | 2.67 | 2.57 | 2.47 | 2.36 | 2.30 | 2.24 | 2.18 | 2.11 | 2.04 | 1.97 |
| 24 | 5.72 | 4.32 | 3.72 | 3.38 | 3.15 | 2.99 | 2.87 | 2.78 | 2.70 | 2.64 | 2.54 | 2.44 | 2.33 | 2.27 | 2.21 | 2.15 | 2.08 | 2.01 | 1.94 |

附表 6（续 4）

$\alpha = 0.025$

| $n_2$ | $n_1$ | | | | | | | | | | | | | | | | | | |
|---|---|---|---|---|---|---|---|---|---|---|---|---|---|---|---|---|---|---|---|
| | 1 | 2 | 3 | 4 | 5 | 6 | 7 | 8 | 9 | 10 | 12 | 15 | 20 | 24 | 30 | 40 | 60 | 120 | $+\infty$ |
| 25 | 5.69 | 4.29 | 3.69 | 3.35 | 3.13 | 2.97 | 2.85 | 2.75 | 2.68 | 2.61 | 2.51 | 2.41 | 2.30 | 2.24 | 2.18 | 2.12 | 2.05 | 1.98 | 1.91 |
| 26 | 5.66 | 4.27 | 3.67 | 3.33 | 3.10 | 2.94 | 2.82 | 2.73 | 2.65 | 2.59 | 2.49 | 2.39 | 2.28 | 2.22 | 2.16 | 2.09 | 2.03 | 1.95 | 1.88 |
| 27 | 5.63 | 4.24 | 3.65 | 3.31 | 3.08 | 2.92 | 2.80 | 2.71 | 2.63 | 2.57 | 2.47 | 2.36 | 2.25 | 2.19 | 2.13 | 2.07 | 2.00 | 1.93 | 1.85 |
| 28 | 5.61 | 4.22 | 3.63 | 3.29 | 3.06 | 2.90 | 2.78 | 2.69 | 2.61 | 2.55 | 2.45 | 2.34 | 2.23 | 2.17 | 2.11 | 2.05 | 1.98 | 1.91 | 1.83 |
| 29 | 5.59 | 4.20 | 3.61 | 3.27 | 3.04 | 2.88 | 2.76 | 2.67 | 2.59 | 2.53 | 2.43 | 2.32 | 2.21 | 2.15 | 2.09 | 2.03 | 1.96 | 1.89 | 1.81 |
| 30 | 5.57 | 4.18 | 3.59 | 3.25 | 3.03 | 2.87 | 2.75 | 2.65 | 2.57 | 2.51 | 2.41 | 2.31 | 2.20 | 2.07 | 2.01 | 1.94 | 1.87 | 1.79 | |
| 40 | 5.42 | 4.05 | 3.46 | 3.13 | 2.90 | 2.74 | 2.62 | 2.53 | 2.45 | 2.39 | 2.29 | 2.18 | 2.07 | 2.01 | 1.94 | 1.88 | 1.80 | 1.72 | 1.64 |
| 60 | 5.29 | 3.93 | 3.34 | 3.01 | 2.79 | 2.63 | 2.51 | 2.41 | 2.33 | 2.27 | 2.17 | 2.06 | 1.94 | 1.88 | 1.82 | 1.74 | 1.67 | 1.58 | 1.48 |
| 120 | 5.15 | 3.80 | 3.23 | 2.89 | 2.67 | 2.52 | 2.39 | 2.30 | 2.22 | 2.16 | 2.05 | 1.94 | 1.82 | 1.76 | 1.69 | 1.61 | 1.53 | 1.43 | 1.31 |
| $+\infty$ | 5.02 | 3.69 | 3.12 | 2.79 | 2.57 | 2.41 | 2.29 | 2.19 | 2.11 | 2.05 | 1.94 | 1.83 | 1.71 | 1.64 | 1.57 | 1.48 | 1.39 | 1.27 | 1.00 |

$\alpha = 0.01$

| $n_2$ | $n_1$ | | | | | | | | | | | | | | | | | | |
|---|---|---|---|---|---|---|---|---|---|---|---|---|---|---|---|---|---|---|---|
| | 1 | 2 | 3 | 4 | 5 | 6 | 7 | 8 | 9 | 10 | 12 | 15 | 20 | 24 | 30 | 40 | 60 | 120 | $+\infty$ |
| 1 | 4 052 | 4 999.5 | 5 403 | 5 625 | 5 764 | 5 859 | 5 928 | 5 982 | 6 022 | 6 056 | 6 106 | 6 157 | 6 209 | 6 235 | 6 261 | 6 287 | 6 313 | 6 339 | 6 366 |
| 2 | 98.50 | 99.00 | 99.17 | 99.25 | 99.30 | 99.33 | 99.36 | 99.37 | 99.39 | 99.40 | 99.42 | 99.43 | 99.45 | 99.46 | 99.47 | 99.47 | 99.48 | 99.49 | 99.50 |
| 3 | 34.12 | 30.82 | 29.46 | 28.71 | 28.24 | 27.91 | 27.67 | 27.49 | 27.35 | 27.23 | 27.05 | 26.87 | 26.69 | 26.60 | 26.50 | 26.41 | 26.32 | 26.22 | 26.13 |
| 4 | 21.20 | 18.00 | 16.69 | 15.98 | 15.52 | 15.21 | 14.98 | 14.80 | 14.66 | 14.55 | 14.37 | 14.20 | 14.02 | 13.93 | 13.84 | 13.75 | 13.65 | 13.56 | 13.46 |
| 5 | 16.26 | 13.27 | 12.06 | 11.39 | 10.97 | 10.67 | 10.46 | 10.29 | 10.16 | 10.05 | 9.89 | 9.72 | 9.55 | 9.47 | 9.38 | 9.29 | 9.20 | 9.11 | 9.02 |
| 6 | 13.75 | 10.92 | 9.78 | 9.15 | 8.75 | 8.47 | 8.26 | 8.10 | 7.98 | 7.87 | 7.72 | 7.56 | 7.40 | 7.31 | 7.23 | 7.14 | 7.06 | 6.97 | 6.88 |
| 7 | 12.25 | 9.55 | 8.45 | 7.85 | 7.46 | 7.19 | 6.99 | 6.84 | 6.72 | 6.62 | 6.47 | 6.31 | 6.16 | 6.07 | 5.99 | 5.91 | 5.82 | 5.74 | 5.65 |
| 8 | 11.26 | 8.65 | 7.59 | 7.01 | 6.63 | 6.37 | 6.18 | 6.03 | 5.91 | 5.81 | 5.67 | 5.52 | 5.36 | 5.28 | 5.20 | 5.12 | 5.03 | 4.95 | 4.86 |
| 9 | 10.56 | 8.02 | 6.99 | 6.42 | 6.06 | 5.80 | 5.61 | 5.47 | 5.35 | 5.26 | 5.11 | 4.96 | 4.81 | 4.73 | 4.65 | 4.57 | 4.48 | 4.40 | 4.31 |

附表 6（续 5）

$\alpha = 0.01$

| $n_2$ \ $n_1$ | 1 | 2 | 3 | 4 | 5 | 6 | 7 | 8 | 9 | 10 | 12 | 15 | 20 | 24 | 30 | 40 | 60 | 120 | $+\infty$ |
|---|---|---|---|---|---|---|---|---|---|---|---|---|---|---|---|---|---|---|---|
| 10 | 10.04 | 7.58 | 6.55 | 5.99 | 5.64 | 5.39 | 5.20 | 5.06 | 4.94 | 4.85 | 4.71 | 4.56 | 4.41 | 4.33 | 4.25 | 4.17 | 4.08 | 4.00 | 3.91 |
| 11 | 9.65 | 7.21 | 6.22 | 5.67 | 5.32 | 5.07 | 4.89 | 4.74 | 4.63 | 4.54 | 4.40 | 4.25 | 4.10 | 4.02 | 3.94 | 3.86 | 3.78 | 3.69 | 3.60 |
| 12 | 9.33 | 6.93 | 5.95 | 5.41 | 5.06 | 4.82 | 4.64 | 4.50 | 4.39 | 4.30 | 4.16 | 4.01 | 3.86 | 3.78 | 3.70 | 3.62 | 3.54 | 3.45 | 3.36 |
| 13 | 9.07 | 6.70 | 5.74 | 5.21 | 4.86 | 4.62 | 4.44 | 4.30 | 4.19 | 4.10 | 3.96 | 3.82 | 3.66 | 3.59 | 3.51 | 3.43 | 3.34 | 3.25 | 3.17 |
| 14 | 8.86 | 6.51 | 5.56 | 5.04 | 4.69 | 4.46 | 4.28 | 4.14 | 4.03 | 3.94 | 3.80 | 3.66 | 3.51 | 3.43 | 3.35 | 3.27 | 3.18 | 3.09 | 3.00 |
| 15 | 8.68 | 6.36 | 5.42 | 4.89 | 4.56 | 4.32 | 4.14 | 4.00 | 3.89 | 3.80 | 3.67 | 3.52 | 3.37 | 3.29 | 3.21 | 3.13 | 3.05 | 2.96 | 2.87 |
| 16 | 8.53 | 6.23 | 5.29 | 4.77 | 4.44 | 4.20 | 4.03 | 3.89 | 3.78 | 3.69 | 3.55 | 3.41 | 3.26 | 3.18 | 3.10 | 3.02 | 2.93 | 2.84 | 2.75 |
| 17 | 8.40 | 6.11 | 5.18 | 4.67 | 4.34 | 4.10 | 3.93 | 3.79 | 3.68 | 3.59 | 3.46 | 3.31 | 3.16 | 3.08 | 3.00 | 2.92 | 2.83 | 2.75 | 2.65 |
| 18 | 8.29 | 6.01 | 5.09 | 4.58 | 4.25 | 4.01 | 3.84 | 3.71 | 3.60 | 3.51 | 3.37 | 3.23 | 3.08 | 3.00 | 2.92 | 2.84 | 2.75 | 2.66 | 2.57 |
| 19 | 8.18 | 5.93 | 5.01 | 4.50 | 4.17 | 3.94 | 3.77 | 3.63 | 3.52 | 3.43 | 3.30 | 3.15 | 3.00 | 2.92 | 2.84 | 2.76 | 2.67 | 2.58 | 2.49 |
| 20 | 8.10 | 5.85 | 4.94 | 4.43 | 4.10 | 3.87 | 3.70 | 3.56 | 3.46 | 3.37 | 3.23 | 3.09 | 2.94 | 2.86 | 2.78 | 2.69 | 2.61 | 2.52 | 2.42 |
| 21 | 8.02 | 5.78 | 4.87 | 4.37 | 4.04 | 3.81 | 3.64 | 3.51 | 3.40 | 3.31 | 3.17 | 3.03 | 2.88 | 2.80 | 2.72 | 2.64 | 2.55 | 2.46 | 2.36 |
| 22 | 7.95 | 5.72 | 4.82 | 4.31 | 3.99 | 3.76 | 3.59 | 3.45 | 3.35 | 3.26 | 3.12 | 2.98 | 2.83 | 2.75 | 2.67 | 2.58 | 2.50 | 2.40 | 2.31 |
| 23 | 7.88 | 5.66 | 4.76 | 4.26 | 3.94 | 3.71 | 3.54 | 3.41 | 3.30 | 3.21 | 3.07 | 2.93 | 2.78 | 2.70 | 2.62 | 2.54 | 2.45 | 2.35 | 2.26 |
| 24 | 7.82 | 5.61 | 4.72 | 4.22 | 3.90 | 3.67 | 3.50 | 3.36 | 3.26 | 3.17 | 3.03 | 2.89 | 2.74 | 2.66 | 2.58 | 2.49 | 2.40 | 2.31 | 2.21 |
| 25 | 7.77 | 5.57 | 4.68 | 4.18 | 3.85 | 3.63 | 3.46 | 3.32 | 3.22 | 3.13 | 2.99 | 2.85 | 2.70 | 2.62 | 2.54 | 2.45 | 2.36 | 2.27 | 2.17 |
| 26 | 7.72 | 5.53 | 4.64 | 4.14 | 3.82 | 3.59 | 3.42 | 3.29 | 3.18 | 3.09 | 2.96 | 2.81 | 2.66 | 2.58 | 2.50 | 2.42 | 2.33 | 2.23 | 2.13 |
| 27 | 7.68 | 5.49 | 4.60 | 4.11 | 3.78 | 3.56 | 3.39 | 3.26 | 3.15 | 3.06 | 2.93 | 2.78 | 2.63 | 2.55 | 2.47 | 2.38 | 2.29 | 2.20 | 2.10 |
| 28 | 7.64 | 5.45 | 4.57 | 4.07 | 3.75 | 3.53 | 3.36 | 3.23 | 3.12 | 3.03 | 2.90 | 2.75 | 2.60 | 2.52 | 2.44 | 2.35 | 2.26 | 2.17 | 2.06 |
| 29 | 7.60 | 5.42 | 4.54 | 4.04 | 3.73 | 3.50 | 3.33 | 3.20 | 3.09 | 3.00 | 2.87 | 2.73 | 2.57 | 2.49 | 2.41 | 2.33 | 2.23 | 2.14 | 2.03 |
| 30 | 7.56 | 5.39 | 4.51 | 4.02 | 3.70 | 3.47 | 3.30 | 3.17 | 3.07 | 2.98 | 2.84 | 2.70 | 2.55 | 2.47 | 2.39 | 2.30 | 2.21 | 2.11 | 2.01 |
| 40 | 7.31 | 5.18 | 4.31 | 3.83 | 3.51 | 3.29 | 3.12 | 2.99 | 2.89 | 2.80 | 2.66 | 2.52 | 2.37 | 2.29 | 2.20 | 2.11 | 2.02 | 1.92 | 1.80 |
| 60 | 7.08 | 4.98 | 4.13 | 3.65 | 3.34 | 3.12 | 2.95 | 2.82 | 2.72 | 2.63 | 2.50 | 2.35 | 2.20 | 2.12 | 2.03 | 1.94 | 1.84 | 1.73 | 1.60 |
| 120 | 6.85 | 4.79 | 3.95 | 3.48 | 3.17 | 2.96 | 2.79 | 2.66 | 2.56 | 2.47 | 2.34 | 2.19 | 2.03 | 1.95 | 1.86 | 1.76 | 1.66 | 1.53 | 1.38 |
| $+\infty$ | 6.63 | 4.61 | 3.78 | 3.32 | 3.02 | 2.80 | 2.64 | 2.51 | 2.41 | 2.32 | 2.18 | 2.04 | 1.88 | 1.79 | 1.70 | 1.59 | 1.47 | 1.32 | 1.00 |

附表 6（续 6）

$\alpha = 0.005$

| $n_2$ \ $n_1$ | 1 | 2 | 3 | 4 | 5 | 6 | 7 | 8 | 9 | 10 | 12 | 15 | 20 | 24 | 30 | 40 | 60 | 120 | $+\infty$ |
|---|---|---|---|---|---|---|---|---|---|---|---|---|---|---|---|---|---|---|---|
| 1 | 16 211 | 20 000 | 21 615 | 22 500 | 23 056 | 23 437 | 23 715 | 23 925 | 24 091 | 24 224 | 24 426 | 24 630 | 24 836 | 24 940 | 25 044 | 25 148 | 25 253 | 25 359 | 25 465 |
| 2 | 198.5 | 199.0 | 199.2 | 199.2 | 199.3 | 199.3 | 199.4 | 199.4 | 199.4 | 199.4 | 199.4 | 199.4 | 199.4 | 199.5 | 199.5 | 199.5 | 199.5 | 199.5 | 199.5 |
| 3 | 55.55 | 49.80 | 47.47 | 46.19 | 45.39 | 44.84 | 44.43 | 44.13 | 43.88 | 43.69 | 43.39 | 43.08 | 42.78 | 42.62 | 42.47 | 42.31 | 42.15 | 41.99 | 41.83 |
| 4 | 31.33 | 26.28 | 24.26 | 23.15 | 22.46 | 21.97 | 21.62 | 21.35 | 21.14 | 20.97 | 20.70 | 20.44 | 20.17 | 20.03 | 19.89 | 19.75 | 19.61 | 19.47 | 19.32 |
| 5 | 22.78 | 18.31 | 16.53 | 15.56 | 14.94 | 14.51 | 14.20 | 13.96 | 13.77 | 13.62 | 13.38 | 13.15 | 12.90 | 12.78 | 12.66 | 12.53 | 12.40 | 12.27 | 12.14 |
| 6 | 18.63 | 14.54 | 12.92 | 12.03 | 11.46 | 11.07 | 10.79 | 10.57 | 10.39 | 10.25 | 10.03 | 9.81 | 9.59 | 9.47 | 9.36 | 9.24 | 9.12 | 9.00 | 8.88 |
| 7 | 16.24 | 12.40 | 10.88 | 10.05 | 9.52 | 9.16 | 8.89 | 8.68 | 8.51 | 8.38 | 8.18 | 7.97 | 7.75 | 7.65 | 7.53 | 7.42 | 7.31 | 7.19 | 7.08 |
| 8 | 14.69 | 11.04 | 9.60 | 8.81 | 8.30 | 7.95 | 7.69 | 7.50 | 7.34 | 7.21 | 7.01 | 6.81 | 6.61 | 6.50 | 6.40 | 6.29 | 6.18 | 6.06 | 5.95 |
| 9 | 13.61 | 10.11 | 8.72 | 7.96 | 7.47 | 7.13 | 6.88 | 6.69 | 6.54 | 6.42 | 6.23 | 6.03 | 5.83 | 5.73 | 5.62 | 5.52 | 5.41 | 5.30 | 5.19 |
| 10 | 12.83 | 9.43 | 8.08 | 7.34 | 6.87 | 6.54 | 6.30 | 6.12 | 5.97 | 5.85 | 5.66 | 5.47 | 5.27 | 5.17 | 5.07 | 4.97 | 4.86 | 4.75 | 4.64 |
| 11 | 12.23 | 8.91 | 7.60 | 6.88 | 6.42 | 6.10 | 5.86 | 5.68 | 5.54 | 5.42 | 5.24 | 5.05 | 4.86 | 4.76 | 4.65 | 4.55 | 4.44 | 4.34 | 4.23 |
| 12 | 11.75 | 8.51 | 7.23 | 6.52 | 6.07 | 5.76 | 5.52 | 5.35 | 5.20 | 5.09 | 4.91 | 4.72 | 4.53 | 4.43 | 4.33 | 4.23 | 4.12 | 4.01 | 3.90 |
| 13 | 11.37 | 8.19 | 6.93 | 6.23 | 5.79 | 5.48 | 5.25 | 5.08 | 4.94 | 4.82 | 4.64 | 4.46 | 4.27 | 4.17 | 4.07 | 3.97 | 3.87 | 3.76 | 3.65 |
| 14 | 11.06 | 7.92 | 6.68 | 6.00 | 5.56 | 5.26 | 5.03 | 4.86 | 4.72 | 4.60 | 4.43 | 4.25 | 4.06 | 3.96 | 3.86 | 3.76 | 3.66 | 3.55 | 3.44 |
| 15 | 10.80 | 7.70 | 6.48 | 5.80 | 5.37 | 5.07 | 4.85 | 4.67 | 4.54 | 4.42 | 4.25 | 4.07 | 3.88 | 3.79 | 3.69 | 3.58 | 3.48 | 3.37 | 3.26 |
| 16 | 10.58 | 7.51 | 6.30 | 5.64 | 5.21 | 4.91 | 4.69 | 4.52 | 4.38 | 4.27 | 4.10 | 3.92 | 3.73 | 3.64 | 3.54 | 3.44 | 3.33 | 3.22 | 3.11 |
| 17 | 10.38 | 7.35 | 6.16 | 5.50 | 5.07 | 4.78 | 4.56 | 4.39 | 4.25 | 4.14 | 3.97 | 3.79 | 3.61 | 3.51 | 3.41 | 3.31 | 3.21 | 3.10 | 2.98 |
| 18 | 10.22 | 7.21 | 6.03 | 5.37 | 4.96 | 4.66 | 4.44 | 4.28 | 4.14 | 4.03 | 3.86 | 3.68 | 3.50 | 3.40 | 3.30 | 3.20 | 3.10 | 2.99 | 2.87 |
| 19 | 10.07 | 7.09 | 5.92 | 5.27 | 4.85 | 4.56 | 4.34 | 4.18 | 4.04 | 3.93 | 3.76 | 3.59 | 3.40 | 3.31 | 3.21 | 3.11 | 3.00 | 2.89 | 2.78 |
| 20 | 9.94 | 6.99 | 5.82 | 5.17 | 4.76 | 4.47 | 4.26 | 4.09 | 3.96 | 3.85 | 3.68 | 3.50 | 3.32 | 3.22 | 3.12 | 3.02 | 2.92 | 2.81 | 2.69 |
| 21 | 9.83 | 6.89 | 5.73 | 5.09 | 4.68 | 4.39 | 4.18 | 4.01 | 3.88 | 3.77 | 3.60 | 3.43 | 3.24 | 3.15 | 3.05 | 2.95 | 2.84 | 2.73 | 2.61 |
| 22 | 9.73 | 6.81 | 5.65 | 5.02 | 4.61 | 4.32 | 4.11 | 3.94 | 3.81 | 3.70 | 3.54 | 3.36 | 3.18 | 3.08 | 2.98 | 2.88 | 2.77 | 2.66 | 2.55 |
| 23 | 9.63 | 6.73 | 5.58 | 4.95 | 4.54 | 4.26 | 4.05 | 3.88 | 3.75 | 3.64 | 3.47 | 3.30 | 3.12 | 3.02 | 2.92 | 2.82 | 2.71 | 2.60 | 2.48 |
| 24 | 9.55 | 6.66 | 5.52 | 4.89 | 4.49 | 4.20 | 3.99 | 3.83 | 3.69 | 3.59 | 3.42 | 3.25 | 3.06 | 2.97 | 2.87 | 2.77 | 2.66 | 2.55 | 2.43 |

附表 6（续 7）

α = 0.005

| $n_2$ | $n_1$ | | | | | | | | | | | | | | | | | | |
|---|---|---|---|---|---|---|---|---|---|---|---|---|---|---|---|---|---|---|---|
| | 1 | 2 | 3 | 4 | 5 | 6 | 7 | 8 | 9 | 10 | 12 | 15 | 20 | 24 | 30 | 40 | 60 | 120 | +∞ |
| 25 | 9.48 | 6.60 | 5.46 | 4.84 | 4.43 | 4.15 | 3.94 | 3.78 | 3.64 | 3.54 | 3.37 | 3.20 | 3.01 | 2.92 | 2.82 | 2.72 | 2.61 | 2.50 | 2.38 |
| 26 | 9.41 | 6.54 | 5.41 | 4.79 | 4.38 | 4.10 | 3.89 | 3.73 | 3.60 | 3.49 | 3.33 | 3.15 | 2.97 | 2.87 | 2.77 | 2.67 | 2.56 | 2.45 | 2.33 |
| 27 | 9.34 | 6.49 | 5.36 | 4.74 | 4.34 | 4.06 | 3.85 | 3.69 | 3.56 | 3.45 | 3.28 | 3.11 | 2.93 | 2.83 | 2.73 | 2.63 | 2.52 | 2.41 | 2.29 |
| 28 | 9.28 | 6.44 | 5.32 | 4.70 | 4.30 | 4.02 | 3.81 | 3.65 | 3.52 | 3.41 | 3.25 | 3.07 | 2.89 | 2.79 | 2.69 | 2.59 | 2.48 | 2.37 | 2.25 |
| 29 | 9.23 | 6.40 | 5.28 | 4.66 | 4.26 | 3.98 | 3.77 | 3.61 | 3.48 | 3.38 | 3.21 | 3.04 | 2.86 | 2.76 | 2.66 | 2.56 | 2.45 | 2.33 | 2.21 |
| 30 | 9.18 | 6.35 | 5.24 | 4.62 | 4.23 | 3.95 | 3.74 | 3.58 | 3.45 | 3.34 | 3.18 | 3.01 | 2.82 | 2.73 | 2.63 | 2.52 | 2.42 | 2.30 | 2.18 |
| 40 | 8.83 | 6.07 | 4.98 | 4.37 | 3.99 | 3.71 | 3.51 | 3.35 | 3.22 | 3.12 | 2.95 | 2.78 | 2.60 | 2.50 | 2.40 | 2.30 | 2.18 | 2.06 | 1.93 |
| 60 | 8.49 | 5.79 | 4.73 | 4.14 | 3.76 | 3.49 | 3.29 | 3.13 | 3.01 | 2.90 | 2.74 | 2.57 | 2.39 | 2.29 | 2.19 | 2.08 | 1.96 | 1.83 | 1.69 |
| 120 | 8.18 | 5.54 | 4.50 | 3.92 | 3.55 | 3.28 | 3.09 | 2.93 | 2.81 | 2.71 | 2.54 | 2.37 | 2.19 | 2.09 | 1.98 | 1.87 | 1.75 | 1.61 | 1.43 |
| +∞ | 7.88 | 5.30 | 4.28 | 3.72 | 3.35 | 3.09 | 2.90 | 2.74 | 2.62 | 2.52 | 2.36 | 2.19 | 2.00 | 1.90 | 1.79 | 1.67 | 1.53 | 1.36 | 1.00 |

α = 0.001

| $n_2$ | $n_1$ | | | | | | | | | | | | | | | | | | |
|---|---|---|---|---|---|---|---|---|---|---|---|---|---|---|---|---|---|---|---|
| | 1 | 2 | 3 | 4 | 5 | 6 | 7 | 8 | 9 | 10 | 12 | 15 | 20 | 24 | 30 | 40 | 60 | 120 | +∞ |
| 1 | 4 053△ | 5 000△ | 5 404△ | 5 625△ | 5 764△ | 5 859△ | 5 929△ | 5 981△ | 6 023△ | 6 056△ | 6 107△ | 6 158△ | 6 209△ | 6 235△ | 6 261△ | 6 287△ | 6 313△ | 6 340△ | 6 366△ |
| 2 | 998.5 | 999.0 | 999.2 | 999.2 | 999.3 | 999.3 | 999.4 | 999.4 | 999.4 | 999.4 | 999.4 | 999.4 | 999.4 | 999.5 | 999.5 | 999.5 | 999.5 | 999.5 | 999.5 |
| 3 | 167.0 | 148.5 | 141.1 | 137.1 | 134.6 | 132.8 | 131.6 | 130.6 | 129.9 | 129.2 | 128.3 | 127.4 | 126.4 | 125.9 | 125.4 | 125.0 | 124.5 | 124.0 | 123.5 |
| 4 | 74.14 | 61.25 | 56.18 | 53.44 | 51.71 | 50.53 | 49.66 | 49.00 | 48.47 | 48.05 | 47.41 | 46.76 | 46.10 | 45.77 | 45.43 | 45.09 | 44.75 | 44.40 | 44.05 |
| 5 | 47.18 | 37.12 | 33.20 | 31.09 | 29.75 | 28.84 | 28.16 | 27.64 | 27.24 | 26.92 | 26.42 | 25.91 | 25.39 | 25.14 | 24.87 | 24.60 | 24.33 | 24.06 | 23.79 |
| 6 | 35.51 | 27.00 | 23.70 | 21.92 | 20.81 | 20.03 | 19.46 | 19.03 | 18.69 | 18.41 | 17.99 | 17.56 | 17.12 | 16.89 | 16.67 | 16.44 | 16.21 | 15.99 | 15.75 |
| 7 | 29.25 | 21.69 | 18.77 | 17.19 | 16.21 | 15.52 | 15.02 | 14.63 | 14.33 | 14.08 | 13.71 | 13.32 | 12.93 | 12.73 | 12.53 | 12.33 | 12.12 | 11.91 | 11.70 |
| 8 | 25.42 | 18.49 | 15.83 | 14.39 | 13.49 | 12.86 | 12.40 | 12.04 | 11.77 | 11.54 | 11.19 | 10.84 | 10.48 | 10.30 | 10.11 | 9.92 | 9.73 | 9.53 | 9.33 |
| 9 | 22.86 | 16.39 | 13.90 | 12.56 | 11.71 | 11.13 | 10.70 | 10.37 | 10.11 | 9.89 | 9.57 | 9.24 | 8.90 | 8.72 | 8.55 | 8.37 | 8.19 | 8.00 | 7.81 |

注：△表示要将所列数乘以 100

附表 6（续 8）

$\alpha = 0.001$

| $n_2$ \\ $n_1$ | 1 | 2 | 3 | 4 | 5 | 6 | 7 | 8 | 9 | 10 | 12 | 15 | 20 | 24 | 30 | 40 | 60 | 120 | $+\infty$ |
|---|---|---|---|---|---|---|---|---|---|---|---|---|---|---|---|---|---|---|---|
| 10 | 21.04 | 14.91 | 12.55 | 11.28 | 10.48 | 9.92 | 9.52 | 9.20 | 8.96 | 8.75 | 8.45 | 8.18 | 8.00 | | 7.47 | 7.30 | 7.12 | 6.94 | 6.76 |
| 11 | 19.69 | 13.81 | 11.56 | 10.35 | 9.58 | 9.05 | 8.66 | 8.35 | 8.12 | 7.92 | 7.63 | 7.32 | 7.01 | 6.85 | 6.68 | 6.52 | 6.35 | 6.17 | 6.00 |
| 12 | 18.64 | 12.97 | 10.80 | 9.63 | 8.89 | 8.38 | 8.00 | 7.71 | 7.48 | 7.29 | 7.00 | 6.71 | 6.40 | 6.25 | 6.09 | 5.93 | 5.76 | 5.59 | 5.42 |
| 13 | 17.81 | 12.31 | 10.21 | 9.07 | 8.35 | 7.86 | 7.49 | 7.21 | 6.98 | 6.80 | 6.52 | 6.23 | 5.93 | 5.78 | 5.63 | 5.47 | 5.30 | 5.14 | 4.97 |
| 14 | 17.14 | 11.78 | 9.73 | 8.62 | 7.92 | 7.43 | 7.08 | 6.80 | 6.58 | 6.40 | 6.13 | 5.85 | 5.56 | 5.41 | 5.25 | 5.10 | 4.94 | 4.77 | 4.60 |
| 15 | 16.59 | 11.34 | 9.34 | 8.25 | 7.57 | 7.09 | 6.74 | 6.47 | 6.26 | 6.08 | 5.81 | 5.54 | 5.25 | 5.10 | 4.95 | 4.80 | 4.64 | 4.47 | 4.31 |
| 16 | 16.12 | 10.97 | 9.00 | 7.94 | 7.27 | 6.81 | 6.46 | 6.19 | 5.98 | 5.81 | 5.55 | 5.27 | 4.99 | 4.85 | 4.70 | 4.54 | 4.39 | 4.23 | 4.06 |
| 17 | 15.72 | 10.66 | 8.73 | 7.68 | 7.02 | 6.56 | 6.22 | 5.96 | 5.75 | 5.58 | 5.32 | 5.05 | 4.78 | 4.63 | 4.48 | 4.33 | 4.18 | 4.02 | 3.85 |
| 18 | 15.38 | 10.39 | 8.49 | 7.46 | 6.81 | 6.35 | 6.02 | 5.76 | 5.56 | 5.39 | 5.13 | 4.87 | 4.59 | 4.485 | 4.30 | 4.15 | 4.00 | 3.84 | 3.67 |
| 19 | 15.08 | 10.16 | 8.28 | 7.26 | 6.62 | 6.18 | 5.85 | 5.59 | 5.39 | 5.22 | 4.97 | 4.70 | 4.43 | 4.29 | 4.14 | 3.99 | 3.84 | 3.68 | 3.51 |
| 20 | 14.82 | 9.95 | 8.10 | 7.10 | 6.46 | 6.02 | 5.69 | 5.44 | 5.24 | 5.08 | 4.82 | 4.56 | 4.29 | 4.14 | 4.00 | 3.86 | 3.70 | 3.54 | 3.38 |
| 21 | 14.59 | 9.77 | 7.94 | 6.95 | 6.32 | 5.88 | 5.56 | 5.31 | 5.11 | 4.95 | 4.70 | 4.44 | 4.17 | 4.03 | 3.88 | 3.74 | 3.58 | 3.42 | 3.26 |
| 22 | 14.38 | 9.61 | 7.80 | 6.81 | 6.19 | 5.76 | 5.44 | 5.19 | 4.99 | 4.83 | 4.58 | 4.33 | 4.06 | 3.92 | 3.78 | 3.63 | 3.48 | 3.32 | 3.15 |
| 23 | 14.19 | 9.47 | 7.67 | 6.69 | 6.08 | 5.65 | 5.33 | 5.09 | 4.89 | 4.73 | 4.48 | 4.23 | 3.96 | 3.82 | 3.68 | 3.53 | 3.38 | 3.22 | 3.05 |
| 24 | 14.03 | 9.34 | 7.55 | 6.59 | 5.98 | 5.55 | 5.23 | 4.99 | 4.80 | 4.64 | 4.39 | 4.14 | 3.87 | 3.74 | 3.59 | 3.45 | 3.29 | 3.14 | 2.97 |
| 25 | 13.88 | 9.22 | 7.45 | 6.49 | 5.88 | 5.46 | 5.15 | 4.91 | 4.71 | 4.56 | 4.31 | 4.06 | 3.79 | 3.66 | 3.52 | 3.37 | 3.22 | 3.06 | 2.89 |
| 26 | 13.74 | 9.12 | 7.36 | 6.41 | 5.80 | 5.38 | 5.07 | 4.83 | 4.64 | 4.48 | 4.24 | 3.99 | 3.72 | 3.59 | 3.44 | 3.30 | 3.15 | 2.99 | 2.82 |
| 27 | 13.61 | 9.02 | 7.27 | 6.33 | 5.73 | 5.31 | 5.00 | 4.76 | 4.57 | 4.41 | 4.17 | 3.92 | 3.66 | 3.52 | 3.38 | 3.23 | 3.08 | 2.92 | 2.75 |
| 28 | 13.50 | 8.93 | 7.19 | 6.25 | 5.66 | 5.24 | 4.93 | 4.69 | 4.50 | 4.35 | 4.11 | 3.86 | 3.60 | 3.46 | 3.32 | 3.18 | 3.02 | 2.86 | 2.69 |
| 29 | 13.39 | 8.85 | 7.12 | 6.19 | 5.59 | 5.18 | 4.87 | 4.64 | 4.45 | 4.29 | 4.05 | 3.80 | 3.54 | 3.41 | 3.27 | 3.12 | 2.97 | 2.81 | 2.64 |
| 30 | 13.29 | 8.77 | 7.05 | 6.12 | 5.53 | 5.12 | 4.82 | 4.58 | 4.39 | 4.24 | 4.00 | 3.75 | 3.49 | 3.36 | 3.22 | 3.07 | 2.92 | 2.76 | 2.59 |
| 40 | 12.61 | 8.25 | 6.60 | 5.70 | 5.13 | 4.73 | 4.44 | 4.21 | 4.02 | 3.87 | 3.64 | 3.40 | 3.15 | 3.01 | 2.87 | 2.73 | 2.57 | 2.41 | 2.23 |
| 60 | 11.97 | 7.76 | 6.17 | 5.31 | 4.76 | 4.37 | 4.09 | 3.87 | 3.69 | 3.54 | 3.31 | 3.08 | 2.83 | 2.69 | 2.55 | 2.41 | 2.25 | 2.08 | 1.89 |
| 120 | 11.38 | 7.32 | 5.79 | 4.95 | 4.42 | 4.04 | 3.77 | 3.55 | 3.38 | 3.24 | 3.02 | 2.78 | 2.53 | 2.40 | 2.26 | 2.11 | 1.95 | 1.76 | 1.54 |
| $+\infty$ | 10.83 | 6.91 | 5.42 | 4.62 | 4.10 | 3.74 | 3.47 | 3.27 | 3.10 | 2.96 | 2.74 | 2.51 | 2.27 | 2.13 | 1.99 | 1.84 | 1.66 | 1.45 | 1.00 |

# 课后习题参考答案

## 习 题 1

1 - 3    $(1)A\bar{B}\bar{C};(2)A \cup B \cup C;(3)AB\bar{C};(4)ABC;(5)\bar{A}\bar{B}\bar{C};(6)AB \cup AC \cup BC;(7)\overline{ABC}$

1 - 4    成立的:(1),(3),(4),(5),(6),(7),(8);不成立的:(2)

1 - 5    $(1)B \subset A;(2)A \subset B;(3)A \subset B$ 且 $C \subset B$

1 - 6    事件 $A$ 与 $B$ 是互不相容的或互斥的,并且 $A \cup B = S$,称事件 $A$ 与 $B$ 互为对立事件. 应该说,两个事件互为对立关系要比两个事件互斥的条件严格. 所以,对立事件必是互不相容(互斥)的,但互不相容的两个事件不一定是对立事件.

       (1) 对立事件;(2) 互斥事件

1 - 8    当 $A \subset B$ 时,$P(AB)$ 取得最大值,此时 $P(AB) = 0.5$;当 $A \cup B = S$ 时,$P(AB)$ 取到最小值,此时 $P(AB) = 0.1$

1 - 9    $\dfrac{5}{8}$

1 - 10    0.6

1 - 11    0.018

1 - 12    $\dfrac{8}{15}$

1 - 13    $\dfrac{8}{21}$

1 - 14    $(1)\dfrac{1}{15};(2)\dfrac{1}{30};(3)\dfrac{1}{210}$

1 - 15    $\dfrac{25}{91}$ 和 $\dfrac{6}{91}$

1 - 16    $\dfrac{2}{9}$

1 - 17    $\dfrac{127}{924}$

1 - 18    $\dfrac{101}{115}\dfrac{3}{2}$

1 - 19　$\dfrac{17}{19}$

1 - 20　$P(B \mid A) = \dfrac{1}{2}$

1 - 21　$\dfrac{3}{200}$

1 - 22　$P(\bar{A} \mid \bar{B}) = \dfrac{2}{3}$

1 - 23　$\dfrac{3}{4}$

1 - 24　$(1)0.3;(2)\dfrac{17}{30}$

1 - 25　$(1)\dfrac{146}{150};(2)0.25$

1 - 26　$\dfrac{196}{197}$

1 - 27　$(1)0.4;(2)0.485\ 6$

1 - 28　$(1)0.040\ 45;(2)$ 由甲工厂生产的可能性较大.

1 - 31　$(1)0.847;(2)0.849$

1 - 32　$0.6$

1 - 33　$P^4 - 2P^3 + 2P$

1 - 34　至少需要配 6 门高射炮

1 - 35　$(1)0.56;(2)0.94;(3)0.38$

1 - 36　$0.458$

1 - 37　$(1)0.03;(2)0.388$

1 - 38　$(1)0.999\ 936;(2)0.081\ 92;(3)0.262\ 144$

1 - 39　证明:任取一事件 $B$,则 $P(B) = P[B(A \cup \bar{A})] = P(AB \cup \bar{A}B) = P(AB) + P(\bar{A}B)$.

　　　由于 $0 \leqslant P(\bar{A}B) \leqslant P(\bar{A}) = 1 - P(A) = 0$,故 $P(\bar{A}B) = 0$. 所以
$$P(AB) = P(B) = P(B) \cdot 1 = P(B)P(A)$$

1 - 41　$(1)0.04;(2)0.023$

1 - 42　$1 - a - b + c;1 - c;1 - c;1 - a - b + c$

1 - 43　$P(A) + P(B) - 2P(AB)$

1 - 44　$0.1$

1 - 45　$\dfrac{17}{25}$

1 － 46　$\dfrac{1}{6}$

1 － 47　$\dfrac{23}{45}$ 和 $\dfrac{15}{23}$

1 － 48　B

1 － 49　A

1 － 50　B

1 － 51　C

1 － 52　D

1 － 53　D

1 － 54　B

# 习　题　2

2 － 1　$\dfrac{1}{\mathrm{e}^{\lambda}}$

2 － 2

| $X$ | 1 | 2 | 3 | 4 | 5 | 6 |
|---|---|---|---|---|---|---|
| $P$ | $\dfrac{11}{36}$ | $\dfrac{9}{36}$ | $\dfrac{7}{36}$ | $\dfrac{5}{36}$ | $\dfrac{3}{36}$ | $\dfrac{1}{36}$ |

2 － 3　（1）

| $X$ | 4 | 5 | 6 | 7 | 8 | 9 |
|---|---|---|---|---|---|---|
| $P$ | $\dfrac{126}{252}$ | $\dfrac{70}{252}$ | $\dfrac{35}{252}$ | $\dfrac{15}{252}$ | $\dfrac{5}{252}$ | $\dfrac{1}{252}$ |

（2）0.023 8

2 － 4　有放回 $P\{X = k\} = C_3^k \left(\dfrac{2}{5}\right)^k \left(\dfrac{3}{5}\right)^{3-k}, k = 0,1,2,3$

　　　　无放回 $P\{X = k\} = \dfrac{C_2^k C_3^{3-k}}{C_5^3}, k = 0,1,2$

2 － 5　$\dfrac{22}{29}$

2 - 6　(1)

| $X$ | 1 | 2 | 3 | $\cdots$ |
|---|---|---|---|---|
| $P$ | $\dfrac{1}{3}$ | $\dfrac{1}{3}\left(\dfrac{2}{3}\right)$ | $\dfrac{1}{3}\left(\dfrac{2}{3}\right)^2$ | $\cdots$ |

(2)

| $Y$ | 1 | 2 | 3 |
|---|---|---|---|
| $P$ | $\dfrac{1}{3}$ | $\dfrac{1}{3}$ | $\dfrac{1}{3}$ |

(3) $\dfrac{8}{27},\dfrac{38}{81}$

2 - 7　0.988 5

2 - 8　$\dfrac{8}{81}$

2 - 9　0.367 0

2 - 10　0.384

2 - 11　$k = 3,P\{k = 3\} = 0.242\ 8$

2 - 12　$\dfrac{1\ 023}{1\ 024}$

2 - 13　0.91;0.09

2 - 14　$\dfrac{(\lambda p)^k}{k!}\mathrm{e}^{-\lambda p}$

2 - 15　$(1)f_T(t) = \begin{cases} \lambda\mathrm{e}^{-\lambda t}, & t > 0 \\ 0, & t \leqslant 0 \end{cases};(2)Q = \mathrm{e}^{-8\lambda}$

2 - 16　$(1)0.002;(2)0.968$

2 - 17　$F(x) = \begin{cases} 0, & x < 0 \\ 1 - p, & 0 \leqslant x < 1 \\ 1, & x \geqslant 1 \end{cases}$

2 - 18

| $X$ | $-2$ | 1 | 5 |
|---|---|---|---|
| $P$ | 0.5 | 0.1 | 0.4 |

2 - 19　$(1)A = B = \dfrac{1}{2};(2)f(x) = \begin{cases} \dfrac{1}{2}\mathrm{e}^{x}, & x < 0 \\ 0, & 0 \leqslant x < 1 \\ \dfrac{1}{2}\mathrm{e}^{-(x-1)}, & x \geqslant 1 \end{cases};(3)P\left\{X > \dfrac{1}{3}\right\} = \dfrac{1}{2}$

2-20　$(1)A = \dfrac{1}{\pi};(2)\dfrac{1}{3};(3)F(x) = \begin{cases} 0, & x < -1 \\ \dfrac{1}{2} + \dfrac{1}{\pi}\arcsin x, & -1 \leqslant x < 1 \\ 1, & x \geqslant 1 \end{cases}$

2-21　$(1)\dfrac{2}{3};(2)\dfrac{16}{81};(3)\dfrac{80}{81};(4)\dfrac{3}{4}$

2-22　$Y \sim B(5,\mathrm{e}^{-2}),0.516\,7$

2-23　$a = \sqrt[3]{4}$

2-24　$\dfrac{5}{16}$

2-25　$(1)0.975\,9;(2)a = 112.935$

2-26　$(1)0.954\,4;(2)0.383;(3)d = 91\ \mathrm{℃}$

2-27　$\sigma \leqslant 10.2$

2-28　$\alpha = 0.87$

2-29　$1 - \mathrm{e}^{-1}$

2-30　$(1)2.33;(2)2.75,2.96$

2-31

| $Y$ | 0 | 2 | 6 |
|---|---|---|---|
| $P$ | 0.2 | 0.5 | 0.3 |

2-32

| $Y$ | -1 | 0 | 1 |
|---|---|---|---|
| $P$ | $\dfrac{2}{15}$ | $\dfrac{5}{15}$ | $\dfrac{8}{15}$ |

2-33

| $Y$ | 10 | 5 | 0 | -2 |
|---|---|---|---|---|
| $P$ | 0.328 | 0.410 | 0.205 | 0.057 |

2-34　$(1)Y \sim N(35,6^2);(2)Y \sim N(0,2^2)$

2-35　$f_Y(y) = \begin{cases} 0, & y < 1 \\ \dfrac{1}{y^2}, & y \geqslant 1 \end{cases}$

2 - 36 $f_Y(y) = \begin{cases} \dfrac{1}{2}e^{-\frac{y}{2}}, & y > 0 \\ 0, & y \leqslant 0 \end{cases}$

2 - 37 $f_Y(y) = \begin{cases} \dfrac{1}{\sqrt{y-1}} - 1, & 1 < y < 2 \\ 0, & \text{其他} \end{cases}$

2 - 38

| $Y$ | 10 | 0 | $-2$ |
|---|---|---|---|
| $P$ | 0.682 6 | 0.158 7 | 0.158 7 |

2 - 39 $(1) f_Y(y) = \begin{cases} \dfrac{1}{2\sqrt{\pi(y-1)}}e^{-\frac{y-1}{4}}, & y > 1, \\ 0, & y \leqslant 1 \end{cases}$ ; $(2) f_Y(y) = \begin{cases} \sqrt{\dfrac{2}{\pi}}e^{-\frac{y^2}{2}}, & y > 0 \\ 0, & y \leqslant 0 \end{cases}$

2 - 40 $f_Y(y) = \begin{cases} \dfrac{2}{\pi\sqrt{1-y^2}}, & 0 < y < 1 \\ 0, & \text{其他} \end{cases}$

# 习　题　3

3 - 1 （1）放回抽样情况

| $Y$ | $X$ | |
|---|---|---|
| | 0 | 1 |
| 0 | $\dfrac{25}{36}$ | $\dfrac{5}{36}$ |
| 1 | $\dfrac{5}{36}$ | $\dfrac{1}{36}$ |

（2）不放回抽样的情况

| $Y$ | $X$ | |
|---|---|---|
| | 0 | 1 |
| 0 | $\dfrac{45}{66}$ | $\dfrac{10}{66}$ |
| 1 | $\dfrac{10}{66}$ | $\dfrac{1}{66}$ |

3 - 2

| Y | X | | | |
|---|---|---|---|---|
| | 0 | 1 | 2 | 3 |
| 0 | 0 | 0 | $\dfrac{3}{35}$ | $\dfrac{2}{35}$ |
| 1 | 0 | $\dfrac{6}{35}$ | $\dfrac{12}{35}$ | $\dfrac{2}{35}$ |
| 2 | $\dfrac{1}{35}$ | $\dfrac{6}{35}$ | $\dfrac{3}{35}$ | 0 |

3 - 3　$(1) k = \dfrac{1}{8} ; (2) P(X < 1, Y < 3) = \dfrac{3}{8}$ ;

$(3) P(X \leqslant 1.5) = \dfrac{27}{32} ; (4) P(X + Y \leqslant 4) = \dfrac{2}{3}$

3 - 4　(1) ① 放回抽样(第 1 题)

| X | 0 | 1 |
|---|---|---|
| $p_{i\cdot}$ | $\dfrac{5}{6}$ | $\dfrac{1}{6}$ |

| Y | 0 | 1 |
|---|---|---|
| $p_{\cdot j}$ | $\dfrac{5}{6}$ | $\dfrac{1}{6}$ |

② 不放回抽样(第 1 题)

| X | 0 | 1 |
|---|---|---|
| $p_{i\cdot}$ | $\dfrac{5}{6}$ | $\dfrac{1}{6}$ |

| Y | 0 | 1 |
|---|---|---|
| $p_{\cdot j}$ | $\dfrac{5}{6}$ | $\dfrac{1}{6}$ |

(2)(第 2 题)

X 的边缘分布律

| X | 0 | 1 | 2 | 3 |
|---|---|---|---|---|
| $p_{i\cdot}$ | $\dfrac{1}{8}$ | $\dfrac{3}{8}$ | $\dfrac{3}{8}$ | $\dfrac{1}{8}$ |

Y 的边缘分布律

| Y | 1 | 3 |
|---|---|---|
| $p_{\cdot j}$ | $\dfrac{6}{8}$ | $\dfrac{2}{8}$ |

3 - 5　$f_X(x) = \begin{cases} 2.4x^2(2 - x), & 0 \leqslant x \leqslant 1 \\ 0, & 其他 \end{cases}$ ; $f_Y(y) = \begin{cases} 2.4y(3 - 4y + y^2), & 0 \leqslant y \leqslant 1 \\ 0, & 其他 \end{cases}$

3 - 6　$f_X(x) = \begin{cases} e^{-x}, & x > 0 \\ 0, & x \leqslant 0 \end{cases}$ ; $f_Y(y) = \begin{cases} y e^{-y}, & y > 0 \\ 0, & y \leqslant 0 \end{cases}$

3 - 7　$c = \dfrac{21}{4}$ ; $f_X(x) = \begin{cases} \dfrac{21}{8}x^2(1 - x^4), & -1 \leqslant x \leqslant 1 \\ 0, & 其他 \end{cases}$ ; $f_Y(y) = \begin{cases} \dfrac{7}{2}y^{\frac{5}{2}}, & 0 \leqslant y \leqslant 1 \\ 0, & 其他 \end{cases}$

$3-8$ $(1)A = \dfrac{1}{6}$ ; $(2)f_X(x) = \begin{cases} 6(x - x^2), & 0 \leqslant x \leqslant 1 \\ 0, & \text{其他} \end{cases}$ ;

$(3)f_Y(y) = \begin{cases} 6(\sqrt{y} - y), & 0 \leqslant y \leqslant 1 \\ 0, & \text{其他} \end{cases}$

$3-9$ $(1)P\{X = 2 \mid Y = 2\} = \dfrac{1}{2}$ , $P\{Y = 3 \mid X = 0\} = \dfrac{1}{3}$ ;

$(2)V$ 的分布律为

| $V = \max(X, Y)$ | 0 | 1 | 2 | 3 | 4 | 5 |
|---|---|---|---|---|---|---|
| $P$ | 0 | 0.04 | 0.16 | 0.28 | 0.24 | 0.8 |

$(3)U$ 的分布律为

| $U = \min(X, Y)$ | 0 | 1 | 2 | 3 |
|---|---|---|---|---|
| $P$ | 0.28 | 0.30 | 0.25 | 0.17 |

$(4)W$ 的分布律为

| $W = X + Y$ | 0 | 1 | 2 | 3 | 4 | 5 | 6 | 7 | 8 |
|---|---|---|---|---|---|---|---|---|---|
| $P$ | 0 | 0.02 | 0.06 | 0.13 | 0.19 | 0.24 | 0.19 | 0.12 | 0.05 |

$3-10$ $f_{Y \mid X}(y \mid x) = \begin{cases} \dfrac{1}{2x}, & |y| < x < 1 \\ 0, & \text{其他} \end{cases}$ ; $f_{X \mid Y}(x \mid y) = \begin{cases} \dfrac{1}{1 - y}, & y < x < 1 \\ \dfrac{1}{1 + y}, & -y < x < 1 \\ 0, & \text{其他} \end{cases}$

$3-11$ $(1)f_{X \mid Y}(x \mid y) = \begin{cases} \dfrac{3(y + 1)^3}{(x + y + 1)^4}, & x \geqslant 0 \\ 0, & x < 0 \end{cases}$ ; $(2)P\{0 \leqslant X \leqslant 1 \mid Y = 1\} = \dfrac{19}{27}$

$3-12$ $X$ 和 $Y$ 不独立

$3-13$ $(1)f(x,y) = \begin{cases} \dfrac{1}{2}e^{-\frac{x}{2}}, & 0 < x < 1, y > 0 \\ 0, & \text{其他} \end{cases}$

$(2)D = \{(x,y) \mid 0 < x < 1, 0 < y < x^2\}$ ; $P(Y \leqslant X^2) = 0.1445$

$3-14$ $(1)k = \dfrac{1}{\pi^2}$ ; $(2)f_Y(y) = \dfrac{1}{\pi^2(1 + y^2)}$ ; $(3)X$ 和 $Y$ 相互独立

$3-15$ $a = 6/11, b = 36/49$

| $X + Y$ | $-2$ | $-1$ | $0$ | $1$ | $2$ |
|---------|------|------|------|------|------|
| $P$ | $24\alpha$ | $66\alpha$ | $251\alpha$ | $126\alpha$ | $72\alpha$ |

其中 $\alpha = \dfrac{1}{539}$

3 - 16 $(1) f_z(z) = \begin{cases} \dfrac{z^3}{6} \mathrm{e}^{-z}, & z > 0 \\ 0, & z \leqslant 0 \end{cases}$ ; $(2) f_Y(u) = \begin{cases} \dfrac{u^5}{120} \mathrm{e}^{-u}, & u > 0 \\ 0, & u \leqslant 0 \end{cases}$

3 - 17 $(1) A = 2$ ; $(2) P\{X > 2, Y > 1\} = \mathrm{e}^{-5}$ ; $(3) F_Z(z) = \begin{cases} (1 - \mathrm{e}^{-z})^2, & z > 0 \\ 0, & \text{其他} \end{cases}$

3 - 18 $P\{N > 180\} = 0.000\,63$

3 - 19 $(1) b = \dfrac{1}{1 - \mathrm{e}^{-1}}$ ;

$(2) f_X(x) = \begin{cases} 0, & x \leqslant 0 \text{ 或 } x \geqslant 1 \\ \dfrac{\mathrm{e}^{-x}}{1 - \mathrm{e}^{-1}}, & 0 < x < 1 \end{cases}$ , $f_Y(y) = \begin{cases} 0, & y \leqslant 0 \\ \displaystyle\int_0^1 b \mathrm{e}^{-(x+y)} \mathrm{d}x = \mathrm{e}^{-y}, & y > 0 \end{cases}$

$(3) F_U(u) = \begin{cases} \dfrac{(1 - \mathrm{e}^{-u})^2}{1 - \mathrm{e}^{-1}}, & 0 \leqslant u < 1 \\ 1 - \mathrm{e}^{-u}, & u \geqslant 1 \\ 0, & \text{其他} \end{cases}$

3 - 20 $(1) P\{Y > 0 \mid Y > X\} = \dfrac{3}{4}$ ; $(2) P\{M > 0\} = \dfrac{3}{4}$

3 - 21 $F(z) = \begin{cases} 1 - \mathrm{e}^{-\frac{z^2}{2}}, & z > 0 \\ 0, & \text{其他} \end{cases}$

3 - 22 $g(u) = 0.3 f(u - 1) + 0.7 f(u - 2)$

3 - 23 $(1) F_U(u) = \begin{cases} \left[ 1 - \mathrm{e}^{-\frac{x^2}{8}} \right]^5, & x \geqslant 0 \\ 0, & x < 0 \end{cases}$ ; $(2) F_V(v) = \begin{cases} 1 - \mathrm{e}^{-\frac{5x^2}{8}}, & x \geqslant 0 \\ 0, & x < 0 \end{cases}$ ;

$(3) P\{U > 4\} = 0.516\,7$

3 - 25 $f_Z(z) = \begin{cases} 4z \mathrm{e}^{-2z}, & z > 0 \\ 0, & z \leqslant 0 \end{cases}$

# 习　题　4

4 - 1 $\dfrac{1}{2}, \dfrac{5}{4}, 4$

$4-2$ $\dfrac{1}{2} + \dfrac{1}{\pi}\ln 2$

$4-3$ $\dfrac{2}{9}, \dfrac{88}{405}$

$4-4$ $\dfrac{n}{N}$

$4-5$ $33.64$（元）

$4-6$ $\dfrac{\pi}{12}(a^2 + ab + b^2)$

$4-7$ $1.95, 1.9, 6.45$

$4-8$ $\dfrac{1}{4}$

$4-9$ $(1)$ $\dfrac{3}{4}, \dfrac{5}{8}$；$(2)$ $\dfrac{1}{8}$

$4-10$ $\dfrac{3}{4}, \dfrac{3}{5}$

$4-11$ $1$

$4-12$ $E(X) = \displaystyle\sum_{i=1}^{n} x_i p_i = n\left[1 - \left(1 - \dfrac{1}{n}\right)^r\right]$

$4-13$ $14\ 166.67$（元）

$4-15$ $p = \dfrac{1}{2}$，$\sqrt{DX}$ 有最大值为 $5$

$4-16$ $\dfrac{k(n+1)}{2}, \dfrac{k(n^2-1)}{12}$

$4-17$ $\dfrac{L}{3}, \dfrac{L^2}{18}$

$4-18$ $5, 14$

$4-19$ $(1) N(1, 8), N(-1, 5)$；$(2) 0.5$

$4-20$ $(1) E(X) = 1.1, E(Y) = 0, \text{Cov}(X, Y) = 0.3, \rho_{XY} \approx 0.47$；$(2)$ 相关，不独立

$4-21$ $(1) X$ 与 $Y$ 不相互独立；$(2) X$ 与 $Y$ 不相关

$4-22$ $85, 37$

$4-23$ $1, 3$

$4-24$ $-\dfrac{1}{2}$

$4-25$ $(1)$

| $X_1$ | $X_2$ | |
|---|---|---|
| | 0 | 1 |
| 0 | 0.1 | 0.1 |
| 1 | 0.8 | 0 |

$(2) -\dfrac{2}{3}$

$4-26$  $(1)3;(2)\dfrac{9}{8};(3)\dfrac{3}{160};(4)\dfrac{3}{80};(5)\sqrt{\dfrac{3}{19}}$

$4-27$  $(1)\dfrac{7}{6},\dfrac{7}{6};(2)-\dfrac{1}{36};(3)-\dfrac{1}{11};(4)\dfrac{5}{9}$

$4-28$  $(1)$

| $C$ | $U$ | | $P\{V=j\}$ |
|---|---|---|---|
| | 0 | 1 | |
| 0 | $\dfrac{1}{4}$ | $\dfrac{1}{4}$ | $\dfrac{1}{2}$ |
| 1 | 0 | $\dfrac{1}{2}$ | $\dfrac{1}{2}$ |
| $P(U=i)$ | $\dfrac{1}{4}$ | $\dfrac{3}{4}$ | |

$(2)\rho=\dfrac{1}{\sqrt{3}}$

$4-29$  $\dfrac{\alpha^2-\beta^2}{\alpha^2+\beta^2}$

$4-30$  $(1)\dfrac{1}{3},3;(2)0$

$4-32$  $(1)f_X(x)=\dfrac{1}{\sqrt{2\pi}}\mathrm{e}^{-\frac{x^2}{2}},f_Y(y)=\dfrac{1}{\sqrt{2\pi}}\mathrm{e}^{-\frac{y^2}{2}},\rho=0;(2)$ 不独立

# 习 题 5

$5-1$  $(1)0.88;(2)0.12$

$5-2$  $(1)P\{X=k\}=\dbinom{100}{k}\times0.2^k0.8^{100-k},k=0,1,2,\cdots,100;(2)P\{14\leqslant X\leqslant30\}\approx0.$

927

5 - 3　0. 348

5 - 4　0. 788 1

5 - 5　(1)0. 180 2 ; (2)440

5 - 6　(1)0. 5 ; (2)0

5 - 7　$n \geqslant 537$

5 - 8　14

5 - 9　0. 000 8

5 - 10　(1)0. 952 5 ; (2)25

5 - 11　提示:仿切比雪夫不等式的证明

5 - 12　设 $X$ 为某时刻需占用的水龙头个数, $X \sim b(500,0. 1)$ ,至少安装62个水龙头

5 - 13　0. 682 6

5 - 14　0. 005 7

5 - 15　9 474

5 - 16　0. 008

5 - 17　0. 954 4

# 习　题　6

6 - 1　0. 1

6 - 2　$a = \dfrac{1}{8}, b = \dfrac{1}{12}, c = \dfrac{1}{16}, \chi^2$ 分布的自由度为3

6 - 3　0. 954

6 - 4　(1)0. 99 ; (2)$\dfrac{2}{15}\sigma^4$

6 - 5　$a = \dfrac{1}{4}, k = 2$

6 - 13　$\chi^2(10n)$

6 - 14　$t(3)$

6 - 15　0. 95

6 - 16　$N(0,1)$

6 - 17　$\dfrac{\sigma_1^2}{n_1} + \dfrac{\sigma_2^2}{n_2}$

6 - 18　B

6 - 19　A

6 - 20　B

6 - 21　C

6 - 22　D

# 习　题　7

7 - 1　$(1)\hat{\mu} = \bar{X}, \hat{\sigma}^2 = \dfrac{1}{n}\sum\limits_{i=1}^{n}(X_i - \bar{X})^2; (2)\hat{\mu} = \dfrac{1}{n}\sum\limits_{i=1}^{n}X_i, \hat{\sigma}^2 = \dfrac{1}{n}\sum\limits_{i=1}^{n}(X_i - \bar{X})^2$

7 - 2　$\hat{\mu}_3$ 是 $\mu$ 的最有效估计量

7 - 3　$\dfrac{1}{2(n-1)}$

7 - 4　$[4.8, 5.2]$

7 - 5　矩估计 $\hat{p} = \dfrac{1}{\bar{X}}$；极大似然估计 $\hat{p} = \dfrac{1}{\bar{X}}$.

7 - 6　$(1)\hat{\theta}_1 = 2\bar{X}; (2)\hat{\theta}_2 = \max\limits_{1\leqslant i\leqslant n}\{X_i\}$.

7 - 7　$\hat{\theta} = \dfrac{1}{n}\sum\limits_{i=1}^{n}|x_i|$

7 - 8　0.08

7 - 9　矩估计 $\hat{\theta} = \dfrac{2\bar{X} - 1}{1 - \bar{X}}$，极大似然估计 $\hat{\theta} = -1 - \dfrac{n}{\sum\limits_{i=1}^{n}\ln x_i}$

7 - 10　$\hat{\theta} = \dfrac{1}{n}\sum\limits_{i=1}^{n}X_i - \min\limits_{1\leqslant i\leqslant n}\{X_i\}, \hat{\mu} = \min\limits_{1\leqslant i\leqslant n}\{X_i\}$

7 - 11　$\exp\left\{\dfrac{1}{n}\sum\limits_{i=1}^{n}\ln X_i + \dfrac{1}{2n}\sum\limits_{i=1}^{n}(\ln X_i - \dfrac{1}{n}\sum\limits_{i=1}^{n}\ln X_i)^2\right\}$

7 - 12　矩估计值 $\hat{\theta} = \dfrac{1}{4}$，极大似然估计值 $\hat{\theta} = \dfrac{7 - \sqrt{13}}{12}$

7 - 14　$a = \dfrac{n_1}{n_1 + n_2}, b = \dfrac{n_2}{n_1 + n_2}$

7 - 15　$(1)\hat{\theta} = 2\bar{X}; (2)D(\hat{\theta})^2 = \dfrac{1}{5n}\theta^2; (3)\hat{\theta}$ 具有无偏性和一致性

7 - 16　$(1)(2.121, 2.129); (2)(2.117, 2.133)$

7 - 17　$(7.4, 21.1)$

7 - 18　$(1)b = e^{\mu + \frac{1}{2}}; (2)(-0.98, 0.98); (3)(e^{-0.48}, e^{1.48})$

7 - 19　$n$ 至少要取到 $\left[\dfrac{384.16}{l^2}\right] + 1$

# 习　题　8

8 - 1　提出假设 $H_0 : \mu \leqslant \mu_0 = 40$, $H_1 : \mu > \mu_0$, $z = \dfrac{41.25 - 40}{\frac{2}{\sqrt{25}}} = 3.125 > 1.645$, 认为推进器

的燃烧率较以往生产的推进器的燃烧率有显著提高.

8 - 2　提出假设 $H_0 : \mu \leqslant \mu_0 = 225$, $H_1 : \mu > 225$, $t = \dfrac{\overline{X} - 225}{\frac{S}{\sqrt{n}}} = 0.668\,5 < 1.753\,1$, 认为元件

的平均寿命不大于 225 小时.

8 - 3　(1) 拒绝 $H_0$, 认为这批样本不是取自均值为 50 h 的总体;

　　　(2) 接受 $H_0$, 认为这批样本是取自均值为 50 h 的总体.

8 - 4　(1) 双侧检验中, 都拒绝 $H_0$.

　　　(2) 均值的单侧检验: 提出假设 $H_0 : \mu = \mu_0 = 0.96$, $H_1 : \mu < \mu_0$, 拒绝 $H_0$;

　　　　　标准差的单侧检验: 提出假设 $H_0 : \sigma^2 = \sigma_0^2 = 0.05^2$, $H_1 : \sigma^2 < \sigma_0^2 = 0.05^2$, 拒绝 $H_0$.

8 - 5　提出假设 $H_0 : \mu = 3.25$, $H_1 : \mu \neq 3.25$, 接受 $H_0$, 认为这批矿砂的镍含量均值为 3.25.

8 - 6　(1) 接受 $H_0$; (2) 接受 $H_0$.

8 - 7　提出假设 $H_0 : \sigma_1^2 = \sigma_2^2$, $H_1 : \sigma_1^2 \neq \sigma_2^2$, 接受 $H_0$. 或者提出假设 $H_0 : \sigma_1^2 = \sigma_2^2$, $H_1 : \sigma_1^2 > \sigma_2^2$,

　　　也接受 $H_0$, 认为两台机床有同样的精度.

# 习　题　9

9 - 1　在 0.05 的显著性水平下, 没有明显差异.

9 - 2　在 0.05 的显著性水平下, 品种对收获量的影响没有显著差异, 施肥方案对收获量的影响也没有显著差异.

9 - 3　$y = 4.07 + 0.20x + \varepsilon$

# 参 考 文 献

［1］CASELLA C,ROGER L,BERGER. Statistical Inference［M］.北京:机械工业出版社,2010.

［2］达摩达尔 N G.计量经济学基础［M］.北京:中国人民大学出版社,2005.

［3］迟艳芹.统计学原理与应用［M］.北京:清华大学出版社, 2005.

［4］张尧庭,陈汉峰.贝叶斯统计推断［M］.北京:科学出版社,1991.

［5］PORTER T M, PEARSON K. The Scientific life in a statistical age［M］. NJ: Princeton Univercity Press,2004.